Hochschultext

J. H. Winter

Chemische Syntheseplanung

in Forschung und Industrie

Mit 43 Abbildungen

Springer-Verlag
Berlin Heidelberg New York 1982

Dipl.-Chem. Dr. Jakob H. Winter
Hoechst Aktiengesellschaft, 6000 Frankfurt 80

ISBN-13: 978-3-540-11463-5   e-ISBN-13: 978-3-642-68558-3
DOI:10/1007/978-3-642-68558-3

CIP-Kurztitelaufnahme der Deutschen Bibliothek
Winter, Jakob H.:
Chemische Syntheseplanung in Forschung und Industrie / Jakob H.
Winter. – Berlin; Heidelberg; New York: Springer, 1982. (Hochschultext)

Druck und Bindearbeiten: fotokop, Wilhelm Weihert KG, Darmstadt
2152/3140-543210

Vorwort

Das hier vorliegende Buch verfolgt mehrere Absichten. Es wendet sich
an den fortgeschrittenen Studenten wie auch an den praktizierenden
Chemiker in Forschung und Produktion und im Informationswesen. Bleiben
wir zunächst beim Studenten: Auf ihn strömt eine Fülle von Wissensstoff
ein, den er nur schwer bewältigen kann. Er muß fortwährend aufnehmen,
was andere vorgedacht haben. Vieles bleibt schon deshalb für ihn schwer
verständlich, weil er die Entwicklungsgeschichte der Erkenntnisse und
weitere Zusammenhänge noch nicht übersieht. Oft ist es auch lediglich die
Art und Symbolik der Beschreibungsweise, die große Hürden aufbaut. So
verbirgt sich manch einfacher Gedankengang hinter einem Vorhang von
Hieroglyphen. In einer solchen Lage muß er den Übergang zur aktiven
wissenschaftlichen Arbeit finden. Das ist dann mit dem Schritt vom
Lehrbuch zur Originalliteratur verbunden und gleicht dem Fall in einen
weiten Ozean. Hier bedarf es des Beistandes durch den Lehrenden in
gründlicher Seminararbeit. Es muß aber dazu auch Schriftwerke geben,
an die man sich halten kann, im Seminar, beim häuslichen Studium, zum
Nachschlagen am Arbeitsplatz. Der Verfasser glaubt, mit diesem Buch,
gestützt auf lange eigene Erfahrungen in vielseitiger wissenschaft-
licher Tätigkeit innerhalb der chemischen Großindustrie wie auch in
der Universitätslehre dahingehend etwas zu bieten.

Was nun die Planung von Synthesen angeht, so hat sich im zurückliegenden anderthalb Jahrzehnt einiges getan, um auch das zu "verwissen-
schaftlichen". Dazu kommt das Vordringen des Computers, von manchem
noch abgelehnt, von anderen aber weithin bereits als selbstverständlich empfunden. Es ist zweifellos unbedingt notwendig, sich damit aus-
einanderzusetzen, wenn man nicht schon direkt damit beschäftigt ist.
Computer-gestütztes Planen ist deshalb hier zentrales Thema.

Schließlich meint der Verfasser, durch das Eingehen auch auf die
Problematik in der Industrie dem Studenten etwas die häufig anzu-
treffende Beklemmung vor der Tätigkeit dort zu nehmen, ihm damit den
Übergang ins Berufsleben zu erleichtern. Immerhin werden dort die
meisten einmal beschäftigt sein, als Forscher, als Betriebsführer, als
Anwendungstechniker, als Manager.

Neben diesen Intentionen soll das Buch einen Abriß des Standes der
systematischen Syntheseplanung geben, sowie Schlüsse übermitteln, die
sich aus dem Tagewerk des Verfassers ergeben. Es möge insbesondere
die weitere Entwicklung der Verfahren mit Computerverwendung anregen
und fördern. Vielleicht gelingt es, die dem noch fernstehenden Kollegen
damit vertraut zu machen. Wir wissen, daß so manche Barriere beseitigt
werden muß. Und da ist noch etwas: Es gibt heute viele Kollegen, die
mit Literatur und Datenverarbeitung, mit dem Auswerten, Umsetzen, in
Codes Übertragen der chemischen Information beschäftigt sind. Manche
verbessern die Methoden dazu und greifen dabei in ganz andere Wissens-
gebiete, zum Teil auch geisteswissenschaftliche, hinüber. Leider muß
man einen gewissen trennenden Graben zwischen Kollegen, die dies tun,
und jenen, die praktische Chemie betreiben, erkennen. Dies ist nicht
nur bedauerlich, sondern auch in hohem Maße schädlich. So will denn
das Buch dazu beitragen, hier Brücken zu schlagen.

Wie sollte man nun mit dem Buch verfahren? Man kann es gewiß einfach
von Beginn her durchlesen. Es ist so aufgebaut, daß man zunächst
Grundlagen erfährt. Der Wissenschaftler muß ja zunächst einmal darüber
nachdenken, was Planen eigentlich ist, wie man zu einem Plan kommt,
welche Hilfsmittel man dabei prinzipiell verwenden kann, welche Motive
zum Planen bewegen. Sicherlich müssen auch nähere Ausführungen zum
Computer als Instrument zu finden sein, wie auch ein Überblick über
dessen allgemeine Verwendung in der Chemie.

Ohne Information geht nichts. Wichtigste Quellen der Information sind die Chemie-Literatur und die modernen Datenbanken. Dem ist ein Kapitel gewidmet. Weil uns bei allem die Reaktionen besonders interessieren, sind sie und ihre Ordnungsmöglichkeiten Gegenstand eines weiteren eigenen Kapitels.

Wem das alles schon sehr vertraut ist, kann man empfehlen, schneller zum Teil B: Planungen überzugehen. Hier ist viel Wert darauf gelegt, anhand von Beispielen zu erläutern. Die vielen möglichen Motive bedingen natürlich eine große Zahl von unterschiedlichen prinzipiellen Planungsfällen, die nicht alle im einzelnen diskutiert werden können. Der Leser soll aber durch die gegebene Diskussion und durch das Vorbild so mancher "Meister" die nötige Sicherheit in seiner eigenen Vorgehweise gewinnen und sehen, wo er sich zusätzliche Hilfe zunutzemachen kann. Mancher Vorteil ergibt sich im Widerspruch, der womöglich Anlaß zu einer eigenen Entwicklung ist. Dazu soll dann auch ausdrücklich aufgefordert werden, zumal es im eigentlichen Sinne wissenschaftlich ist, kritisch aufzunehmen. In allem sind wir schließlich im Übergang!

Der Teil C: "Ergänzungen" ist dazu bestimmt, nach seiner ersten Lektüre vor allem als Nachschlagewerk zu dienen. Das gilt noch mehr vom Anhang. Hierdurch sollen sich besonders die zahlreichen wichtigen Sammelwerke der Synthesechemie besser erschließen.

Wenn oben vom Brückenschlag die Rede war, so möge er sich auch zwischen verschiedenen chemischen Disziplinen ergeben. Nehmen wir den Begriff Synthese selbst. Wir sind gewöhnt, anorganische, organische, biochemische Synthesen bzw. Reaktionen, auch Polymersynthesen gegenüber niedermolekularen, zu unterscheiden. Alle derartigen Unterscheidungen sollen in diesem Rahmen keine thematischen Einschränkungen hervorrufen. Selbst die Grenzen zu den physikalischen Prozessen sind schließlich fließend. Im Mittelpunkt steht jedoch der Vorgang, der mit dem Bruch und der Knüpfung von Atombindungen einhergeht, sodaß der Organiker am meisten angesprochen wird.

Zahlreichen Kollegen hat der Verfasser dafür zu danken, daß sie das Manuskript in unterschiedlichen Stadien ganz oder teilweise einsahen. Wertvoller Rat konnte so genutzt werden. Namentlich erwähnt seien die Herren Dr. C. Beermann, Dr. G. Buchheister, Dr. H. Burghard, Dr. R. Dönges, Dr. R. Fugmann, Prof. Dr. H. Jensen, Dr. R. Kunstmann, Ass. G. Kusemann, Dr. H. Nickelsen und Dr. J. Sander, alle Hoechst AG, Herr Apotheker H. Grimm, Boehringer-Ingelheim, und Herr Prof. Dr. G. Quinkert, Universität Frankfurt am Main, Herr Dr. F. L. Boschke vom Springer-Verlag, der durch intensive Kritik wesentlich beitrug. Den Herren Dr. R. Holl, Internationale Dokumentationsgesellschaft für Chemie mbH und H. Pichler, Hoechst AG, wird gedankt für Unterlagen und Beschreibungen. Ferner danke ich der Hoechst AG und in diesem Zusammenhang den Herren Prof. Dr. K. Weissermel, Dr. K. Damaschke und Dr. R. Fugmann für die Befürwortung und Genehmigung der Arbeit. Frau M. Mannebach, Frau Chr. Vesely und meinem Sohn Gerhard Winter danke ich für wichtige Hilfeleistungen. Die Reinschrift besorgte mit Engagement Herr F. J. Berz. Ihm gebührt mein besonderer Dank.

Königstein im Taunus, zu Beginn des Jahres 1982

Jakob Hermann Winter

Inhalt

1. Syntheseplanung als Ergebnis von Intuition, Zufallsbefunden und bewußt logischer Ableitung

Die menschlichen Denkvorgänge sind uns selbst nach wie vor im Grunde noch rätselhaft. Deshalb gibt es immer wieder heftige Diskussionen darüber, wie Intelligenz und Kreativität zu deuten sind. Es kann aber nicht geleugnet werden, daß manches, was noch vor Jahrzehnten als nur dem Menschen mögliche Intelligenzleistung angesehen wurde, heute von Maschinen, teilweise sogar besser, ausgeführt wird. Gewiß bleibt dabei zu bemerken, daß diese Maschinen von Menschen erdacht, hergestellt und zu solchen Leistungen instandgesetzt wurden. Es zeigt sich damit aber, wie es doch möglich ist, das Denken zumindest in dem bisher erkannten Ausmaß als "natürliche" Abläufe zu verstehen.

Davon unberührt freut es den Forscher besonders, wenn ihn eine spontane Idee zum Erfolg führte. Man darf aber sagen, daß es sich dabei um ein weitgehend unbewußtes Zusammenspiel von logischer Faktenverwendung, Analogieschlüssen und Wahrscheinlichkeitsbetrachtungen ("intuitive Assoziationen") handelt. Auf jeden Fall ist die spontane Idee ein wichtiges Planungsereignis. Beim "brainstorming" macht man sich dies systematisch zunutze, indem die Teilnehmer eines Teams aufgefordert sind, spontane Ideen ungehemmt zu äußern. Kritik ist dabei verboten, damit der Spontanität kein Abbruch geschieht.

Wir wissen andererseits, wie oft entscheidende Neuerungen von einer zufälligen Entdeckung ausgehen. Meistens handelt es sich um unerwartete Ergebnisse von Arbeitsgängen, die auf etwas bestimmtes Anderes abgestellt waren. Man wird von einem Zufallstreffer sprechen, wenn diese Ergebnisse wertvoll sind, etwa einen neuen Reaktionstyp erschließen oder einen interessanten Wirkstoff ergeben, an den man nicht dachte. Ein bekanntes Beispiel ist der Effekt, den einmal ein zerbrochenes Thermometer bei der Sulfierung des Naphthalins auslöste: Durch den katalytischen Einfluß des ausgelaufenen Quecksilbers oxidierte das Naphthalin nunmehr zu Phthalsäure.

Intuitionen und Zufall sind bis in unsere Tage sehr häufig Anstoß zu einer systematischen Planung, wie auch das Umgekehrte eintritt. Das alles kann sich aufeinanderfolgend über verschiedene Laboratorien und in längeren Zeiträumen hinziehen, wobei die Vorgänge heute wesentlich schneller als früher zu verlaufen pflegen. Aus historischer Sicht ist der Weg zu den Grignard-Reaktionen dahingehend interessant. Er ist durchaus typisch. Von ersten Reaktionen mit Organomagnesiumverbindungen wurde schon Mitte des 19. Jahrhunderts berichtet [1]. Die Substanzen wurden hydrolysiert und Kohlenwasserstoff wurde gewonnen. Damit war der Anstoß zur Verwendung der Verbindungen in der präparativen organischen Chemie an sich gegeben, ihre Selbstentzündlichkeit stand dem aber noch entgegen. Bei den analogen Zinkdialkylen wurde festgestellt, daß man dann, wenn man sie in ätherischer Lösung herstellt, zu Reaktionsprodukten gelangt, die die Reaktivität der Zinkdialkyle

---

1) W. HALLWACHS und A. SCHAFARICK, Ann. $\underline{109}$ (1859) 206. – A. CAHOURS, ibid. $\underline{114}$ (1860) 240.

besitzen, aber nicht selbstentzündlich sind 2). Hierauf ergab sich
die Methode, z. B. Ester mit Alkyljodid und Zink in Diethylether
alkylierend zu reduzieren 3). Es war dann BARBIER 4), der das Zink
durch Magnesium ersetzte, wobei er wesentlich bessere Ausbeuten er-
hielt. GRIGNARD führte diese Arbeit weiter, fand die Methode in der
geübten Weise zu ungenau und trennte sie auf in zunächst Herstellung
der magnesiumorganischen Verbindungen in Ether, danach deren Umsetzung mit Ketonen usw. 5). Seine systematischen Anwendungen der
Methode und die eingehende Diskussion der Befunde mit erneuten Rück-
schlüssen eröffneten ein wichtiges Gebiet der präparativen organischen Chemie. Sie war - bei aller prinzipiellen Schlichtheit der
Gedankengänge - beispielhaft für Planung und Entwicklung neuer Reak-
tionsmethoden.

Jeder der vollzogenen Analogieschlüsse setzte Information über das
bestehende Wissen voraus. In manchen Fällen ist es allerdings auch
ganz gut, wenn man nicht so vollständig informiert ist. Beispielsweise war der Erfinder des Nylons, CAROTHERS, der Meinung, daß sich
das Caprolactam nicht polymerisieren ließe. Wie sich später ergab,
war jedoch sein Monomeres lediglich zu rein gewesen (fehlende
Katalyse). SCHLACK wußte nach eigenen Angaben nichts von den Mißer-
folgen CAROTHERS und unternahm deshalb ebenfalls den Versuch,
Caprolactam zu polymerisieren, was ihm in der Tat gelang. Das Perlon
war erfunden. Der eigentliche Erfolg der neuen Faser war dann aber
auch dadurch bedingt, daß sich zur gleichen Zeit ein guter synthetischer Zugang zum Monomeren eröffnete. Hier zeigt sich, wie mitunter
mehrere glückliche Umstände zusammenkommen müssen.

Nun muß man aber auch betonen, daß große Entdeckungen sich keineswegs aufzudrängen pflegen. Es gehört vor allem die besondere
Beobachtungsgabe des Experimentators dazu, gepaart mit dem Willen,
einem überraschenden, zunächst vielleicht durchaus nebensächlichem
Faktum nachzugehen. Ein schönes Beispiel dafür bietet die Entdeckung
des Chlorsulfonyl-isocyanates (CSI) und dessen Einführung als viel-
seitiges Reagenz durch GRAF 6). Ein überraschender Niederschlag beim
Versuch, Chlorcyan-Gas mit dem Durchleiten durch rauchende Schwefel-
säure zu trocknen, führte den Entdecker auf die Spur. Folgerichtig
setzten Untersuchungen ein hinsichtlich der Umsetzungsmöglichkeiten
mit der Isocyanatgruppe, der Chlorsulfonylgruppe und beider zusammen.
Ferner wurden Herstellbarkeit und Reaktionsweise der (stabilen)
Fluor- und (instabilen) Brom-Analoga untersucht. So zeigte sich, daß
im allgemeinen die Isocyanatgruppe reaktiver als die Chlorsulfonylgruppe ist. Sie lagert neben den üblichen Additionsreaktionen von
Isocyanatgruppen (formal) auch C-H an, z. B.:

$$CH_2=\overset{\overset{\displaystyle CH_3}{|}}{C}-CH_3 \quad + \quad O=C=N-SO_2Cl \quad \longrightarrow \quad H_2C=\overset{\overset{\displaystyle CH_3}{|}}{C}-CH_2-CO-NH-SO_2-Cl$$

Verbindungen mit Doppelbindungen addieren ferner an die C,N-Doppel-
bindung, z. B. Isobutylen neben der vorstehenden Reaktion nach:

$$H_2C=\underset{\underset{\displaystyle CH_3}{|}}{C}-CH_3 \quad + \quad O=C=N-SO_2Cl \quad \longrightarrow \quad \begin{matrix} O=C-N-SO_2-Cl \\ |\quad\ | \\ H_2C-C-CH_3 \\ | \\ CH_3 \end{matrix}$$

2) E. FRANKLAND, ibid. __111__ (1859) 63. -
   J. A. WANKLYN, J. Chem. Soc. __13__ (1861) 124.
3) G. WAGNER und A. SAYTZEFF, Ann. __175__ (1875) 363.
4) P. BARBIER, C. R. Acad. Sci. __128__ (1899) 110.
5) V. GRIGNARD, ibid. __130__ (1900) 1322.
6) R. GRAF, Angew. Chem. __80__ (1968) 179.

Hiermit gelangt man im Endergebnis zu ß-Lactamen, die polymerisierbar sind 7). Die Chlorsulfonylgruppe kann u. a. radikalisch Olefin insertieren, wodurch interessante Zwischenprodukte entstehen 8):

$$O=C=N-SO_2-Cl \; + \; n\,CH_2=CH_2 \longrightarrow O=C=N-SO_2-\left[CH_2-CH_2\right]_n-Cl$$

Eine große Zahl anderer Reaktionen des CSI ist systematisch erschlossen worden.

Selbstverständlich wird auch von versierten Leuten gelegentlich eine wichtige Entdeckung verpaßt. Das kann vor allem dem passieren, der sich gerade in anderer Hinsicht sehr konzentriert, sich vielleicht geradezu belästigt fühlt von Phänomenen, die sein momentanes Denken stören. In der Regel wird er gut daran tun, sich nicht ablenken zu lassen. Dennoch bleibt es eben angebracht, auch scheinbaren Nebeneffekten nachzugehen. Hier bauen sich natürlich häufig eine Reihe von Hindernissen auf, z. B. die Mühe eines anderen als des gewohnten Gedankenganges, vielleicht sogar der Zwang zur Abkehr von liebgewordenen Vorstellungen, der Bedarf an veränderten oder neuen Apparaturen, an zusätzlichen Reagenzien, die womöglich schwer zu beschaffen sind usw. Nicht zu vergessen ist auch das Zeitproblem, so daß eben schon deshalb mancher Effekt übergangen wird.

Durch die Arbeiten der Chemiker in aller Welt hat sich inzwischen ein ungeheures Tatsachenmaterial angesammelt. In der theoretischen Chemie ist man unablässig damit befaßt, dieses aufzuarbeiten, sowie Gesetz- und Regelmäßigkeiten zu finden. Ganz wesentlich ist dabei die Deutung der Reaktionen zusammen mit dem schon so perfekten Verständnis der Molekülstrukturen. Vor allem sind es die Vorstellungen über die Reaktionsmechanismen, aus denen nun in der Tat eine immer größer werdende Chance erwächst, Synthesen bewußt logisch im voraus zu beurteilen. Es sind dann wieder nicht nur die zutreffenden Voraussagen, die weiterhelfen. Gerade auch die Aufdeckung von Fehlbeurteilungen durch das Experiment ermöglicht neue Einsichten 9). Ferner gibt es inzwischen zahlreiche systematische Techniken, Verfahren, Strategien und taktische Feinheiten der Planermittlung. Das alles soll uns dann im folgenden beschäftigen.

---

7) R. GRAF. G. LOHAUS, K. BÖRNER, E. SCHMIDT und H. BESTIAN, Angew. Chem. <u>74</u> (1962) 523.
8) D. GÜNTHER und F. SOLDAU, DPB 1 211 165.
9) Vgl. D. H. R. BARTON, IUPAC Int. Symp. Chem. Nat. Prod. <u>4</u>, Part. I (1980) 1 - 29:"The Invention of Useful Organic Reactions". Der Autor zeigt anhand eigener Erfahrungen, wie neue Synthesen sowohl per Zufall als auch mittels zutreffender und nichtzutreffender Pläne aufgefunden werden.

2. Allgemeines

2.1. Planung als Problemlösung

Zunächst werden wir uns fragen: Was ist ein Plan, was ist Planung?-
Ein Plan beschreibt die mögliche oder möglich erscheinende Lösung
eines Problems, indem er sie mit vereinfachten Mitteln simuliert,
Abbild oder Modell derselben ist. Bei einer Planung muß man das Ermitteln des Planes, also Planung im eigentlichen Sinne, vom bestehenden Plan, vielfach auch Planung genannt, unterscheiden. Wenn man einen Plan ermittelt, kommt es sehr darauf an, daß man dabei geschickte
Methoden und günstige Strategien (Handlungsleitlinien) anwendet.

Manche guten Problemlösungen werden nun aber - wie in der Einleitung
besprochen - rein intuitiv oder ganz zufällig gefunden. Systematische
Planung spielt dann in der Weiterverfolgung der bereits vorliegenden
Lösung eine Rolle. Auch gibt es Verfahren mit Einflußgrößen, die nicht
festlegbar, also praktisch willkürlich sind. Hier ist der Zufall etwas
Typisches, kann dabei statistisch behandelt und berechnet werden.
Somit ist wieder ein Plan möglich. Im übrigen kann man bei einer
Planung selbst schlichtweg vom Glück und Zufall begünstigt sein. Wir
werden noch sehen, daß man sogar dies wiederum einplanen kann.

Auf die Lösung eines Problems kann man nun bereits dadurch stoßen,
daß man einen entsprechenden Vorschlag in einem vorhandenen Bestand
von Lösungen auffindet. Dazu können vor allem Handbücher und Datenbanken dienen. Gelingt das nicht und erfährt man auch auf andere
Weise nicht, wie das Problem vielleicht bereits gelöst wurde, so muß
die Lösung echt neu hergestellt werden. Hierfür muß man vor allem
nach verwendbarer Information suchen. Wichtig ist immer, daß man sein
anstehendes Problem exakt beschreibt. Eine genaue Beschreibung kann
die Lösung des Problems bereits nahelegen. Für den Chemiker sind die
Strukturformeln besonders praktikable Beschreibungsmittel von Syn-
theseproblemen, sodaß schon aus der Formel oft eine Synthesemöglich-
keit sichtbar wird. Auch mag sich eine günstige Zerlegung des Problems in Unterprobleme ergeben. Auf dem Weg über Unterprobleme können
die verschiedenen Ansätze zur Problemlösung dann entweder stets in
aller Breite verfolgt werden (breadth-first-Methode) oder jeweils
zunächst über einen Ansatz ganz bis hin zur (eventuellen) Problemlösung (depth-first-Methode). Jeder Schritt wird durch Bewertung
darauf geprüft, ob er eine Annäherung an die Problemlösung bedeutet.

Graphisch zeigt die Abb. 1, wie das vorsichgeht. Von A aus finden
sich Ansätze zur Problemlösung über die Unterprobleme B und C, von
B wiederum ausgehend über D und E usw. Wird nach der (optimalen)
Problemlösung dergestalt gesucht, daß der Reihe nach zunächst das
Niveau B, C, darauf das Niveau D, E, F, G, H, schließlich das Niveau
I, J, K, L, M, N, O, P geprüft wird, so wird die Problemlösung in
aller Breite verfolgt. Beim Durchlaufen der Unterprobleme im Sinne
von B, D, I bzw. im Sinne von B, C, darauf D, E, darauf I, J - wobei
an jeder Gabelung eine Bewertung möglich ist - geht die Suche nach

der Problemlösung zunächst in die Tiefe. Schließlich wird - wenn
überhaupt - einer der direkten Wege von A zum untersten Niveau, beispielsweise A-C-F-M, die (optimale) Problemlösung darstellen.

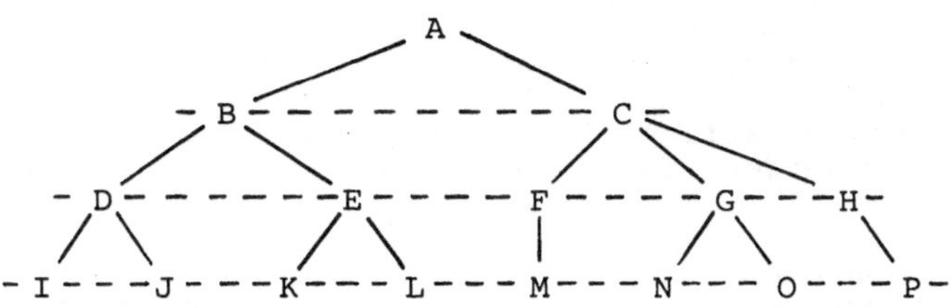

Abb. 1:

Graph zu Problemlösungsversuchen mit Unterproblemem

In manchen Fällen steht man zunächst vor zu vielen oder zu vagen
Lösungsansätzen, als daß man sie vorab planerisch prüfen könnte.
Hier bleibt immer noch die Möglichkeit, einfach zu experimentieren
und zu sehen, was dabei herauskommt, also das, was man "Versuch und
Irrtum" (trial and error) nennt. Das Geschick des Experimentators,
Spürsinn für den Sachverhalt und die Gabe, Beobachtungen richtig zu
deuten, sind dann natürlich umso wesentlicher.

Bei Forschungsaufgaben wird man gewiß selten ganz ohne Lösungsansätze
dastehen. Meistens wird man die Problemlösung innerhalb eines bekannten "Parameterraumes" suchen können. Wichtig ist dabei die Kenntnis
fundierter Gesetzmäßigkeiten. Fehlen aber streng formulierte Gesetzmäßigkeiten, so verbleiben im allgemeinen heuristische Werkzeuge 1),
die auf die Zielsituation "hinziehen".

Durch die Anwendung von Gesetzmäßigkeiten und Heuristiken ist es
möglich, eine logische Problemanalyse zu vollziehen. Dadurch kann
es auch gelingen, vorab die Unlösbarkeit eines Problems nachzuweisen,
sodaß man sich die weitere Arbeit erspart. Allerdings liegt dann hier
auch wieder eine Chance, nämlich für den, der sich über die Feststellung der Unlösbarkeit hinwegsetzt und dann doch zum Erfolg gelangt.
Noch ist es eben kaum möglich, allein am Schreibtisch eine wirklich
endgültige Lösung einer chemischen Fragestellung zu ermitteln.

In manchen Fällen spielt bei der planerischen Problemlösung die
mathematische Kombinatorik eine Rolle. Wir werden das später vor
allem bei Nucleinsäure-Synthesen sehen.

DER ANALOGIESCHLUß

Ein sehr wirksames heuristisches Werkzeug ist der Analogieschluß,
der zunächst auf einer Ähnlichkeitsaussage beruht. So mag man zum
Beispiel feststellen, daß zwei chemische Verbindungen in einer bestimmten Teilstruktur T übereinstimmen. Von der einen Verbindung A

---

1) Heuristica = Regeln und Methoden der Wissensfindung, in der Syntheseplanung
   Regeln (auch "Faustregeln") und Methoden, um zu einer (schnelleren) Lösung
   des Syntheseproblems zu gelangen.

sei die Herstellungsweise der Teilstruktur durch die Reaktion R bekannt. Folglich ist man geneigt, diese Eigenschaft auch auf die Verbindung B zu übertragen. Ein solcher Analogieschluß ist aber nur dann
voll gerechtfertigt, wenn alle sich unterscheidenden Strukturmerkmale
der beiden ähnlichen Verbindungen im gleichen Zusammenhang als unwesentlich betrachtet werden können. Erweisen sie sich nicht als
völlig unwesentlich, so wirken sie sich hindernd oder auch fördernd
auf den Analogieschluß aus. In der Tat könnten im obigen Beispiel
gewisse weitere Strukturmerkmale in B die Anwendbarkeit der Reaktion R
stark behindern. Beim derartigen Analogieschluß muß also soweit möglich darauf geachtet werden, daß sich solche Strukturmerkmale nicht
in B befinden.

Die Ähnlichkeitsaussage muß übrigens nicht immer nur auf der Übereinstimmung von Strukturteilen beruhen. Auch unterschiedliche Strukturteile können Ähnlichkeit bedingen, wenn sie nämlich denselben oder
naheliegenden Effekt auslösen. Das ist z. B. Aromatizität, Elektronegativität usw. von bestimmten Strukturen, die konstitutionell
unterschiedlich sind, in diesen Eigenschaften aber weitgehend übereinstimmen.

Auf jeden Fall spielen bei einem Analogieschluß drei Gruppen von
Merkmalen und Eigenschaften eine Rolle:

1. Solche, die in einem speziellen Zusammenhang wesentlich sind,
   und von denen aus die Ähnlichkeitsaussage erhalten wird. Das
   wären also in obigen Beispielen die übereinstimmenden Strukturteile oder die übereinstimmende Aromatizität oder Elektronegativität.

2. Solche Merkmale und Eigenschaften, die mit denen, die zu einer
   Ähnlichkeitsaussage führten, im ersten betrachteten Objekt
   offenbar gekoppelt auftreten und die ebenfalls wesentlich sind.
   Man überträgt sie deshalb im Analogieschluß auf das verglichene,
   ähnliche Objekt.

3. Alle übrigen Merkmale und Eigenschaften der verglichenen Objekte
   - soweit vorhanden - müssen im speziellen Zusammenhang genügend
   weitgehend unwesentlich sein (oder allenfalls positiv beteiligt),
   sonst klappt der Analogieschluß nicht.

Alle Objekte, die in dieser Weise als ähnlich angesehen werden, die
also solche Analogieschlüsse untereinander zulassen, bilden Klassen 2),
sind damit klassifiziert. Größere Mengen von Objekten können untereinander ganz verschiedene Klassen bilden. So können chemische Verbindungen sich nach den verschiedensten Reaktionsmöglichkeiten klassifizieren. Ein und dieselbe Verbindung kann den verschiedensten
Reaktionsklassen angehören, d. h. bei einer Planung kann sie im
Analogieschluß für die verschiedensten Umsetzungen oder Herstellungsweisen vorgesehen werden. Darauf werden wir noch mehrfach zurückkommen.

Die Unterscheidung von wesentlichen und unwesentlichen Merkmalen in
einem bestimmten Fall ist allerdings nicht immer möglich. Vielleicht
liegen aber statistische Aussagen zu einer weniger detaillierten
Stoffklasse vor. Diese mögen beispielsweise besagen, daß Ester durch

---

2) Eine Klasse ist eine Menge von Objekten, die mindestens ein Merkmal gemeinsam
   haben, vgl.
   I. DAHLBERG: "Grundlagen universaler Wissensordnung", Verlag Dokumentation,
   München (1974). - dito, Nachr. Dok. 24 (1973) 271.
   A. DIEMER (Hrsg.):"System und Klassifikation in Wissenschaft und Dokumentation",
   Verlag Hain, Meisenheim (1968).

eine vorliegende Methode mit 90%iger Wahrscheinlichkeit gut verseifbar sind. Einen neuen Ester wird man deshalb zunächst eher für gut
verseifbar halten, wenn man dieselbe Methode anwendet. Es mag sich
aber gerade ein gegenteiliges Urteil ergeben, wenn es gelingt, die
Ester besser hinsichtlich wesentlicher und unwesentlicher Merkmale
zu klassifizieren. Dann hat man wieder einen echten Analogieschluß.
Analogieschlüsse und statistisch belegte Folgerungen ergänzen sich in
der Praxis. Soweit sich Trends aus Daten-, Eigenschafts- und Merk-
malsbeziehungen in Tabellen und Kurven ergeben, sind Inter- und
Extrapolationen hilfreich. Vieles dieser Art schöpft der Fachmann
mehr oder weniger bewußt aus seinem Wissen. Es befähigt ihn letztlich zu einem sachgerechten Urteil.

DIE ZWECKRICHTUNG EINER PLANUNG

Eine Planung kann gegenstandsbezogen (stoffbezogen) sein. Dies ist
sie, wenn es beispielsweise um die Ermittlung eines neuen Wirkstoffes
oder grundsätzlich eines anzustrebenden Moleküls bestimmter Art geht,
auch einer Schlüsselverbindung 3) für bestimmte Synthesegänge und eines zweckmäßigen Ausgangsstoffes. Im erweiterten Sinne kann es sich um Mischungen,
Emulsionen, Verbundstoffe oder dergleichen handeln. Meist liegen bei
gegenstandsbezogenen Planungen Bauelemente vor, das sind vor allem
Substrukturen, mit denen planerisch ein Molekül mit den erwarteten
Eigenschaften konstruiert wird.

Die Planung ist andererseits verfahrensbezogen, wenn es um die
zwischen den Gegenständen (Stoffen) verlaufenden Prozesse (Vorgänge)
geht, also um chemische, physikalische und biologische Prozesse. Die
durch die Prozesse verbundenen Stoffe (Ausgangsstoffe, Zwischenprodukte, Endprodukte bei Synthesen) mögen vorab festgelegt worden sein
(bekannt gewesen sein) oder sich erst durch die Prozesse ergeben. So
ist ein bestimmtes Zielmolekül, das hergestellt werden soll, vorab
festgelegt. Im anderen Fall wartet man jedoch ab, was bei einer
Reaktion herauskommt.

Ein Vorgang wird verständlicherweise durch die Stoffe, die er verbindet, in seiner Art bestimmt, wenn die Stoffe vorgegeben waren.
Umgekehrt werden die Stoffe vom Vorgang determiniert, wenn dieser
vorgegeben war. Bei mehrstufigen Verfahren tritt die Planung der
Reihenfolge der einzelnen Vorgänge als Aufgabe hinzu.

VERSUCHSPLANUNG

Im Laboratorium ist Syntheseplanung natürlich in erster Linie Versuchsplanung 4). Systematische Versuche werden unter Bedingungen
ausgeführt, die durch die Planung vorgesehen sind. Können alle diese
Bedingungen ausreichend vom Experimentator kontrolliert werden, so
erwartet man von einem Versuch, daß seine Ergebnisse innerhalb bestimmter Fehlergrenzen reproduzierbar sind. Wenn sich allerdings die
Bedingungen nur mehr oder weniger zufällig ergeben, werden aus den

---

3) Siehe S. 98.

4) Siehe dagegen Syntheseplanung zwecks Produktion S. 147.

Versuchsergebnissen unvermeidlich Zufallswerte. Diese müssen dann
statistisch behandelt werden (Statistische Versuchsplanung und
deren Auswertung) 5).

Mit den Methoden der Statistik werden auch Fälle angegangen, bei
denen die Versuchsabläufe zwar klar determiniert sind, die Zahl der
notwendigen Versuche aber sehr groß ist, sodaß man zufallsgestreute
Stichproben vornimmt oder eine Auswahl von repräsentativen Einzelfällen beurteilt. 6)

Versuchsplanung betrifft häufig zunächst Tastversuche, aus denen
Anhaltspunkte zur präziseren Planung gewonnen werden.

OPTIMIERUNGSPROBLEME

Eine realisierbare Planung muß gewiß noch nicht optimal sein. Außerdem bestehen bei chemischen Verfahren zahlreiche Anpassungs- (Adap-
tions-) probleme. Das ist vor allem der Fall beim Wechsel der Größen-
ordnungen auf dem Weg vom Laboratorium über den Technikumsmaßstab
zum Produktionsbetrieb, beim Anlagenwechsel usw.

Die Optimierung in Planung und Ausführung stützt sich auf erkannte
Gesetzmäßigkeiten, statistisch ermittelte Trends oder Zufallsbefunde.
Letzteres kann man sich sogar direkt zunutze machen, indem man dem
Prinzip der natürlichen Evolution folgt und zufällige Änderungen ab-
sichtlich herausfordert. Die Änderungen unterliegen anschließend der
Bewertung, wobei mit einem vorherigen Zustand verglichen wird. Aus
dieser Konkurrenzsituation heraus wird dem besseren Zustand der Vorzug gegeben (Selektionsprinzip) 7). Zum Thema Optimierung werden wir
später noch ausführliche Beispiele sehen 8).

---

5) Vgl. H. BANDEMER, A. BELLMANN, W. JUNG und K. RICHTER: "Optimale Versuchsplanung", Akademie-Verlag, Berlin (1973). -
   D. RASCH, G. HERRENDÖRFER, J. BOCK und K. BUSCH: "Verfahrensbibliothek Versuchsplanung und -auswertung", Band 1 und 2, VEB Deutscher Landwirtschaftsverlag,
   Berlin (1978).

   Die Auswertung der Versuchsergebnisse durch Regressionsanalyse, d. h. dem
   Ermitteln der passenden mathematischen Beziehungen zwischen abhängigen und
   unabhängigen Variablen, siehe z. B. auch
   S. CHATTERJEE und B. PRICE: "Regression Analysis by Example", Wiley, New York
   (1977). -

   Siehe ferner:
   G. RETZLAFF, G. RUST und J. WAIBEL: "Statistische Versuchsplanung", Verlag
   Chemie, Weinheim (1975).

6) Entsprechendes gilt für die "Erhebung", d. h. Sammlung und Verwendung von
   zufallsgesteuerten Ergebnissen laufender Vorgänge, z. B. einer Produktion, die
   dazu nicht als Versuche geplant wurden, aber als solche gewertet werden.

7) Siehe I. RECHENBERG: "Evolutionsstrategie. Optimierung technischer Systeme nach
   Prinzipien der biologischen Evolution", Frommann-Verlag, Stuttgart - Bad
   Cannstadt (1973).

8) Siehe S. 116.

2.2. Motive und Kriterien einer Syntheseplanung

2.2.1. Allgemeines

Für Art und Verlauf einer Syntheseplanung ist es wesentlich, aus welchem Motiv heraus sie vorgenommen wird. In der wissenschaftlichen Grundlagenforschung ist das Streben nach Erweiterung des Wissens ausreichendes Motiv. Dabei steht in der chemischen Grundlagenforschung die Struktur- und Reaktivitätsaufklärung im Vordergrund. Die sich entwickelnden Theorien über den Aufbau der Stoffe veranlassen zu Synthesen zwecks Beweis der Theorien. Neue Strukturen und neue Stoffklassen entstehen. Die verbliebenen Lücken der Stoffklassen motivieren dazu, sie zu schließen. Häufig gibt es Nebenprodukte oder unerwartete Ergebnisse, deren Struktur dann wieder aufzuklären ist, wobei sich wieder neue Theorien und Systematiken ergeben. Vielfach interessieren physikalische Zustands- und biologische Wirkungsgrößen von Strukturvarianten, die dazu hergestellt werden müssen. Bei Stoffen, die aus natürlichen Systemen isoliert werden, besonders den komplizierten Wirkstoffen, ist der Anreiz zur Aufklärung und Nachsynthese im Laboratorium besonders groß. Das ergab insbesondere die Forschung über Enzyme und Enzymanaloge. Die Hypothese, daß die polymeren Naturstoffe wirkliche Makromoleküle mit durchgehenden Atombindungsfolgen sind, führte zur Makromolekularchemie (Polymerchemie). In den letzten Jahren geht eine besondere Faszination von der Mikrobiologie aus. Genchirurgie, Synthesen von Genanalogen, die Voraussetzungen und Bedingungen der Molekül-Replikation und der Selbstorganisation von Molekülsystemen bewegen zu intensiver Forschung.

Geht es mehr um die Erforschung von Reaktionen, so interessiert der bestimmte Stoff weniger als der Weg zu ihm. Hieraus entwickelt sich die Systematik der Reaktionstypen, die ihre Lücken aufzeigt, auf neue Wege verweist und wieder andere Stoffe gewinnen läßt. Bestimmte Reaktionen zu modifizieren gelingt durch Änderung im Methodischen. Rückwirkend können methodische Modifizierungen auch wieder zu ganz anderen Reaktionen führen. Die eigene Systematik in den Varianten des Methodischen motiviert ebenfalls zu ihrer Vervollständigung. Dasselbe gilt für die eingesetzten apparativen Vorrichtungen.

Für die Angewandte Forschung sind die Motive ökonomisch oder sachlich zweckgebunden und vielfach aus dem Gang der Wirtschaft heraus veranlaßt. Sie ist auf Stoffeigenschaften im weitesten Sinne ausgerichtet, sowie auf die Entwicklung und Optimierung von Verfahren. Die verschiedenen meßbaren Eigenschaften sind strukturell bedingt und auch von der Stoffreinheit bzw. einer eventuellen Systembildung 9) in der Stoffkombination abhängig.

In den Stadien der Planung, der Versuche und der endgültigen Ausführung sind Entscheidungen aufgrund von Bewertungen notwendig. Bewertungskriterien dienen dazu, Informationsgut, Planungs- und Praxisergebnisse - auch Zwischenergebnisse - zu wichten und vergleichbar zu machen (z. B. Verwendung von Rangzahlen). Als Plausibilitätskriterien liegen sie innerhalb von Toleranzbereichen. Als Selektionskriterien entscheiden sie über Verbleib oder Verwerfung z. B. eines Planungsergebnisses. Bewertungskriterien werden zu Ordnungs-

---

9) System: Sinnvolles Zusammenwirken von unterschiedlichen Teilen zu einem
   Ganzen.

kriterien, wenn schließlich ganze Reihen von z. B. bewerteten
Planungsergebnissen bestehen und danach geordnet werden. Die Auswertung bzw. Verwendung solcher Kriterien muß sich mitunter statistischer Methoden bedienen, wenn die Kriterien in ihren Maßzahlen
starken Schwankungen unterliegen.

2.2.2. WICHTIGE PLANUNGSZIELE

DER WIRKSTOFF

Der Wirkstoff hat die Eigenschaft, an einem bestimmten Ort (z. B. Organismus) in
einer bestimmten Umgebung eine bestimmte erwünschte Situationsänderung hervor-
zurufen. Wichtig ist auch Abwesenheit von unerwünschten Effekten. Wirkstoffe
sind z. B. Arzneimittel, kosmetisch wirkende Mittel, Süßstoffe, Duftstoffe,
Pflanzenschutzmittel, Düngemittel, spezielle Wuchsstoffe. Neben der Wirkung als
solcher sind Wirkungsbreite bzw. Spezifität, Langzeit- oder Kurzzeitwirkung
Kriterien. Herstellungs- und Applikationsmöglichkeiten sind zu beachten. Kostenfragen sind mitunter weniger entscheidend 10).

DER FARBSTOFF

Kriterien sind: (Selektive) Lichtabsorption bzw. -remission; Einsatzgebiet z. B.
zur Substratfärbung, als Indikator, als Sensibilisator usw.; Art der Substrat-
bindung z. B. als Direktfarbstoff, Beizenfarbstoff, Küpenfarbstoff, basischer
oder saurer Farbstoff, Reaktivfarbstoff, Entwicklungsfarbstoff, Pigmentfarb-
stoff usw.; coloristische Eigenschaften wie Farbton, Farbstärke, "Echtheiten"
(licht-, wasch-, lösungsmittelecht usw.), Toxizitäten insbesondere bei Lebens-
mittelfarbstoffen; Kostenfragen, die bei Massenprodukten entscheidend sind.

DAS ZWISCHENPRODUKT UND DAS REAGENZ

Es handelt sich hierbei um zur chemischen Umwandlung bestimmte Stoffe. Entsprechend wird von ihnen Reaktivität, aber auch Nichtreaktivität (zwecks Lagerfähigkeit) verlangt. Reinheitsgrade bei Reagenzien sind wesentlich. Einerseits
sind sie billige Massenprodukte, andererseits teure Spezialreagenzien. Zwischenprodukte können auch als Endprodukte Verwendung finden (z. B. Glykol als Ge-
frierschutzmittel) 11).

DER KATALYSATOR

Da im Grunde jeder Stoff katalytisch wirken kann (auch der sich bei einer
Reaktion verbrauchende oder bildende durch Autokatalyse), und das meist in
kleinen Anteilmengen, ist das Forschungsgebiet sehr empirisch orientiert. Dennoch bestehen große Bemühungen zum planmäßigen Katalysator-Entwurf 12). Bei homo-
gener Katalyse ist zumindest nahezu molekulardisperse Verteilbarkeit des Katalysators gegeben, sonst liegt heterogene Katalyse vor (insbesondere durch Metalle,
Metalloxide, -salze etc.).

Biogene Katalysatoren, insbesondere Enzyme, pflegen hohe Substrat- und Wirkungsspezifität zu entfalten. Dieselben und Analoge gewinnen als Planungsziele an
Bedeutung. Sie stellen selbst erhebliche Syntheseprobleme dar.

---

10) Siehe S. 131.   11) Siehe S. 210.   12) Siehe S. 195.

DER HILFSSTOFF

Dazu zählen alle Arten von Zusatzstoffen (Additive), auch Massenprodukte wie
Dispergiermittel, Wasch- und Reinigungsmittel, Bohrhilfsmittel (Erdölindustrie)
usw. Die Wirksamkeit der Additive bedarf oft langwieriger Prüfungen, z. B. als
Stabilisatoren von Kunststoffen oder Lebensmitteln (hier Verwandtschaft zu den
Wirkstoffen). Der Substanzpreis ist dabei weniger wichtig, dagegen ist er bei
den Massenprodukten entscheidend.

DER STOFF ALS MEDIUM

Hier dominieren die   organischen Lösungsmittel 13) (die teilweise auch Brenn-
stoffe wie Benzin, Benzol usw. und Zwischenprodukte sind). Gewöhnlich wird hohe
chemische Resistenz verlangt, zumindest unter Einsatzbedingungen. Meist ist die
Kostenfrage entscheidend, von Spezialfällen abgesehen. Ein Trend weg vom organischen Stoff hin zum Wasser mit vermittelnden organischen Hilfsstoffen (Disper-
giermitteln usw.) ist zu verzeichnen.

In anderer Weise dient der Stoff als Medium zur Energieübertragung (Wärmeenergie,
mechanische, elektrische, Licht-Energie)   mit den Kriterien der verschiedenen
Kapazitäten und Leiteigenschaften.

DER STOFF ALS CHEMISCHER ENERGIESPENDER

Darunter fällt alles vom Explosivstoff bis zum Treib- bzw. Brennstoff. Kriterien
sind abgebbare freie Energie, Brisanz bei Sprengstoffen, Lagerfähigkeit, Trans-
portfähigkeit, Handhabbarkeit verbunden mit Sicherheitsfragen, Aggressivität,
Aggregatzustand usw.

DER WERKSTOFF

Die Hauptverwendung von polymeren Stoffen liegt bei den Werkstoffen. Probleme
bestehen in der Synthese aus Monomeren und der Abwandlung von bereits polymeren
Stoffen, z. B. Naturstoffen. Kriterien sind die Werkstoffeigenschaften, ob ver-
formbar oder nicht, ob weich, elastisch oder spröde, als Anstrichstoff, Impräg-
niermittel oder Klebstoff geeignet, in Gestalt von Fasern, Folien oder Form-
körpern, als Schaumstoff, mit Mineralstoffen angefüllt, mit anderen Werkstoffen
verbunden verwendbar, ein- und mehrphasig herstellbar, ob anfärbbar, stabil,
untoxisch, physiologisch verträglich zu erhalten usw. Kostenfragen sind wieder
wesentlich bei Massenprodukten. Durch Aufdeckung der Beziehungen zwischen
Werkstoffeigenschaften und Struktur werden die unmittelbaren Syntheseziele
planbar: So molekular und chemisch einheitlich oder nicht dergleichen aufge-
baute, lineare, verzweigte und vernetzte, sterisch regelmäßige oder unregelmäßige Polymermoleküle 14).

DER STOFF ALS INFORMATION

Diese Rolle spielen in der Natur die genetisch wirksamen Nucleinsäuren. Die
Genchirurgie zur gezielten Herstellung von Hormonen auf dieser Basis befindet
sich im Anfangsstadium 15).

---

13) Vgl. S. 197 und siehe S. 210.

14) Siehe S. 73.

15) Siehe S. 88.

DAS VERFAHREN ALS PLANUNGSZIEL

Wichtigste Kriterien sind diejenigen einer grundsätzlich erreichbaren Synthese,
also der thermodynamisch möglichen bei stabilen Produkten, sowie der kinetisch
interessanten, der verfahrenstechnisch durchführbaren Synthese.

Zur Verbesserung der Verfahrensprognosen sind aus theoretischer Sicht Studien
zu Mechanismus und Übergangszustand einer Umsetzung vorteilhaft, während der
empirische Weg über die Planung praxisnaher Versuche führt. Neben den allgemeinen
Faktoren Ausbeute, Zeitaufwand und Gesamtkosten wird der Wert eines Verfahrens
im Produktionsprozeß bestimmt durch den Grad erfüllter Bedingungen. Diese
manifestieren sich vor allem im Zielstoff der Synthese, in speziellen Basis-
stoffen, in einem eventuell bestehenden Synthesenprogramm größeren Umfanges, in
Energieart und -aufwand, möglicherweise in speziellen Apparaturen und nicht
zuletzt in den Erfordernissen der Sicherheit, des Umweltschutzes und der Gesetz-
gebung.

2.3. DIE ROLLE DES COMPUTERS

Die Verwendung des Computers zur Lösung von Problemen wird auch in
der Chemie immer mehr zur Selbstverständlichkeit. So kann man bereits
auf eine große Zahl von Verwendungen verweisen 16).

1. Zum Planen von Synthesen muß man über bereits erfolgte Synthesen und bestehende Verbindungen informiert sein. Daher kommt den Methoden zur Speicherung und
Wiederauffindung (Retrieval) der Information im Rahmen der Dokumentation entscheidende Bedeutung zu. Der Umfang des Wissens ist aber heute so groß und
wächst so stark weiter an, daß es ohne maschinelle Methoden nicht mehr gehen
kann. Hier ist die Computerverwendung bereits seit den 50er Jahren üblich und
inzwischen unentbehrlich geworden. Die durch die Dokumentation erfaßte Information kann unmittelbar maschinell ausgewertet und zugänglich gemacht werden.

2. Über Schreib- und Bildschirm-Terminals kann der Chemiker direkt mit der Maschine
im Dialog stehen, Anweisungen geben (interaktives Verfahren) und die Information
in besonders anschaulicher Form (z. B. als Strukturformel mit errechneter Konformation) zurückerhalten.

---

16) Literatur:
T. R. DICKSON: "The Computer and Chemistry", Freeman, San Francisco ((1968). -
D. D. EDMAN, M. M. COX und J. W. MOORE, Chemistry 45 (1972) 13: "Computers
and Chemistry". -
C. E. KLOPFENSTEIN und C. L. WILKINS: "Computers in Chemical and Biochemical
Research", Academic Press, New York, Vol. I: 1972, Vol. II: 1974. -
E. V. LUDENA, N. H. SABELLI und A. C. WAHL (Hrsg.): "Computers in Chemical
Education and Research", Plenum Press, New York (1977). -
J. S. MATTSON, H. B. MARK jr. und H. G. MacDONALD jr. (Hrsg.): "Computer Funda-
mentals for Chemists" , Band 1 der Reihe "Computers in Chemistry and Instru-
mentation", Marcel Dekker, New York (1973). -
C. MICHEL, Chemie-Technik 6 (1977) 363:   "Einsatz der EDV in der chemischen
Technik". -
T. K. HA, Chimia 30 (1976) 297 :   "Chemie durch Computer - Chemie ohne
Chemikalien". -
"Computers in Chemistry", Top. Curr. Chem. 39 (1973). -
H. A. CLARK, J. C. MARSHALL und T. L. ISENHOUR, J. Chem. Educ. 50 (1973)
645:    "Computer-Assisted Drill in Synthetic Organic Chemistry". -
O. ITZINGER: "Methoden der maschinellen Intelligenz", Hanser Verlag,
München (1976).

3. Als Rechenmaschinen werden Computer in steigendem Maße zur numerischen Auswertung von Versuchsergebnissen (z. B. statistische Verfahren) und Analysen
   - zum Teil unmittelbar an die Meßgeräte angeschlossen -, für Berechnungen
   verschiedenster Art, wie von Strukturen (Konfigurationen und Konformationen
   derselben, Stabilitäten von Strukturen, Strukturvarianten insbesondere Iso-
   merien, Kristallstrukturen), Enthalpien und Entropien, Umsetzungsgeschwindigkeiten usw. benutzt. Orbitalberechnungen sind in der theoretischen Chemie
   erst durch den Computer bedeutungsvoll geworden. Eine ebenfalls große Rolle
   spielt die Maschine bei den Methoden der statistischen Mechanik innerhalb der
   theoretischen Chemie, wo es darum geht, das Verhalten einer Gesamtheit von
   Molekülen aus den Eigenschaften des individuellen Moleküls zu erschließen.

4. Spektrogramme werden Fourier-analytisch per Computer umfangreich untersucht.
   Die Beziehungen zwischen Spektrogrammen verschiedenster Art und den Strukturmerkmalen können ausgewertet werden und z. B. direkt zum Strukturentwurf
   führen.

5. Struktur-Wirkungsbeziehungen können abgeleitet, wie auch umgekehrt zum Strukturentwurf verwendet werden.

6. In der Syntheseplanung gilt es, systematisch und ausgiebig Beziehungen zwischen
   Strukturmerkmalen und Reaktionen herzustellen, Strategien und Heuristika zur
   Anwendung zu bringen, sowie dabei Prüfungs- und Bewertungsverfahren durchzu-
   führen mit teilweise außerordentlich großem Vergleichs- und Rechenaufwand.
   Weitere Abläufe betreffen Organisation, Speicherung und Abrufung von ermittel-
   ten Ergebnissen.

7. Laborversuche und Produktionsverfahren können im Rahmen der Prozeßsteuerung
   per Programm vom Computer überwacht und gesteuert werden (Automatisierung in
   Labor und Betrieb).

8. Nicht unerwähnt soll auch die steigende Computer-Verwendung im Chemie-Unter-
   richt bleiben.

Das Auffinden von "verborgenen" Eigenschaften - also solchen, die
nicht unmittelbar erkennbar sind - aufgrund der Analyse von beobachteten und gemessenen Eigenschaften wird als Mustererkennung ("pattern
recognition") bezeichnet 17). Maschinelle Leistungen dieser Art
pflegen mit dem Begriff "künstliche Intelligenz" (artificial intelli-
gence) versehen zu werden.

Vielen Chemikern ist die Technik der elektronischen Rechenmaschinen
nicht vertraut. Auch werden wesentliche Fachbegriffe bisher nicht
allgemein richtig verstanden. Deshalb folgen hier einige Erläuterungen:

EDV = Elektronische Datenverarbeitung bedeutet die Verwendung von
elektronischen Rechenanlagen zur Behandlung von Daten bzw. allgemein Zeichenfolgen (Buchstaben, Ziffern, "Sonderzeichen") z. B.
zum arithmetischen Rechnen mit Zahlen, Vergleichen von Zeichenfolgen,
Hin- und Hertransportieren derselben.

Digitalrechner - um die es hier geht - sind dadurch gekennzeichnet,
daß die Zeichen auf der Basis des dualen Zahlensystems dargestellt
werden. (Bei Analogrechnern stellen die zu verarbeitenden Werte
dagegen kontinuierliche physikalische Größen dar. Eine solche, die sich z. B.
in einem Zeigerausschlag manifestiert, wird durch Feststellung eines
Meßwertes digitalisiert.)

Eine EDV-Anlage basiert auf elektronischen Schaltkreisen vor allem
für logische Operationen und für Speicherungen. Der technische Teil
einer EDV-Anlage bildet die Hardware, die dem jeweiligen Problem entsprechenden Schaltanweisungen (Programme) bilden die Software.

---

17) Siehe z. B. K. VARMUZA: "Pattern Recognition in Chemistry", Springer-Verlag,
    Berlin - Heidelberg - New York (1980).

Schema einer
EDV-Anlage:

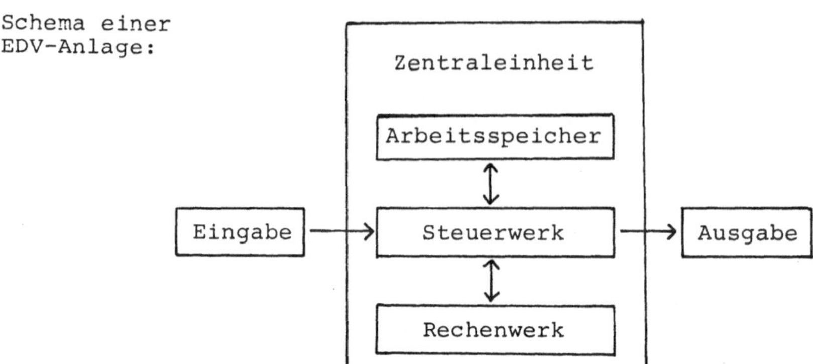

Der Arbeitsspeicher (Zentralspeicher, Primärspeicher) dient zur Aufnahme der Programme und Daten in einer Codeform. Jeder Speicherplatz hat eine eigene Adreßnummer,
über die er direkt erreichbar ist. Ein Speicherplatz ("Wort") stellt eine Folge von
Speicherelementen dar, d. s. Binärzeichen (bit), die also zwei unterschiedliche
physikalische Zustände einnehmen können. Je nach Maschinentyp findet man Wort-
längen von 12 bis 64 bit. In Speichern mit variabler Wortlänge sind adressierbare
Untergruppen (Byte) gebildet. 1 Byte = 8 bit, die je nach Kombination ihrer binären
Zustände eine bestimmte Ziffer etc. codieren. Im Rechenwerk wird das Rechnen, Vergleichen usw. mit den Daten ausgeführt. Im Steuerwerk werden die Programmbefehle
interpretiert, ihre Ausführungen überwacht. Über die Eingabe werden die Daten und
Programme mit Hilfe von entsprechenden Geräten zugeführt. Das kann etwa über Lochkarten oder Lochstreifen, über Magnetbänder oder Magnetplatten (= externe Speicher
mit "sequentiellem bzw. direktem Zugriff") und den zugehörigen Lesegeräten, sowie
von einem Schreib- oder Bildschirmgerät (Datenendgerät, Terminal) aus erfolgen.

Umgekehrt können die Daten bei der Ausgabe auf Papier ausgedruckt, auf einem
Bildschirm wiedergegeben, per Plotter zeichnerisch dargestellt, in Lochkarten und
Lochstreifen ausgestanzt, auf Mikrofilm festgehalten werden. Grundsätzlich können
von einem Terminal alle Datenbewegungen ausgelöst werden.

Man unterscheidet als Betriebsarten den Stapelbetrieb (Batchbetrieb), den Realzeitbetrieb und den Dialogbetrieb. Bei ersterem muß die Aufgabe vorab vollständig
gestellt sein. Die Abwicklung erfolgt hernach. Beim Realzeitbetrieb wird jeder
Fall unmittelbar bearbeitet. Beim Dialogbetrieb ist der Benutzer "online" in
ständiger Verbindung mit der Maschine von seinem Terminal aus. Das kann über weite
Entfernungen hinweg sein. Seine Aufgabenstellung - etwa ein Suchproblem - wird
sofort bearbeitet und beantwortet, worauf er dieses präzisieren kann, wiederum
sofort Antwort erhält usw. Er kann sich also an eine befriedigende Antwort heran-
tasten. Beim "Time-Sharing-Verfahren" kann dieser Vorgang gleichzeitig für viele
Benutzer ablaufen. Die Maschine wechselt dabei noch ständig zwischen den verschiedenen Benutzern hin und her, was so schnell gehen kann, daß die Unterbrechun-
gen vom einzelnen Benutzer nicht bemerkt werden.

Für Programme und Daten werden im Prinzip dieselben Zeichen verwendet. Bestimmte
Zeichen(folgen) interpretiert der Compiler (Übersetzer) eines Datenverarbeitungs-
systems unter bestimmten Voraussetzungen als Programmbefehle (Instruktionen). Dies
geschieht nach speziellen Programmiersprachen, von denen die "problemorientierten"
dazu dienen, die Herstellung der Programme zu erleichtern. Häufig verwendete
problemorientierte Programmiersprachen sind COBOL, FORTRAN, ALGOL, PL/I, BASIC
und APL, während ASSEMBLER "maschinenorientiert" ist. FORTRAN (Formula Translater)
ist eine algebraische Sprache vorwiegend für technisch-wissenschaftliche Anwendung. Sie gleicht in ihrem Aufbau der mathematischen Formelsprache. BASIC ist
eine sehr einfache Programmiersprache 18).

---

18) Literatur:
    S. DWORATSCHEK: "Grundlagen der Datenverarbeitung", de Gruyter, Berlin (1977). -
    G. NIEMEYER: "Einführung in die Elektronische Datenverarbeitung", Verlag
    Franz Mahlen, München (1975).

3. INFORMATION UND DOKUMENTATION

3.1. ALLGEMEINES

Information ist materiell zunächst jede Folge oder Anordnung von
Zeichen (Signalen), der eine Bedeutung beizumessen ist und die einen
Empfänger zu einem bestimmten Verhalten veranlassen kann. Information
ist in einer bestimmten Sprache möglich, wenn einer Zeichenfolge durch
Informant und Adressat nach konventionellen Regeln - nämlich denen
dieser Sprache - die (wenigstens annähernd) gleiche Bedeutung zuge-
messen wird 1). Für dieselbe Information gibt es den Ausdruck in
vielen Sprachen und materiell in verschiedenen Mitteilungsformen, die
sich aufzeichnen und damit speichern lassen.

Durch Aufzeichnung der Information (als Primär- bzw. Original-, Sekun-
där- und Tertiärpublikationen vor allem in Zeitschriften und Büchern)
entstehen die Dokumente. Deren Verbreitung, örtliche Sämmlung, Regi-
strierung, Ordnung, inhaltliche Straffung für komprimierte Information
(z. B. Referate), Kennzeichnung durch Schlagworte, Umwandlung in
rationellere und insbesondere maschinell besser verwendbare Index-
sprachen, sowie die Arbeiten der speziellen Speicherung und Wiederauffindung (Retrieval) sind Aufgaben der Dokumentation.

Die wichtigste Originalinformation geben die wissenschaftlichen Zeitschriften und Patentschriften. Sie enthalten neue Erkenntnisse. Die
Problemstellung bzw. Beschreibung des Standes der Technik verweist
darin auf ältere Arbeiten. Übersichtsarbeiten (Reviews) widmen sich
dem ausschließlich. Sie können ein Thema erschöpfend oder als Fort-
schrittsbericht für einen willkürlichen oder bestimmten Zeitabschnitt
(z. B. jährlich) abdecken. Reviews sind neben anderem in vielen Zeitschriften oder in speziellen Review-Organen zu finden. Dazu zählen
auch die Handbücher. Monographien haben ebenfalls Reviewcharakter mit
besonders intensiver Behandlung eines Themas, aber auch neuen Einsichten der Autoren, gegebenenfalls bestimmten Zielrichtungen, das
Verständnis fördernden Erweiterungen und zukunftsweisenden Darlegun-
gen 2). Referate pflegen im Nachhinein zu Originalpublikationen zu
erscheinen, sind aber auch als Zusammenfassungen denselben vorange-
setzt. Mischformen zu allem, auch schematisierende Handbücher, ergänzen das Angebot 3). Neben den klassischen Druckerzeugnissen steht

---

1) Zum Begriff Information siehe
   R. FUGMANN, Inf. Stor. Retr. 9 (1973) 353. -
   dito, Intern. Classific. 7 (1980) 18. -
   I. I. MITROFF, J. WILLIAMS und E. RATHSWAL, J. ASIS 23 (1972) 370. -
   Y. BAR-HILLEL: "Language and Information", Addison Wesley, London (1964).

2) Jährliche bzw. halbjährliche Zusammenstellungen von Review-Artikeln und Monographien bringen J. Org. Chem. 45 (1980) 1728 und "A Specialist Periodical
   Report. General and Synthetic Methods", The Chemical Society, London.

3) Siehe Anhang S. 198. Bemerkenswert ist auch der Science Citation Index des
   Institute for Scientific Information (ISI) in Philadelphia, USA, mit seinen
   Teilen: Source Index (nach Autorennamen geordnete Hinweise auf andere Publi-
   kationen), Citation Index (nach Autorennamen bzw. Patentnummern geordnete Liste
   sämtlicher Zitate der Literatur des Source Index), Permuterm Subject Index
   (Liste von kennzeichnenden Worten der Publikationstitel).

heute der Mikrofilm und dessen Rückvergrößerungskopien, ferner der Computerausdruck bzw. die Bildschirmtextwiedergabe von Magnetspeicherungen.

3.2. WIEDERGABEFORMEN VON CHEMISCHER INFORMATION

3.2.1. STRUKTURMODELL, STRUKTURFORMEL, TOPOLOGISCHE STRUKTURVER-SCHLÜSSELUNG

Die räumlichen Strukturmodelle stellen mehr oder weniger ähnliche Abbilder der Moleküle dar. Man unterscheidet "gestreckte" Modelle, in denen die Atome als kleine Kugeln 4) oder nur als Eckpunkte im Bindungsgitter dargestellt sind, von den "kompakten" Modellen. In den exakteren der gestreckten Modellen 5) werden die van der Waals-Atomradien berücksichtigt, vor allem aber in den kompakten Modellen 6), die die Ausdehnung der Elektronenhüllen direkt demonstrieren.

Die ebenen Strukturformeln (Formelbilder, Strichformeln) sind quasi Projektionen der Strukturmodelle. In den gängigen Strukturformeln erfolgt eine schematische Wiedergabe der Atome und ihrer Bindungsverhältnisse, in speziellen werden auf der Basis bestimmter Konformationen noch bestimmte Konfigurationen verdeutlicht (Fischer-Projektion, Newman-Projektion, Natta-Projektion), sowie perspektivische Darstellungen und Stereodiagramme hergestellt. Die ebene (ggf. perspektivische) Strukturwiedergabe läßt sich auf Bildschirmen von Computer-Terminals vornehmen. Die Maschinen sind je nach Technik und Programmierung in der Lage, die Formelbilder ("topologisch") zu speichern, bezüglich stabilster Konformation zu berechnen, entsprechend zu korrigieren, auf den Bildschirmen in den Größendarstellungen zu verändern und zur perspektivischen Betrachtung aus verschiedenen Richtungen für den Anschein zu drehen.

Zur topologischen Verschlüsselung und Speicherung einer Verbindung werden die Atome ihrer Strukturformel - gewöhnlich außer Wasserstoff - entweder willkürlich durchnumeriert oder auf Rasterblättern mit numerierten Rasterpunkten gezeichnet bzw. auf dem Bildschirm, etwa mit einem Lichtgriffel, wiedergegeben 7) 7a). Im letzteren Fall liegt unmittelbare Computereingabe vor, da alles weitere gemäß Programmierung verläuft, während die "Handeingabe" der beiden erstgenannten Methoden über die Art der Verschlüsselung Aufschluß gibt: Dabei werden die Atome nacheinander in speziellen Formularen mit ihren Elementsymbolen und ihrer Numerierung eingetragen. Ferner wird ausgedrückt, über welche Bindungsart (Einfach-, Doppel-Bindung etc.) die jeweils nächstliegenden Atome ("Liganden") mit ihnen verbunden sind (siehe Abb.2). Die ganze Tabelle wird in Lochkarten zwecks nach-

---

4) Kugel-Stab-Modelle, Dreiding-Modelle.

5) Siehe K. BEYERMANN: "Molekülmodelle", Verlag Chemie, Weinheim (1979). - H. B. KAGAN: "Organische Stereochemie", Thieme, Stuttgart (1977).

6) Siehe Kalottenmodelle - neuerdings auch per Computer in der Ebene bildhaft darstellbar, nachdem sie durch entsprechende Programme berechnet wurden.

7) E. MEYER, Angew. Chem. 82 (1970) 605. -

Speicherstruktur:

$$\overset{5}{\underset{1}{H_2N}}-\overset{}{\underset{2}{C}}-\overset{}{\underset{3}{O}}-\overset{}{\underset{4}{CH_2}}-\overset{\overset{7}{CH_2}-\overset{8}{NH_2}}{\underset{6}{C}}=\overset{}{\underset{9}{CH}}-\overset{\overset{11}{O}}{\underset{10}{C}}-\overset{}{\underset{12}{CH_2}}-\overset{}{\underset{13}{OH}}$$

Bindungstypen:

① = Einfachbindung
② = Doppelbindung

1	N	① – 2.
2	C	① – 1, ① – 3, ② – 5.
3	O	① – 2, ① – 4.
4	C	① – 3, ① – 6.
5	O	② – 2.
6	C	① – 4, ① – 7, ② – 9.
7	C	① – 6, ① – 8.
8	N	① – 7.
9	C	② – 6, ① –10.
10	C	① – 9, ② –11, ① –12.
11	O	② –10.
12	C	① –10, ① –13.
13	O	① –12.

Suchstruktur:

$$\overset{}{\underset{1}{H_2N}}-\overset{}{\underset{2}{CH_2}}-\overset{}{\underset{3}{C}}=\overset{}{\underset{4}{CH}}-\overset{\overset{7}{O}}{\underset{5}{C}}-\overset{}{\underset{6}{C}}---$$

1	N	① – 2.
2	C	① – 1, ① – 3.
3	C	① – 2, ② – 4, ...
4	C	② – 3, ① – 5.
5	C	① – 4, ① – 6, ② – 7.
6	C	① – 5, ...
7	O	② – 5.

Vergleich:

Suchstruktur:	1	2	3	4	5	6	7
Speicherstruktur:	8	7	6	9	10	12	11

Abb. 2

Topologische Verschlüsselung einer Strukturformel und
einer zu recherchierenden Partialstruktur 7).

---

7 a) E. MEYER, S. 105 – 122 in
    W. T. WIPKE, S. R. HELLER, R. FELDMANN und E. HYDE (Hrsg.): "Computer Repre-
    sentation and Manipulation of Chemical Information", Wiley, New York (1974). –
    Vgl. das Chemical Compound Registry System von Chemical Abstracts Service
    sowie das CROSSBOW-System, siehe z. B.
    C. H. DAVIS und J. E. RUSH: "Information Retrieval and Documentation in
    Chemistry", Greenwood Press, London (1974). –
    J. E. ASH und E. HYDE (Hrsg.): "Chemical Information Systems", Wiley,
    New York (1974).

folgender Computer-Eingabe übertragen oder über ein Schreibterminal
eingespeichert. In allen Fällen entsteht im Ergebnis eine gespeicherte
Verknüpfungsmatrix. Will man später eine (Partial-)Struktur an einem
solchen Speicher recherchieren, wird mit dieser ganz ähnlich verfahren. Von der Maschine werden beide Strukturen (nebst vielen anderen)
verglichen:

In Abb. 2 ist Atom Nr. 1 in der zu suchenden Partialstruktur N. Die Speicherstruktur enthält (zufällig) auch ein N-Atom mit Nr. 1. Beide haben nur einen Liganden,
beidemale Kohlenstoff und über eine Einfachbindung angebunden. Soweit wäre Übereinstimmung. Sie fehlt aber bei Atom Nr. 2 hinsichtlich dessen weiteren Bindungen.
Folglich beendet der Computer diesen Vergleich und beginnt aufs neue beim N-Atom
Nr. 8 der Speicherstruktur. Von dort aus läßt sich in der Tat die gesuchte
Partialstruktur finden. Die Suche erfolgt also Atom-für-Atom, wobei die Maschine
stets zurücksetzt und neu zu suchen beginnt, wenn die Übereinstimmung entfällt,
bis alle Möglichkeiten durchgeprüft sind.

Mit einer solchen iterativen Suchtechnik wird die Art simuliert, in
der der Mensch einen Strukturenvergleich vollzieht. Sie ist auch
komplizierten Verhältnissen gewachsen, jedoch zeitaufwendig. Durch
Vorschalten von schnellen, nicht in gleicher Weise treffsicheren
Recherchen ("screening") läßt sich der iterative Vergleich auf wenige
Fälle beschränken und so dem Zeitproblem begegnen. Auch gibt es topologische Vergleichsverfahren, die schneller verlaufen als das Itera-
tivverfahren bei eigenen Anwendungsbereichen 8).

Eine topologische Verknüpfungsmatrix 9) (Verknüpfungstabelle) enthält
zweckmäßigerweise noch weiter aufbereitete und zusätzliche Information
als nur die Atome und ihre Bindungen, selbst wenn damit Redundanzen
entstehen. Hierdurch wird nicht nur eine Recherche beschleunigt,
sondern es werden auch verallgemeinerte Fragestellungen ermöglicht.
Stereochemische Aspekte schaffen besondere Probleme, während im
übrigen eine topologische Verschlüsselung so eindeutig ist wie die
Strukturformel selbst. In diesem Sinne äquivalente, in ihrer Konzeption und Programmierung unterschiedliche topologische Systeme können
maschinell ineinander hin- und herübersetzt werden. Es kann von ihnen
aus auch in andere Verschlüsselungssysteme übersetzt werden, jedoch
nur dann wieder zurück, wenn diese ebenfalls eindeutig sind. Solche
Übersetzungen können auch als fortgeschrittene Strukturerkennung
verstanden werden, z. B. wenn die in einer Strukturformel vorhandene
kleinste Menge der kleinsten Ringe (d. h. solche Ringe, die keine
umhüllenden für andere sind) herausgearbeitet wird 10). Für die
computerunterstützte Syntheseplanung schafft die Strukturerkennung
aus der topologischen Strukturbeschreibung bzw. der Verknüpfungstabelle die notwendige Basis für den Vergleich mit möglicherweise
anwendbaren Reaktionen 11).

---

8) E. H. SUSSENGUTH, J. Chem. Doc. 5 (1965) 36.

9) Vergleiche auch BE-Matrix S. 173.

10) Literatur zur Ringerkennung:
R. FUGMANN, U. DÖLLING und H. NICKELSEN, Angew. Chem. 17/18 (1967) 802. -
M. PLOTKIN, J. Chem. Doc. 11 (1971) 60. -
E. J. COREY und G. A. PETERSSON, J. Am. Chem. Soc. 94 (1972) 460. -
A. ZAMORA, J. Chem. Inf. Comput. Sci. 16 (1976) 40. -
B. SCHMIDT und J. FLEISCHHAUER, ibid. 18 (1978) 204.

3.2.2. DIE CHEMISCHE NOMENKLATUR

Für die mündliche und schriftliche Information benötigt man die
chemische Nomenklatur. Deren Vereinheitlichung wird von den Nomen-
klaturkommissionen unternommen, insbesondere denen der Internationalen Union für Reine und Angewandte Chemie (IUPAC). Wichtig ist die
Definition von Stammsystemen der chemischen Verbindungen. Ferner
spielt der Klassenbegriff (Carbonsäure, Keton usw.) eine große Rolle.
Man unterscheidet die substitutive Nomenklatur ("Monochlor-Alkan"),
die radikofunktionelle Nomenklatur ("Ethyl-chlorid"), die additive
Benennung ("Tetrahydro-Naphthalin"), die subtraktive Benennung
("Dehydrobenzol"), die konjunktive Benennung ("Naphthalin-Essig-
säure") 12).

3.2.3. DIE WISWESSER LINE-NOTATION (WLN)

Trotz aller Bemühungen um Systematik ist die chemische Nomenklatur
nicht eindeutig und rationell genug, um insbesondere den Erfordernissen der elektronischen Datenverarbeitung gerecht zu werden. Deshalb werden lineare Notationen entwickelt, die dies vermögen. Die
verbreiteste davon ist die Wiswesser Line-Notation: Sie verwendet
neben üblichen Atomsymbolen - und einigen veränderten - eine Reihe
von Symbolen für verschiedene Atomgruppen, Verallgemeinerungen und
Strukturbesonderheiten, wie aus Tabelle 1 hervorgeht 13) 13a).

---

11) Siehe Kap. 11. -

Weitere Literatur zu diesem Thema:

W. DÖRFLER und J. MÜHLBACHER: "Graphentheorie für Informatiker", Sammlung
Göschen, de Gruyter, Berlin (1973). -
J. E. ASH: "Connection Tables and Their Role in a System", S. 156 in
J. E. ASH und E. HYDE (Hrsg.): "Chemical Information Systems", Horwood,
Chichester (1975). -
C. E. SHELLEY und M. E. MUNK, J. Chem. Inf. Comput. Sci. 17 (1977) 110. -
P. G. DITTMAR, J. MOCKUS und K. M. COUVREUR, ibid. 17 (1977) 186. -
J. FRIEDRICH und I. UGI, Match 6 (1979) 201.

12) J. RIGAUDY und S. P. KLESNEY: "Nomenclature of Organic Chemistry", Pergamon
Press, New York (1979). -
R. S. CAHN und O. C. DERMER: "Introduction to Chemical Nomenclature", 5th Ed.,
Butterworths, London (1979). -
W. LIEBSCHER (Hrsg.): "Handbuch zur Anwendung der Nomenklatur organisch-
chemischer Verbindungen", Akademie-Verlag, Berlin (1979). -
H. GRÜNEWALD (Hrsg.): "Internationale Regeln für die chemische Nomenklatur
und Terminologie, Deutsche Ausgabe", Verlag Chemie, Weinheim (1975). -
"Trivialnamenkartei", Verlag Chemie, Weinheim (1979). -
D. HELLWINKEL: "Die systematische Nomenklatur der Organischen Chemie",
2. Auflage, Springer-Verlag, Berlin - Heidelberg - New York (1978). -
W. HOLLAND: "Die Nomenklatur in der Organischen Chemie", Verlag Harri Deutsch,
Zürich (1969).

Siehe auch "Enzyme-Nomenclature", Elsevier, Amsterdam (1973).

Tabelle 1

Symbole der Wiswesser Line Notation

Leerstelle		vor Buchstaben: Ringposition, vor Ziffern: Multiplikation vorausstehender Notationen, innerhalb von Ringbeschreibungen: mehrfache Ringbeteiligung.
&	für	z. B. Ende einer Seitenkette oder innerhalb einer Ringbeschreibung: Ring enthält keine zwei oder mehr C-Atome mit Bindungen an vier andere Atome, u. a.
-	"	Trennung oder Verbindung von anderen Symbolen
/	"	Ende der Wirkung eines Multiplikators, schließt multiplizierte Symbole ein, u. a.
Ziffern Ø (Null) - 9	"	Gliederzahl von intern gesättigten, unverzweigten Alkylketten (-fragmenten) oder Ringgliederzahl
A	"	Alkyl
C	"	Unverzweigtes C-Atom mit Mehrfachbindungen zu Heteroatomen
E	"	Brom-Atom
G	"	Chlor-Atom
H	"	Innerhalb von Ringbeschreibungen für C-Atom mit Bindungen an vier anderen Atomen (sonst für Wasserstoff)
J	"	Ende einer Ringbeschreibung
K	"	Ammonium-Stickstoff
-KA-	"	Kalium-Atom
L	"	Beginn eines carbocyclischen Ringes
M	"	Imino- bzw. Imido-Gruppe
N	"	Stickstoff ohne Bindung zu Wasserstoff
O	"	Sauerstoff ohne Bindung zu Wasserstoff
Q	"	Hydroxyl-Gruppe
R	"	Benzol-Ring
T	"	Beginn einer Heterocyclenbeschreibung bzw. innerhalb einer Ringbeschreibung für C-Atome ohne Mehrfachbindungen
U	"	Doppelbindung
-UR-	"	Uran-Atom
V	"	Carbonyl-Gruppe
-VA-	"	Vanadium-Atom
W	"	Dioxo-Gruppierung wie $\diagdown\!S\!\!\diagup\!\!\!\!\diagdown\substack{O\\O}$
-WO-	"	Wolfram-Atom
X	"	C-Atom mit Bindungen an vier Nicht-Wasserstoff-Atome
Y	"	C-Atom mit Bindungen an drei Nicht-Wasserstoff-Atome
-YT-	"	Yttrium
Z	"	Amino- bzw. Amido-Gruppe

sowie sonst alle internationalen Atomsymbole in Großbuchstaben, dabei Zweibuchstabensymbole stets zwischen Bindestrichen (-FE- usw.).

---

13) E. G. SMITH und P. A. BAKER: "The Wiswesser Line-Formula Notation", 3ed Ed., Chemical Information Management Inc., Cherry Hill, N. J. (1976). -
D. HELLWINKEL, loc. cit., s. S. 153. Siehe weiter auch hinsichtlich anderer linearer chemischer Notationen
M. F. LYNCH, J. M. Harrison, W. G. TOWN und J. E. ASH: "Computer Handling of Chemical Structure Information", MacDonald, London (1971). -

Dem System liegen unter anderem folgende Regeln zugrunde:

1. Zur Strukturenbeschreibung dienen die Symbole der Tabelle.

2. Carbocyclische Ringbeschreibungen (außer Benzol) beginnen mit L
und enden mit J, heterocyclische Ringbeschreibungen
beginnen mit T und enden mit J.

3. Die Symbole werden in der Reihenfolge angegeben, in der die durch
sie bezeichneten Strukturfragmente verknüpft sind.

4. Begonnen wird mit dem Strukturende des gerade "ranghöchsten"
Symbols (in der Tabelle steht das ranghöchste Symbol jeweils
tiefer, d. h. Z ist ranghöchst),

z. B.: H_2N-CH_2COOH ergibt Z1VQ

$$Cl-\underset{\underset{Cl}{|}}{\overset{\overset{Cl}{|}}{C}}-\underset{\underset{OH}{|}}{CH}-OH \quad \text{ergibt QYQXGGG}$$

(HO = Q ranghöchstes Ende, zweites Q wie Seitenkette,
2. und 3. Cl = G ebenfalls wie Seitenkette)

5. Zwecks Eindeutigkeit, wenn notwendig, Kennzeichnung des Endes
einer Seitenkette durch &.

6. Ringpositionen werden durch A, B ... mit voranstehender Leer-
stelle angezeigt,

z. B. 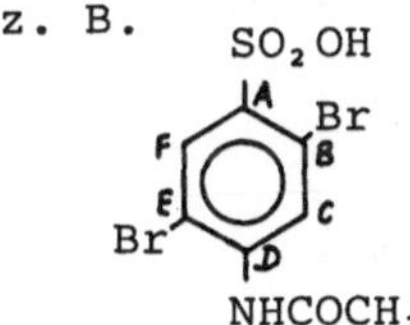   ergibt WSQR BE EE DMV1

(R für Benzolring wie eine Seitenkette
gehandhabt. Die Ringposition A gehört
dem Substituenten vor dem R-Symbol)

3.2.4. DER FRAGMENTCODE GREMAS

Nun interessiert den Chemiker an einem Molekül vor allem die spezielle
Atomgruppierung, so die funktionelle Gruppe, Ring- und Kettenstruktur,
die Art des Ringes nach Zahl und Position der Ringglieder, insbesondere von Heteroatomen im Ring, der Grad von Ungesättigtheit, Aromatizität usw. Es muß deshalb einem Beschreibungsverfahren, das diese einzelnen, sich teilweise überlappenden Strukturmerkmale (-fragmente) in
rationeller Weise betrifft, besondere Bedeutung zukommen. Einen
Fragmentcode, speziell für die Speicherung und Recherche mit Computer
geeignet, stellt das GREMAS 14)-System der IDC 15) dar:

13a) J. E. ASH und E. HYDE (Hrsg.): "Chemical Information Systems", Wiley, NY (1974). -
C. H. DAVIS und J. E. RUSH: "Information Retrieval and Documentation in
Chemistry", Greenwood Press, London (1974). -
R. G. DROMEY, J. Chem. Inf. Comput. Sci. <u>18</u> (1978) 225.

Vgl. auch W. J. MARTIN, ibid. <u>18</u> (1978) 199.
Siehe auch   SLING, dessen stereochemische Deskriptoren in Verbindung mit WLN
verwendet werden können, siehe S. 168.

14) Genealogisches Recherchieren durch Magnetband-Speicherung = GREMAS

15) IDC = Internationale Dokumentationsgesellschaft für Chemie mbH, Hamburger
Allee 26 - 28, D 6000 Frankfurt am Main 90, Tel. (0611) 7917 483

Die Strukturmerkmale sind dabei zunächst in Facetten eingeteilt, wobei für jede Facette ein anderer Buchstabe ("Genussymbol") an erster Stelle eines Dreiercodes (Dreierterm) zu stehen kommt. Eine Facette bilden z. B. alle Atomgruppen, bei denen ein Kohlenstoffatom mit einer einzigen Aminogruppe oder mit einem einzigen Halogenatom verbunden ist und sonst nur mit Kohlenstoff und/oder Wasserstoff bzw. als Ringglied mit anderen Ringatomen. An zweiter Stelle des Dreiercodes wird dann ausgesagt, ob die Aminogruppe primär oder sekundär usw. ist oder von welcher Art das Halogenatom ist. An dritter Stelle kommt die strukturelle Umgebung des Kohlenstoffatoms zum Ausdruck, z. B. daß es an einer aliphatischen Kette beteiligt oder Ringglied ist. Weitere Facetten beziehen sich auf mehrfache Bindungen zu Heteroatomen ("mehrfache Heteroorientierung"), wie auch auf reine Kohlenwasserstoff-Gruppierungen. Schließlich stehen andere Dreierterms z. B. für Ringstrukturen.

Beispiele für Dreierterms:

		Genussymbol	Speciessymbol	Subspeciessymbol
$\geq$C-NH$_2$	(dabei C außer an NH$_2$ nur an H und/oder Alkyl gebunden)	B	A	A
$\geq$C-NH$_2$	(dabei C direkt an Aromaten gebunden)	B	A	D
=C-NH$_2$	(dabei C an olefinischer Doppelbindung)	B	A	F
C-NH$_2$	(C Ringglied eines Aromaten)	B	A	R
$\geq$C-F	(dabei C außer an F nur an H und/oder Alkyl gebunden)	H	A	A
=C-F	(dabei C an olefinischer Doppelbindung)	H	A	F
=C-Cl	(wie vorstehend, jedoch Chlor statt Fluor)	H	B	F
-COOH	(Carboxyl dabei an aliphatischem Rest gebunden)	N	N	A
-COOH	(Carboxyl dabei an aromatischem Rest gebunden)	N	N	D
-CH$_2$-	(dabei nur an aliphatische Reste gebunden)	R	A	C
≡ CH	(dabei nur an aliphatisches C gebunden)	R	C	D
	(nur der Benzol-Ring)	S	A	F

Eine nach Merkmalen zerlegte Beschreibung eines Moleküls macht es natürlich auch wieder erforderlich darzustellen, wie diese Fragmente zusammengehören. Das ist ein syntaktisches Problem, also ähnlich dem der Satzbildung in der Sprache, die die Worte zusammenführt. Bei GREMAS werden die Merkmale durch die Zusammenführung aller Dreierterms eines Moleküls in einem Datensatz, d. h. einem Speichersatz oder einem Fragesatz, syntaktisch kombiniert. Ein solcher Datensatz ist eine von der Maschine erkennbare Einheit, innerhalb der sich die Verschlüsselung eines Moleküls für die Datenspeicherung bzw. für die Frageformulierung nach demselben abspielt. Eine noch engere syntaktische Maßnahme innerhalb eines Datensatzes erfolgt durch Terms unbegrenzter Länge. Diese beginnen mit dem speziellen Zeichen Y. An zweiter Stelle, also direkt hinter Y, wird nach größeren Molekülunterstrukturen ("Bezirke" wie aliphatische Kohlenstoffkette, aliphatischer Ring, Benzolring, Heteroring) differenziert. Danach werden alle in diesen Bezirken anteiligen Genussymbole alphabetisch subsummiert.-Die Verschlüsselungen können aus topologischen Verschlüsselungen automatisch erstellt werden.

Das GREMAS-System bewältigt vor allem die vielen, durch Alternativen
überladenen Molekülbeschreibungen der chemischen Patentliteratur
("Markush-Formeln"). So wird z. B. in dem US-Patent 4 104 275 folgende
Markush-Formel als Gegenstand der Erfindung genannt:

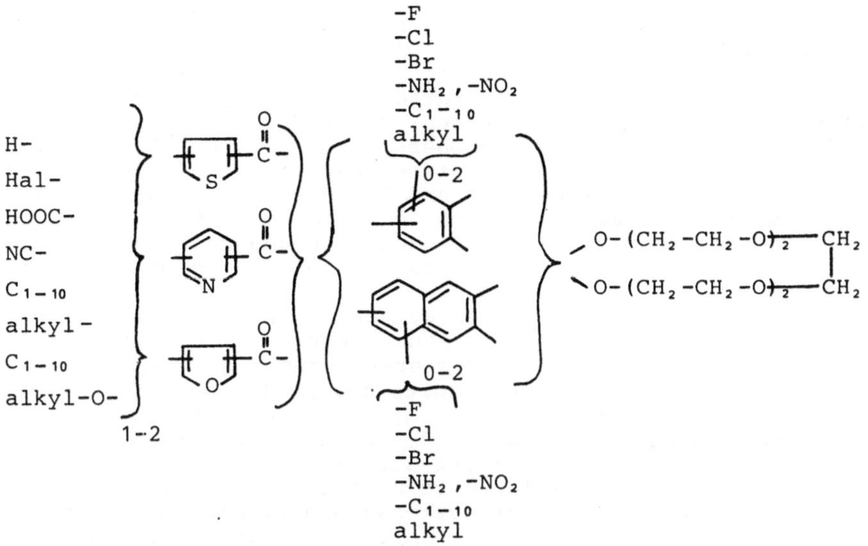

Es erlaubt eine sehr flexible Fragestellung nach den verschiedensten
Gruppierungen von Strukturmerkmalen mit Geboten und Verboten, spezifisch, auf Reihen von Merkmalen erstreckt und echt verallgemeinert.
Es erfordert nur geringe Suchzeit am Computer in den inzwischen außerordentlich großen Datenspeichern der Internationalen Dokumentationsgesellschaft für Chemie mbH (IDC) in Frankfurt am Main, die dieses
System anbietet 16).

3.2.5. Weitere Formen der Strukturbeschreibung

Neben den aufgezeigten wurden bisher noch andere Formen der Strukturbeschreibung entwickelt. Diese versuchen folgenden Bedürfnissen
gerecht zu werden:

a) Es müssen zusätzliche Informationen struktureller Art ausgedrückt
   werden,

b) die Darstellung von Polymeren verlangt Vereinfachungen in der
   Strukturbeschreibung 17),

---

16) Literatur zur GREMAS-Strukturenverschlüsselung:
    R. FUGMANN, W. BRAUN, W. VAUPEL, Angew. Chem. 73 (1961) 745. -
    dito, Nachr. Dok. 14 (1973) 179. -
    R. FUGMANN: "Experiences with a Faceted Classification in Organic Chemistry
    Using Computers" in P. ATHERTON (Hrsg.): "Classification Research", S. 341 -
    367, Munksgaard, Copenhagen (1965). -
    S. RÖSSLER und A. KOLB, J. Chem. Dok. 10 (1970) 128. -
    R. FUGMANN: "The IDC System" in J. E. ASH und E. HYDE: "Chemical Information
    Systems", S. 195, Chichester (1975). -
17) Siehe S. 77 ff.,   Darstellung von Polypeptiden und -nucleotiden; siehe ferner
    das TOSAR-System zur syntaktischen Darstellung von Polymeren für Computerrecher-
    chen.

c) andere Verschlüsselungssysteme in der Datenverarbeitung müssen
systemgerechte Strukturdarstellungen finden 18).

3.2.6. THESAURI

Neben den Strukturformeln enthält ein Dokument gewöhnlich nun ja
noch andere wichtige Fachbegriffe. Diese werden zweckmäßigerweise in
einem Thesaurus gesammelt, denn ein Thesaurus ist ein geordnetes
Vokabular zum Zwecke der Dokumentation. Er soll die für ein Sachgebiet
wichtigen Schlagworte (Deskriptoren) unter Herausstellung ihrer be-
grifflichen Beziehungen, so als Ober- und Unterbegriffe (Gefäß und
Kessel), als Sammel- und Teilbegriffe (Apparatur und Rohr - dies als
Teil der Apparatur), als Bezugs- und Zugehörigkeitsbegriffe (Reaktion
und Reaktionsgefäß), als verwandte Begriffe im weiteren Sinne enthalten. Synonyme Begriffe (verschiedene Benennungen, auch fremd-
sprachliche, für dasselbe) werden zusammengefaßt, homonyme Begriffe
(gleiche Benennungen für Unterschiedliches) werden durch die erfolgten
Definitionen klargestellt. Ferner werden konträre Begriffe (irgendwie
gegensätzliche) und kontradiktorische (verneinte) Begriffe erwähnt 19).
Es gibt offene, d. h. sich ständig erweiternde, jedes neue Schlagwort
aufnehmende Thesauri und andererseits abgeschlossene "Vorzugsvokabu-
larien" eventuell eigener Systematik, deren Wortschatz streng verbindlich angewendet wird, sowie Mischformen. Eine "terminologische
Kontrolle" der Schlagworte fördert die fachsprachliche Einheitlichkeit und Exaktheit. Die einfache Form einer Schlagwortliste, wie
sie vielfach mehr oder weniger systematisch zusammengestellt und
mehr oder weniger verbindlich verwendet wird, ist immerhin ein
erster Schritt zu einem entwickelten Thesaurus.

3.2.7. BESCHREIBUNG VON VERFAHREN UND STOFFSYSTEMEN. DAS DOKU-
MENTATIONSSYSTEM TOSAR

Mit der Herausstellung von Schlagworten kann man ein Dokument meistens
ausreichend charakterisieren. Allerdings darf man nicht übersehen, daß
dieselben Schlagworte in den unterschiedlichsten (syntaktischen) Zusammenhängen stehen können und damit eine mitunter völlig verschiedene
Bedeutung ergeben. Ein Dokumentationssystem, das auch die Syntax einer
Beschreibung sehr genau wiedergeben kann, dabei in EDV-Anlagen spei-
cher- und recherchierfähig ist, stellt das TOSAR-System 20) der IDC
dar. Es ist sowohl dafür geeignet, Vorgänge und Vorgangsfolgen wieder-
zugeben als auch Stoffsysteme mit ihren Komponenten. Dabei können die
kompliziertesten logischen Verhältnisse herrschen. Das System wurde
vor allem für Beschreibungen auf dem Gebiet der Polymere geschaffen,
wo nicht nur Synthesen interessant sind, sondern auch Aufarbeitungs-,
Mischungs-, Trennvorgänge usw. Ferner geht es dort um die Darstellung
der Monomergemische, die polymerisiert werden, und der Gemische von
Polymeren mit den verschiedensten Zusätzen. Sehen wir uns hierzu
sofort ein Beispiel an (Abb. 3):

---

18) Siehe z. B. auch Codes zur Recherche auf Magnetbändern von DERWENT (s. S. 204).
    Vgl. das Registry-Number-System von CAS in Verbindung mit der topologischen
    Strukturverschlüsselung.
19) Siehe z. B. E. MEYER, R. JANSEN und E. SENS, Nachr. Dok. 23 (1972) 203.
20) R. FUGMANN, H. NICKELSEN, I. NICKELSEN und J. H. WINTER, Angew. Chem. 82
    (1970) 611.
    dito, J. Am. Soc. Inf. Sci. 25 (1974) 287.-
    dito, J. Chem. Inf. Comput. Sci. 15 (1975) 52.
    TOSAR = Topologische Wiedergabe von synthetischen und analytischen Relationen
    von Begriffen.

"Herstellung von optisch aktivem Polypropylenoxid entweder durch
Polymerisation von optisch aktivem Propylenoxid, vermischt mit
feingeriebenem KOH, oder von racemischem Propylenoxid in Gegenwart von optisch aktivem Borneol und Diethylzink in Toluol und/oder
Xylol als Lösungsmittel. Anschließend Isolierung der Produkte".

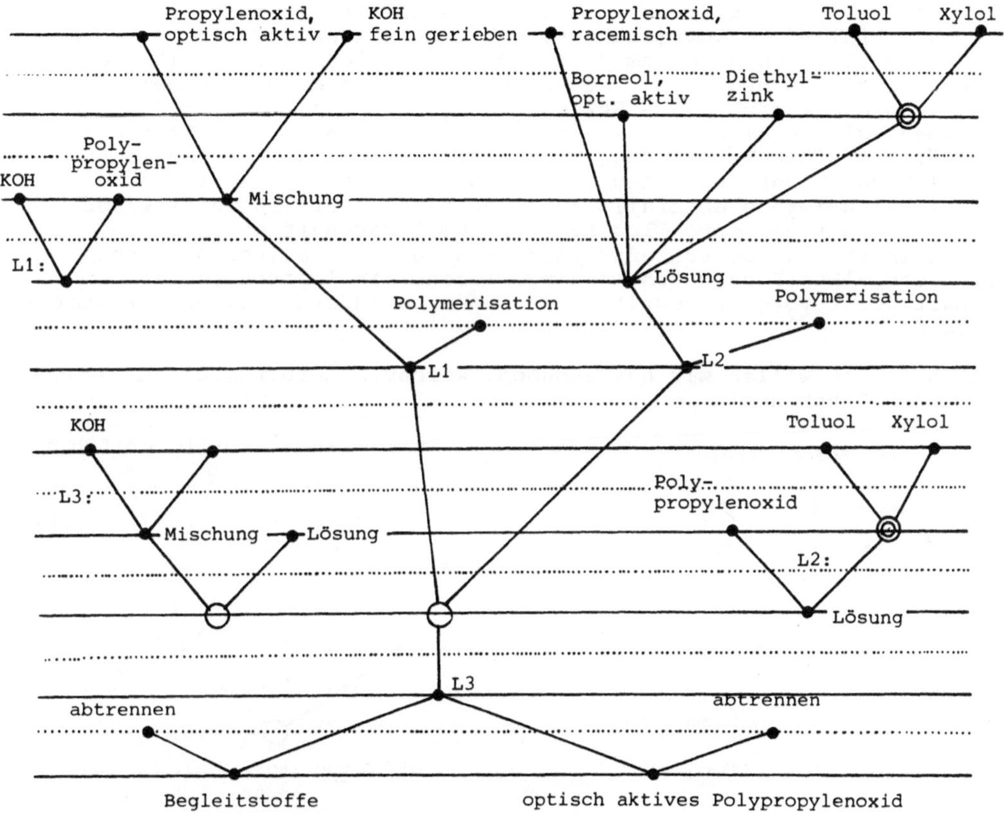

Abb. 3

TOSAR-Graph zu voranstehendem Text.

Der große "Prozeßgraph" nimmt die Mitte des Bildes ein. Drei
"logische Graphen" stehen links und rechts seitlich. Im Prozeßgraphen ist auf die logischen Graphen, die an den betreffenden Punkten gelten, durch L1 etc. hingewiesen (siehe weitere
Erläuterungen im Text).

Wir haben es also mit einer Graphik aus Punkten und Strecken zu
tun, wobei die Schlagworte an den Punkten stehen. Der eigentliche
große Graph (Hauptgraph, Prozeßgraph) ist von oben nach unten gerichtet, d. h. alles, was höher steht, liegt (bei Vorgängen) zeit-
lich vorher bzw. ist ein Eingangsbegriff für das Nachstehende, zu
dem die Striche abwärts hinführen. Dabei stehen die gegenständlichen
Schlagworte, also insbesondere die Stoffnennungen, auf den erkennbaren
durchgezogenen Niveaulinien. Die Vorgangsbegriffe stehen auf den
punktierten Linien, sind aber genauso mit Strichen abwärts, und zwar
dahin verbunden, wo sie sich auswirken. Beim Vergleich mit dem Text
erkennt man, daß alles, was zu Punkten hinführt, wirklich zusammen-
geführt wird, also der "und"-Logik entspricht. Wenn statt Punkte
Kreise stehen, so bedeutet das "oder", Doppelkreise bedeuten
"und/oder". Ferner gibt es noch einen Kreis mit einem Kreuz, was
"gegebenenfalls" besagt (siehe unten). Es können jeweils eine ganze
Reihe von Strichen zu einem Punkt zusammenlaufen oder von ihm weg-
gehen. Letzteres bedeutet eine Auftrennung. Man kann an einem jeden
Punkt, an dem verschiedene Striche zusammenlaufen bzw. von dem sie
ausgehen, gleichsam Bilanz ziehen und festhalten, welche Stoffe in
welcher logischen Verknüpfung gerade vorliegen. Das ist nach einer
Reaktion und einer Auftrennung sogar unerläßlich. Damit man eine
solche Bilanzierung ebenfalls durch Punkte und Striche darstellen
kann, wurden sogenannte "logische Graphen" geschaffen, siehe L1, L2
und L3 in Abb. 3. Im Prozeßgraphen wird auf die logischen Graphen
durch dieselben Bezeichnungen hingewiesen. Ein logischer Graph
enthält keine Vorgangsbegriffe, ist aber besonders typisch für Stoffsysteme.

Zunächst aber wollen wir uns ansehen, welche Ausdrucksmöglichkeiten
ein TOSAR-Graph hat:

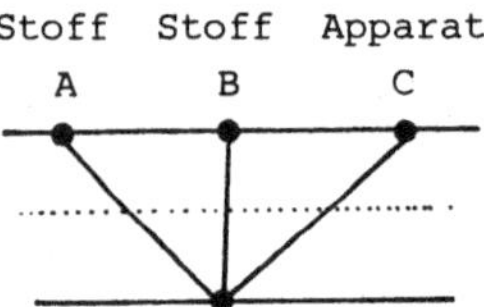

Stoff A und Stoff B und Apparat C
(hier ohne Systembenennung, d. h.
ein Punkt kann auch ohne Benennung
bleiben). (Der Graph kann Prozeßgraph oder logischer Graph sein.)

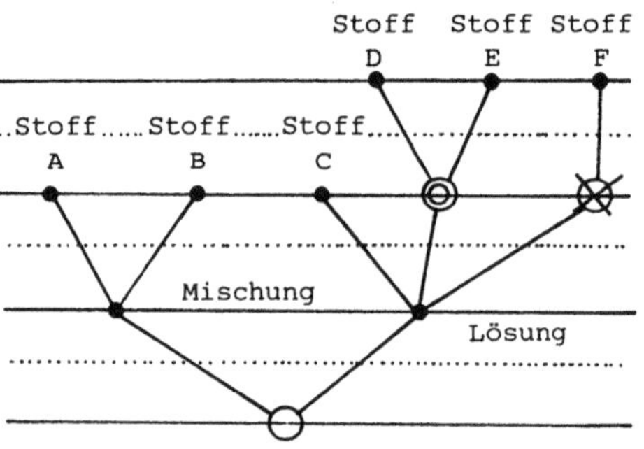

Stoff A und Stoff B als Mischung
            oder
Stoff C und (Stoff D und/oder Stoff E)
und gegebenenfalls Stoff F als Lösung.

(Prozeßgraph oder logischer Graph.)

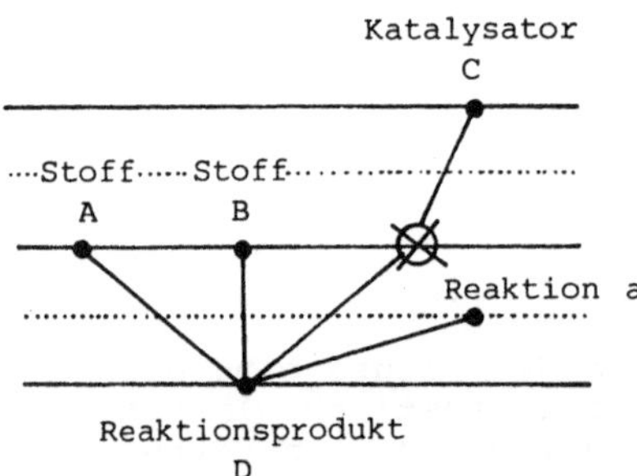

Stoff A und Stoff B und gegebenenfalls Katalysator C werden umgesetzt
in Reaktion a zu Reaktionsprodukt D.
(Die sicher noch bestehende Gegenwart
des Katalysators beim Reaktionsprodukt
ist hier vernachlässigt.)

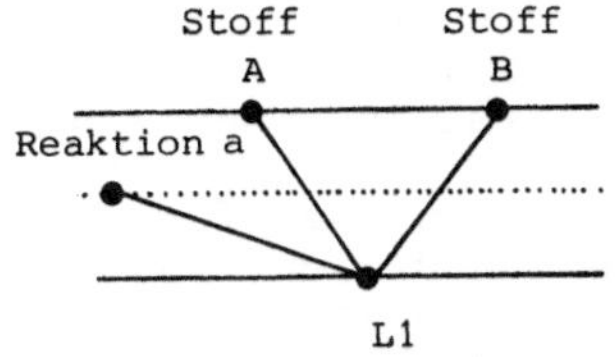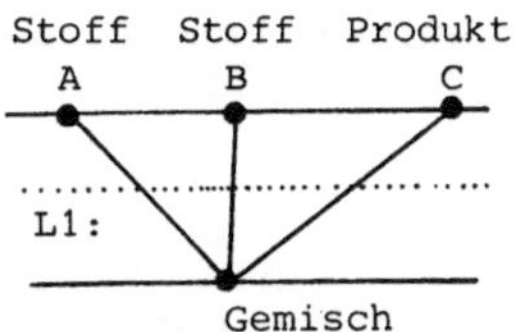

Stoff A und Stoff B reagieren durch Reaktion a unvollständig zu Produkt C, mit dem sie dann ein Gemisch bilden (siehe zugehörigen logischen Graphen).

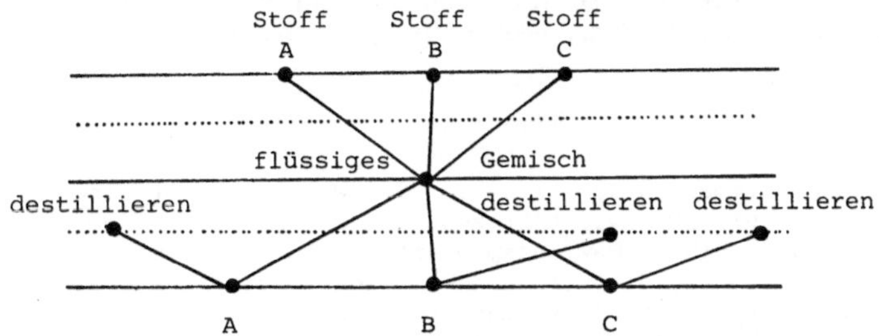

Das flüssige Gemisch aus Stoff A und Stoff B und Stoff C wird durch Destillation in seine Komponenten aufgetrennt.

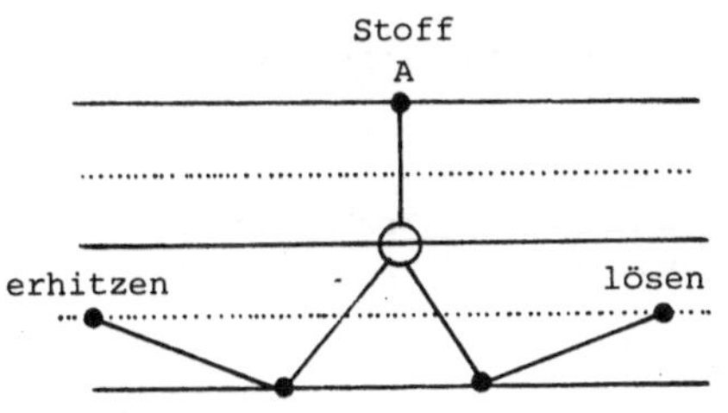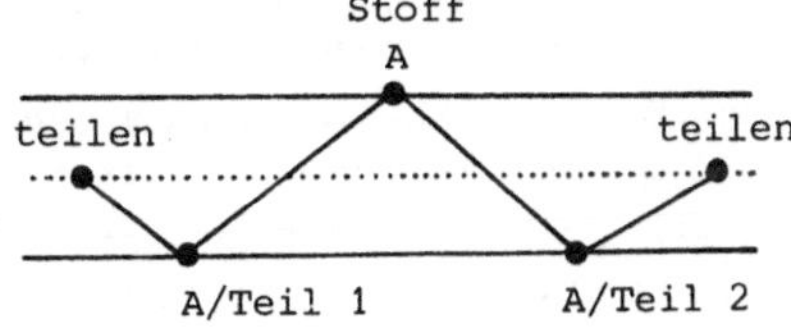

Stoff A wird entweder erhitzt oder gelöst

Stoff A wird in einen Teil 1 und in einen Teil 2 aufgeteilt

Ein Punkt in einem Graphen mit einer Benennung repräsentiert das so Benannte, also etwa einen Stoff oder einen Vorgang. Zu einem Stoff gehören oft eine ganze Reihe von Eigenschaften, zu einem Vorgang die Vorgangsbedingungen. Es genügt aber jeweils derselbe Punkt als Repräsentant sowohl für den Stoff als auch seine Eigenschaften oder den Vorgang und seine Bedingungen. Ein TOSAR-Graph kann nach Computer-Programmen der IDC 21) (topologisch) eingespeichert und recherchiert werden. Hierzu gehören noch eine Reihe von Maßnahmen. So muß eine Beziehung hergestellt werden zwischen den repräsentierten Schlagworten und ihrer üblichen Verschlüsselung, die nicht zusammen mit dem TOSAR-Graphen, sondern davon getrennt vorgenommen wird. Die Recherche ist sehr flexibel.Sie läßt auch Verbote von Stoffen und Vorgängen in speziellen Zusammenhängen zu und ist selbstverständlich unabhängig von der ursprünglichen bildlichen Gestalt eines TOSAR-Graphen. Sie berücksichtigt also allein den sachlichen Inhalt des dargestellten Textes. Näheres kann bei IDC oder den Autoren erfragt werden.

Die graphische Darstellung von Verfahren und Systemen nach dem TOSAR-System kann auch unabhängig von einer Einspeicherung (und damit auch

---

21) Siehe S. 21.

ohne Niveaulinien) allgemein genutzt werden, weil sie erfahrungs-
gemäß sehr zur Verdeutlichung eines Sachverhaltes dient. So ist das
Protokollieren von Versuchen damit möglich und zweckmäßig. Wenn man
eine komplizierte Beschreibung vor sich hat, kann man den Text als
TOSAR-Graph darstellen und hierdurch leichter begreifen oder für
andere begreifbar machen. Selbstverständlich kann man die unterschiedlichsten Synthesepläne damit ausarbeiten oder die Formulierung von
Patentansprüchen.

Nachfolgend wird ein Patentanspruch wiedergegeben, der für die
meisten Leser schwer verständlich sein wird. Man kann aber in
Abbildung 4 sehen, daß die TOSAR-Darstellung vor allem dann, wenn
man sich etwas mit dem System vertraut gemacht hat, ganz leicht zu
begreifen ist.

Patentanspruch in DAS 1 266 491:

"Thermoplastische Formmassen aus A) 5 bis 99 Gewichtsprozent eines Pfropfmisch-
polymerisats von 10 bis 95 Gewichtsprozent einer Mischung aus 50 bis 90 Gewichtsprozent Styrol und 50 bis 10 Gewichtsprozent Acrylnitril, wobei die beiden Komponenten ganz oder teilweise durch ihre jeweiligen Alkylderivate ersetzt sein können,
auf 90 bis 5 Gewichtsprozent eines mindestens zu 80 Gewichtsprozent aus einem
konjugierten Diolefin bestehenden Polymerisats, B) 0 bis 94 Gewichtsprozent eines
Mischpolymerisats aus 50 bis 95 Gewichtsprozent Styrol und 50 bis 5 Gewichtsprozent
Acrylnitril bzw. den Acrylderivaten dieser beiden Monomerkomponenten, wobei die
Summe Acrylnitril und Styrol in den Komponenten A) und B) 50 Gewichtsprozent nicht
unterschreiten darf, d a d u r c h   g e k e n n z e i c h n e t , daß sie 0,1 bis
3 Gewichtsprozent, bezogen auf Gesamtmischung, einer Stabilisatorkombination aus

  a) 2,6-Di-tert.-butyl-p-kresol und
  b) einem Thiodipropionsäureester,

wobei die alkoholische Komponente 9 bis 20 C-Atome in der Kohlenwasserstoffkette
aufweist und das Gewichtsverhältnis zwischen den beiden Komponenten a) und b)
1 : 6 bis 6 : 1 ist, enthalten".

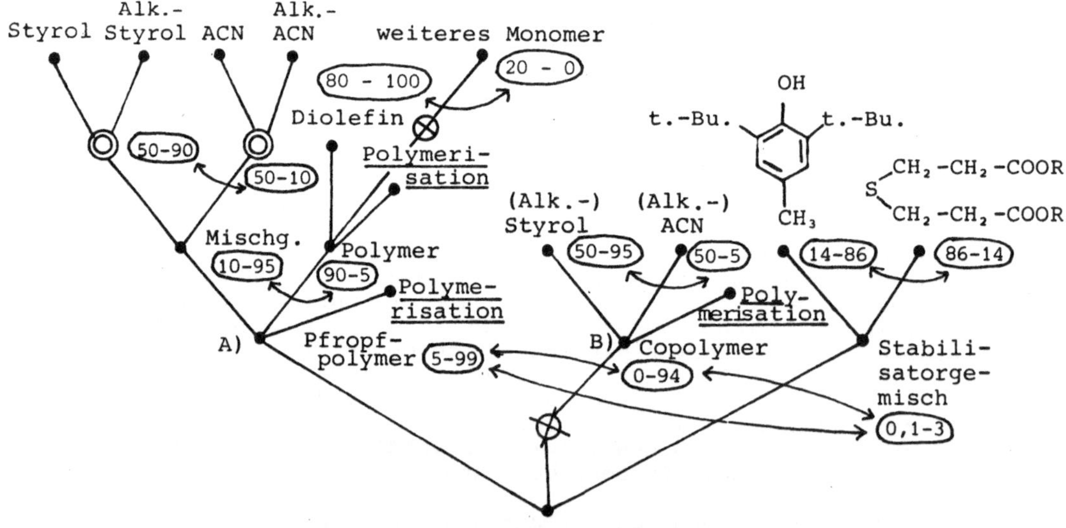

Thermoplastische Formmasse

Abb. 4

Verdeutlichung eines Patentanspruches (nach DAS 1 266 491)
durch Darstellung als TOSAR-Graph.

3.3. Die Suche nach der Information

Wenn somit Information in vielfältiger Form bereitsteht, so muß sie
schließlich auch "an den Mann kommen". Am unmittelbarsten geschieht
das beim Lesen von Zeitschriften. Auf diese Weise wird man auch am
aktuellsten informiert. Spezielle Informationsdienste liefern zudem
auf Wunsch laufend umfassende Literaturhinweise zu bestimmten
Themen 22). Darüber hinaus muß aber nach Information eben selbst
gesucht werden oder man erteilt einen speziellen Auftrag (Delegierung
der Sucharbeit) 23). In den gedruckten Werken sind es die Register
und gelegentlich Sondereinrichtungen, die das Suchen erleichtern.
Etliche Referenz- und Registerwerke sind dieser Aufgabe sogar ausschließlich gewidmet 24).

3.3.1. Die maschinelle Informationssuche im Stapel-Verfahren

Bei den maschinellen Dokumentationssystemen liegen teilweise hoch-
entwickelte Retrievaltechniken unter Verwendung von leistungsfähigen
Computern vor. So wird ein Recherchenauftrag 25) von einem Fachmann
in möglichst geschickter Weise gemäß Verschlüsselungssystem und
Recherchentechnik gründlich durchformuliert und danach von der
Maschine programmgemäß abgearbeitet (Stapel-, Batchverfahren an Magnetbändern). Es pflegen Forderungen nach dem Vorkommen von codierten
charakteristischen Begriffen, vollständigen und partiellen Strukturen
sowie Reaktionsformulierungen in unterschiedlichen logischen Beziehungen - vor allem UND-, ODER- und verneinten Beziehungen (Boolesche
Logik) - erfüllt zu werden. Andere Recherchen können sich auf bibliographische Daten (so in Patentdatenbanken) und sprachliche Klar-
textformulierungen beziehen. Die Ergebnisse werden auf Papier ausgedruckt und sind bibliographische Daten, zumindest von Referaten.
Gelegentlich werden auch längere Texte ausgedruckt. Idealziel des
Stapel-Verfahrens ist die verlustfreie, ballastarme Recherche 26).

---

22) SDI = Selective Dissemination of Information.

23) Siehe nachfolgende Besprechung und Seite 57 ff.

24) Vgl. S. 15.   Siehe Anhang S. 198 ff., ferner
R. T. BOTTLE (Hrsg.): "Use of Chemical Literature", Butterworths, London (1979). -
H. M. WOODBURN: "Using the Chemical Literatur. A Practical Guide", Marcel
Dekker, New York (1974). -
Wertvolle Hilfe bieten auch die Ausführungen in J. MARCH: "Advanced Organic
Chemistry. Reactions, Mechanisms, and Structure", McGraw-Hill, New York
(1977), S. 1143 - 1165.

25) Zur Auftragserteilung siehe S. 57.

26) Die IDC in Frankfurt (siehe S. 21   ) unterhält selbsterstellte oder erworbene
Datenspeicher großen Umfanges. Sie stehen ihren Mitgliedsfirmen (Gesellschafter)
zur Verfügung. Es liegt ein Speicher für organisch-chemische Literatur ab 1959
vor. Dieser wird derzeit auf der Basis dreier Quellen erweitert: Dem Chemischen
Informationsdienst, dem Central Patents Index der Firma Derwent, London, und
den Dateien des Chemical Abstracts Service. Ferner bestehen eine Patentdatenbank
(auch von Nichtgesellschaftern erwerbbar) und kleinere Speicher zu Anorganica,
Polymeren und zur Chemischen Verfahrenstechnik. Recherchen für Nichtgesell-
schafter erfolgen durch oder über CIDB (Chemie-Information und -Dokumentation
Berlin, Steinplatz 2, 1000 Berlin 12, Telefon (030) 310581, Telex 181 255 CIDBD)
mit Zugang zu den IDC-Speichern und den CAS-Diensten.

3.3.2. Maschinelle Informationssuche im Dialog

Computerrecherchen können auch unmittelbar an einem Schreib- oder Bildschirmterminal vorgenommen werden. Soweit die Datenträger Magnetplatten sind, kann die Recherche vom Benutzer fortwährend beeinflußt werden, d. h. im Dialog stattfinden ("Online-Verfahren"). Von einigen Firmen und Institutionen wurden inzwischen in Computerzentralen umfangreiche Plattenspeicher errichtet, in denen die recherchierbaren Begriffe der verschiedenen Datenbanken auch "invertiert" vorliegen, d. h. die Suchbegriffe sind für sich gespeichert und im einzelnen mit Hinweisen auf die Dokumente (Referate usw.) versehen, in denen sie auftreten. Dadurch kann sehr schnell ermittelt werden, wieviele Dokumente zu einem einzelnen Suchbegriff oder zu einer logischen Kombination von Suchbegriffen in der Datenbank vorhanden sind. Allerdings bieten die Online-Recherchen nicht alle Möglichkeiten der Recherche im Stapel-Verfahren. Die Durchführung der Recherchen ist im allgemeinen ziemlich einfach, doch lehrt die Erfahrung, daß auch sie zweckmäßig von Fachkräften vorgenommen werden 27).

Zum Verkehr mit den allgemein zugänglichen Computerzentralen, bereits weltweit organisiert, ist ein Anschlußgerät an das Posttelefonnetz erforderlich (Kaufpreis der Terminaleinrichtungen ab DM 5 000 ,--). Die weiteren Verbindungen zu den Computerzentralen in USA stellen die Einrichtungen TELENET und TYMNET her. In Europa wird EURONET von der Europäischen Gemeinschaft unterhalten. Die Informationssysteme der Computerzentralen machen dann die verschiedensten Datenbanken zugänglich. Der Benutzer muß bei den beanspruchten Einrichtungen gemeldet sein. Von denselben erhält er Kenn-Nummern, die bei der Herstellung einer Verbindung anzugeben sind und für die Abrechnung dienen (Berechnung von Übertragungszeiten - Postgebühren: zunächst mtl. ca. DM 130,--, dazu bei Datenübertragung nach und von USA für jeweils 1000 Zeichen DM 1,35 und für eine Stunde DM 69,--, Stand 1980) - sowie Computer-Anschlußzeiten (Datenbankbenutzung pro Stunde $ 35,-- bis 150, --; Kosten einer Recherche von 10 Minuten, ca. 6000 Zeichen, insgesamt ca. DM 50,--).

Bei einer Anmeldung zu einem Online-Dienst 28) erhält der Benutzer umfangreiche Unterlagen über die zur Verfügung stehenden Datenbanken, wie auch für die jeweils erforderliche Dialogsprache, z. B. ORBIT IV, DIALOG, GOLEM, ELHILL, STAIRS.

---

27) Lit.: J. MARTIN: "Design of Man-Computer-Dialogues", Prentice-Hall, Englewood Cliffs, N. J. (1973).
J. S. BUCKLEY, J. Chem. Inf. Comput. Sci. 15 (1975) 161. -
B. G. PREWITT, ibid. 15 (1975) 177. -
R. G. SMITH, L. P. ANDERSON und S.K. JACKSON, ibid. 17 (1977) 148. -
D. B. McCARN, Ann. Rev. Inform. Sci. Technol. 13 (1978) 85 - 124: "Online Systems, Techniques and Services". -
R. FUGMANN, W. DENK und I. NICKELSEN, Intern. Classific. 7 (1980) 73.
"Erfahrungen mit Online-Recherchen":
H. BECHTEL, Nachr. Dok. 31 (1980) 41. -
H. PICHLER, ibid. 31 (1980) 85. -
D. M. KRENTZ, J. Chem. Inf. Comput. Sci. 18 (1978) 4: "Online Searching Specialist Required".

28) Derzeit werden angeboten:

Lockheed Information Systems, 3460 Hillview Avenue, Palo Alto, CA 94304, USA, Tel. 800/227 1960. -

SDC Search Service, System Development Corporation, 2500 Colorado Avenue, Santa Monica, CA 90406, USA. -

(Fortsetzung siehe Seite 31.)

Die meisten Datenbanken werden von Literaturdiensten unterhalten, die Kurzreferate von Zeitschriftenpublikationen und Patentschriften anfertigen und in ge-
druckter Form herausgeben (z. B. Chemical Abstracts, Derwent, Excerpta Medica,
Predicast). Einige der Datenbanken sind deshalb über Online-Dienste nur zugänglich, wenn man auch die gedruckten Dienste bezieht oder eine jährliche Grund-
gebühr entrichtet, sodaß man auch dort anmelden muß.

Im einzelnen verläuft der Dialog wie folgt: Man kennzeichnet die gesuchte Information durch Schlagworte (auch Verbindungsnamen oder CA-Registry Numbers),
Handelsnamen, Erfinder, Firma u. ä., die eingetippt werden. Der Computer meldet
zunächst, wie viele Antworten er für die gestellte Frage gefunden hat. Sind es
zu viele, so wird durch weitere Schlagworte oder Begrenzung des Veröffentlichungs-
zeitraumes die Frage eingeschränkt. Erst darauf läßt man sich alle oder einen Teil
der Antworten ausdrucken. Dabei handelt es sich meist um Kurzreferate oder auch
nur deren Titel. Aus manchen Datenbanken sind unmittelbare Angaben erhältlich,
wie Handelsprodukte, Hersteller, Kapazitäten, Umsätze, Preise, Handelsnamen,
physikalische Stoffdaten, Toxizitätsdaten, verfahrenstechnische Daten. Gegebenenfalls werden Referate oder Kopien von Originalpublikationen auf Anforderung zu-
geschickt.

Die Partialstrukturrecherche ist über Verbindungsnamen nur unzulänglich möglich, etwa durch "Truncation", d. h. Abfrage von Wortstücken,
die in den verschiedensten Kombinationen vorkommen und im wesentlichen charakteristische Teilstrukturen betreffen. Ab 1980 können
jedoch auch topologische Partialstrukturrecherchen, also auf der
Basis der Strukturformeln mit Atomsymbolen und Bindungsdarstellungen
29), erfolgen. Hierzu wurden spezielle topologische Recherchensysteme
entwickelt. Chemical Abstracts bietet über TELENET direkt aus Columbus
(USA) solche Recherchen nach eigenem System an. Ferner steht über
EURONET (u. a.) das DARC-System zur Verfügung 30), dessen Datenbasis
ebenfalls Chemical Abstracts-Speicherungen bilden. Sehen wir uns
zunächst eine Recherche nach dem DARC-System an. Zur Darstellung
einer Struktur stehen folgende Parameter zur Verfügung:

GR = GRAPH: Durchnummeriertes Strukturgerüst.

AT = ATOMS: Atomsymbole (X für beliebig, Z für alternative)

BO = BONDS: Atombindungen (single = SI, double = DO, triple = TR,
                   aromatisch = AR, tautomeric = TA, X für beliebig,
                   Z für alternative).

FS = FREE SITES: Substitution möglich, aber keine Bedingung.

CH = CHARGES: Ladungen am Atom.

---

28) (Fortsetzung)

    Euronet-DIANE Information, Kommission der Europäischen Gemeinschaften,
General Direktion 13, Luxembourg. –
Euronet-DIANE macht mit einer einheitlichen Dialogsprache eine große Zahl von
Einzeldiensten mit jeweils verschiedenen Datenbanken zugänglich. Näheres siehe
W. M. HENRY, J. A. LEIGH, L. A. TEDD und P. W. WILLIAMS: "Online Searching.
An Introduction", Butterworths, London (1980). –

    Für Gesellschafter der IDC (siehe S. 21)   werden Online-Recherchen zu den
bestehenden Speichern über Verfahrenstechnik, Anorganica und Polymere angeboten.

29) Vgl. S. 17.

30) Centre National de l'Information Chimique, 26, Rue Boyer, 75020 Paris,
Tel. 00331/544 3813. Das System läuft auf Computern von Telesystemes Questel.
Vgl. S. 194.

Eine Struktur wie die folgende wird nun dergestalt recherchiert:

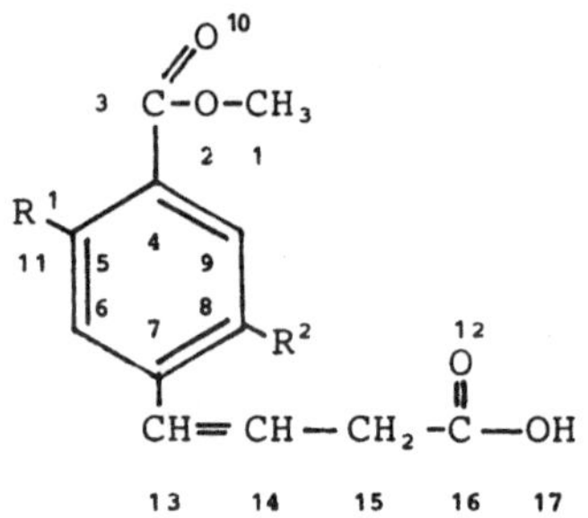

$$\begin{array}{c}
\overset{10}{O} \\
\parallel \\
3\ C-O-CH_3 \\
2\quad 1 \\
R^1 \\
11 \quad 5 \quad 4 \quad 9 \\
6 \quad 7 \quad 8 \quad R^2 \\
CH{=}CH-CH_2-\overset{O}{\underset{\parallel}{C}}-OH \\
13 \quad 14 \quad 15 \quad 16 \quad 17
\end{array}$$

R¹ = F, Cl, Br

R² = H, beliebiger Substituent

GR: 1-2-3-4-5-6-7-8-9-4, 7-13-14-15-16-17, 3-10, 5-11, 16-12

AT: C   Es wird (in diesem Fall) zuerst jedes Atom als Kohlenstoff interpretiert, und die "Abweichungen" werden anschließend definiert:

    O   2,10,12,17

    Z   11   An Position 11 sind alternativ F, Cl und Br vertreten.

    F   11

    Cl   11

    Br   11

BO: AR   Es werden (in diesem Fall) zunächst alle Bindungen als aromatisch interpretiert und die "Abweichungen" anschließend definiert:

    SI   1-2-3-4, 5-11, 7-13, 14-15-16

    DO   3-10, 13-14

    TA   12-16-17

FS: 8   1   An Position 8 ist 1 beliebige Substitution möglich.

Damit ist die Beschreibung abgeschlossen, und das Kommando für die Recherche wird eingegeben.

Das Ergebnis einer DARC-Recherche besteht aus einer Liste von CAS-Registry-Numbers. Die Strukturen der damit identifizierten Verbindungen können am Bildschirm eines Graphik-Terminals besichtigt werden. Die Recherche nach Dokumenten, in denen die mit DARC gefundenen Verbindungen zitiert werden, erfolgt durch automatische Übertragung der Registry-Numbers in den bibliographischen Teil des Speichers. Dort kann eine Verknüpfung mit anderen Suchparametern erfolgen.

(Partial-)Strukturrecherchen bei Chemical Abstracts erfolgen am ganzen
CA-Speicher von über 5 Millionen Verbindungen. Die Anfrage kann auf
dem Bildschirm eines Graphic-Terminals wie auch über ein Schreibterminal eingegeben werden. Auf dem Bildschirm eines "intelligenten"
Graphic-Terminals erscheint eine Liste ("menu") von Struktur-"bau-
steinen", die man elektronisch abrufen kann. Mit ihnen setzt man das
Strukturformelbild auf dem Bildschirm zusammen und spezifiziert es
weiter. So kann man Ringe, Elemente und Bindungen in der Liste finden.
Ferner stehen eine Reihe von Eingabebefehlen zur Verfügung.

Bei einem Schreibterminal oder einem gewöhnlichen Graphic-Terminal
sieht die Eingabe der Fragestellung so aus, wie nachfolgend im
Beispiel wiedergegeben 31) :

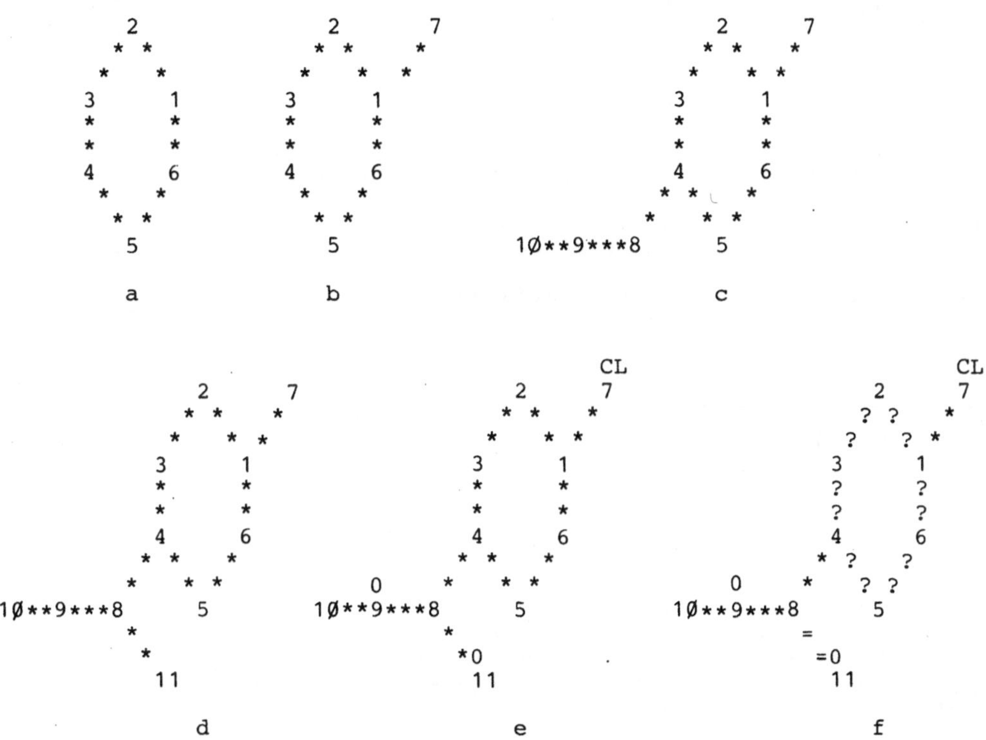

a wurde direkt aus der Liste abgerufen. Eine 1-Atom-Kette wurde dann an Atom 1
angebaut, siehe b. In c wurde eine 3-Atom-Kette angehängt, während in d durch
einen weiteren Abruf eine 1-Atom-Kette an Atom 8 gehängt wurde. Darauf folgte
Spezifizierung: Atom 7 ist als Cl, die Atome 9 und 11 sind als O spezifiziert
(siehe e), während die Fragezeichen in f die aromatische Bindung, die Gleichheits-
zeichen die normale Doppelbindung kennzeichnen. Verbliebene Sterne stehen für die
Einfachbindung. Gesucht wird also die (Partial-)Struktur

In einer einzigen Fragestellung können auch mehrere Strukturforderungen mit Hilfe
der Booleschen Logik (AND, OR, NOT) zusammengefaßt werden.

---

31) N. A. FARMER und A. B. MESSMORE, CAS Report/Juli 1981, S. 3, Chemical
Abstracts Service, P. O. Box 3012, Columbus, Ohio 43210, USA.

4. BESCHREIBUNG UND KLASSIFIKATION VON REAKTIONEN

4.1. ALLGEMEINES

Bevor wir uns den eigentlichen Planungen von Synthesen zuwenden können, müssen wir noch einige Gedanken auf die Beschreibung von Reaktionen richten. Man kann eine Reaktion immer nur mehr oder weniger genau beschreiben. Deshalb hängt es sehr vom Geschick des Experimentators und von den jeweils gegebenen experimentellen Voraussetzungen ab, was daraus wird, wenn eine beschriebene Umsetzung nachgearbeitet wird. Die ungenaueste Beschreibung ist mit der Verwendung von Autorennamen ("Namenreaktionen") gegeben und ist auch nur eine sachlich aussagelose Benennung. Trotzdem ist diese Benennungsweise sehr beliebt. Man muß sich dabei einig sein über Typ, Bedingungen und Geltungsumfang der Namenreaktionen, also doch eine und dieselbe genaue Beschreibung kennen. Dann aber kommt es auf folgendes an:

Punkt 1: Die Struktur der reaktionsbeteiligten Stoffe im Ausgangszustand (insbesondere reagierende Partialstrukturen).

Punkt 2: Die Struktur der reaktionsbeteiligten Stoffe im Endzustand (wiederum insbesondere reagierende Partialstrukturen).

Punkt 3: Die Art des Überganges zwischen Punkt 1 und Punkt 2. Hierbei ist besonders der Reaktionsmechanismus zu beachten.

Punkt 4: Die physikalischen Stoffzustände.

Punkt 5: Die Art der Einflußnahme weiterer, bei der Reaktion anwesender Stoffe (insbesondere Lösungsmittel, Katalysatoren).

Punkt 6: Die Art und Weise der Energiezufuhr bzw. Energieabfuhr.

Punkt 7: Zusätzliche Gegebenheiten wie apparative Bedingungen, Sach- und Einsatzgebiete.

Die sachlichen Teilbeschreibungen (die wie die Autorennamen zur Reaktionsbenennung dienen, diesmal aber mit sachlichem Bezug) werden spezifisch, verallgemeinert und formal vorgenommen. Hierzu einige bekannte Beispiele, die sich auf Strukturmerkmale von Edukten stützen:

Spezifisch:

"Acetylen"(-Addition an) "Diazomethan", "Ozon"(isierung) (d. h. Reaktion mit Ozon).

Verallgemeinert:

"Methoxyl"(-Bestimmung), "Acyllacton"(-Umlagerung), "Jod-Silbersalz"(-Addition), "Aldehyd"(-Nachweis), "Acinitroalkan"(-Spaltung), "Malonester"(-Synthese) (d. h. Synthese mit Malonester), "Dien" (-Synthese) (d. h. Synthese mit Dien).

Formal:

"Ring"(-Öffnung, -Spaltung), "Ketten"(-Verlängerung).

Beispiele, die sich auf Strukturmerkmale von Produkten stützen:

<u>Spezifisch:</u>

"Acridon"(-Synthese) (d. h. Synthese des Acridons),
"Oxazol"(-Kondensation), "Protonen"(-Abspaltung).

<u>Verallgemeinert:</u>

"Aldimin"(-Bildung), "Nitro-Paraffin"(-Darstellung), "Olefin"
(-Synthesen), "Aromat"(isierung), (Ver)"Ester"(ung).

<u>Formal:</u>

"Ring"(-Bildung), "Polymer"(-Synthese).

Beispiele, die sich auf Strukturmerkmale von Edukten und Produkten
zusammen stützen:

<u>Spezifisch:</u>

"Aceton($\longrightarrow$) Keten"(-Pyrolyse), "Nitrobenzol-Carboxyl"(ierung).

<u>Verallgemeinert:</u>

"Paraffin"(-Oxidation zu) "Verbindungen mit Sauerstoff-Funktionen",
"Alkyl"(ierung) (Alkylgruppe liegt in Edukt und Produkt vor).

<u>Formal:</u>

"$\left[4 + 2\right]$ Cyclo"(-addition), "cis-trans-Isomer"(isierung).

Wesentlich eindeutiger und in der Regel auch leichter zu lesen sind
die Darstellungen in Strukturformelbildern wie:

<u>Spezifisch:</u>

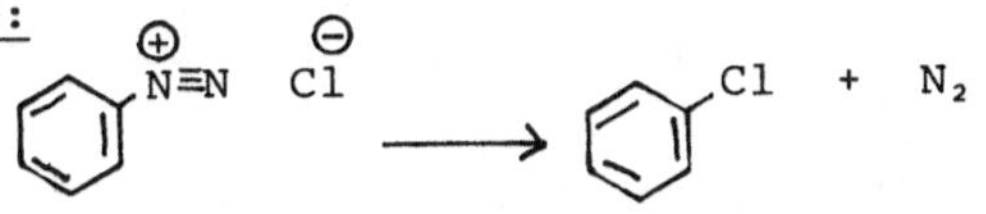

$$\text{C}_6\text{H}_5\text{--}\overset{\oplus}{\text{N}}\!\equiv\!\text{N} \quad \overset{\ominus}{\text{Cl}} \longrightarrow \text{C}_6\text{H}_5\text{--Cl} + \text{N}_2$$

<u>Verallgemeinert:</u>

$$\text{Aryl--}\overset{\oplus}{\text{N}}\!\equiv\!\text{N} \quad \overset{\ominus}{\text{Cl}} \longrightarrow \text{Aryl--Cl} + \text{N}_2$$

Aus den Strukturformelbildern kann man im allgemeinen zumindest
erkennen, welche Atome ihre Positionen bei der Reaktion verändert
haben. Die Stellen, wo sich diese Atome in einem Molekül befinden,
bezeichnet man als Reaktionszentren. Entweder mit den Reaktionszentren identisch oder - was die Regel ist - darüber hinausgehend,
sind die reaktionstypischen Partialstrukturen. Letztere sind gewöhnlich das, was in ansonsten verallgemeinerten strukturellen Beschreibungen von Reaktionstypen weitgehend spezifisch dargestellt wird.
Sie sollen davon Kenntnis geben, welche Atome unmittelbar in die
Reaktion eingehen und welche Struktureigentümlichkeiten, insbesondere
Substituenten und spezielle Molekülzustände, auf die Reaktion Einfluß
nehmen. Strukturteile, die keinerlei Einfluß nehmen, werden dabei in
der Regel - zumindest weitgehend - weggelassen. Besser ist es, nicht

störende Strukturvarianten als solche ebenfalls zu nennen. Nur so
wird deutlich, daß ihre Nichtauswirkung überhaupt erkannt wurde.

Bei einer wirklich vollständigen Reaktionenbeschreibung müßten alle
denkbaren Merkmale aus allen oben genannten Punkten 1 bis 7 (also
auch Reaktionsbedingungen usw.) positiv und negativ, zweckmäßigerweise auch in einer dritten, neutralen Aussage, beurteilt werden
(letztere für die Merkmale, die man noch nicht positiv oder negativ
einordnen kann). Gewiß wäre das mit hohem Aufwand verbunden.

Durch das Betrachten eines Reaktionsmerkmales schafft man eine
Reaktionsklasse, in die man alle Reaktionen, die dieses Merkmal
aufweisen, einordnen kann (z. B. alle Reaktionen, die eine Aldehyd-
Gruppe erzeugen). Andere Klassen sind die, für die gleichzeitig zwei
und mehr Merkmale charakteristisch sind. Diese Klassen bilden untereinander eine Hierarchie, weil nämlich die Klasse, für die etwa das
Merkmal α charakteristisch ist, auch die (Unter-)Klassen enthält,
für die α plus weitere Merkmale charakteristisch sind. Von einem
Merkmal β kann dasselbe ausgehen. Zusammen ergeben $\alpha-$, $\beta-$ und
gegebenenfalls weitere Hierarchien eine Polyhierarchie von Klassen.
Jedes höhere Niveau einer (Poly-)Hierarchie ist Ausdruck einer bestimmten Verallgemeinerung. Es wurden oben bereits Beispiele dafür
gegeben, wie die Verallgemeinerungen von Reaktionen benannt werden.

4.2. KLASSIFIKATIONSSYSTEME

Wenn man die verschiedenen Klassen (desselben Verallgemeinerungsgrades) einem Ordnungsprinzip unterwirft, schafft man ein Klassifikationssystem. Das Ordnungsprinzip ist letztlich auch nichts Anderes
als ein klassifikatorisches Merkmal, das dann quer durch alle so
zusammengefaßten Klassen gilt. Nimmt man auch die Fälle des Nicht-
geltens der Merkmale hinzu, so gelangt man zu einem umfassenden
System, in dem alle Klassen einen einzigen bestimmten Platz finden.
Tabelle 2 gibt das Grundmuster eines solchen Systems (beschränkt auf
Reaktionen) wieder. Das System erweitert sich, indem man die Zahl der
Merkmale vermehrt. So kann man anstelle von nichtgeltendem Merkmal α
eine Vielzahl von zu α alternativ geltenden Merkmalen α', α'', α'''
usw. eintragen, während man vielleicht β als Ordnungsprinzip allein
beibehält. Andererseits läßt sich natürlich auch das nichtgeltende
Merkmal β durch geltende, zu β alternative Merkmale β', β'', β''' usw.
ersetzen.

Tabelle 2:

Grundmuster eines umfassenden Klassifikationssystems.

	α: ja	α: nein
β: ja	B, D, E	A, C
β: nein	I, K,	F, G, H, L

Reaktionen A, B ... L
ordnen sich in das System
ein, soweit ihnen die
Merkmale α und β eigen
sind oder nicht.

Statt eines einzelnen Merkmals α, β usw. kann es sich jeweils auch
um Kombinationen von Merkmalen, z. B. M = $\gamma + \delta + \varepsilon$ handeln. So ist
die Quantitätsbezeichnung eines Merkmals bereits solch eine Kombi-
nation von Merkmalen. Verschiedene Quantitäten (z. B. Temperatur-
bereiche, Druckbereiche, Molekulargewichte) stellen zueinander
alternative Merkmalskombinationen dar und schaffen verschiedene
Plätze für die Klassen im System. Je mehr Merkmale in einem Klassifikationssystem aufgeführt werden, desto mehr verteilen sich die
einzelnen Reaktionstypen darin. Bei einem System, das alle möglichen
Merkmale berücksichtigte, fände jeder Reaktionstyp einen einzigen
bestimmten Platz für sich allein (nicht bloß einmal einen Platz mit
anderen zusammen).

Wir sind bisher also davon ausgegangen, daß alle Reaktionstypen in dem
Klassifikationssystem nur einmal einen Platz finden. Es gibt aber
auch Klassifikationssysteme, in denen ein und derselbe Reaktionstyp
mehrmals einen Platz findet. So gehört z. B. die Aldolkondensation
sowohl in die Klasse der C,C-Verknüpfungsreaktionen als auch in die
Klasse der Eliminierungsreaktionen, da H_2O abgeht und eine C,C-Doppel-
bindung zurückläßt. Beide genannten Klassen schließen sich nicht aus.
Unterwirft man sie dennoch demselben Ordnungsprinzip, z. B. indem
man sie (wie) in einem Register linear (eindimensional) anordnet,
tritt damit dieselbe Aldolreaktion an zwei Stellen im System auf.

Im Grunde hat man hier verschiedene Klassifikationssysteme, die jeweils die klassifikatorischen Merkmale nur teilweise berücksichtigen,
nach einem gemeinsamen Prinzip kombiniert. Auch Systeme mit Klassen
anderen Verallgemeinerungsgrades werden kombiniert. Damit gelangen
Hierarchien von Klassen in die System-Kombination. Wir müssen jetzt noch
folgendes beachten: Oft geht man so vor, daß man eine bestimmte vorliegende Menge von Reaktionstypen in eine sich nahelegende Ordnung
bringt (man ordnet, was man hat). So entsteht ein Klassifikationssystem aus bekannten Reaktionstypen. Geht man aber von den klassifikatorischen Merkmalen in der oben beschriebenen Weise aus, so
schafft man ein Klassifikationssystem unabhängig davon, ob die
darin ihren Platz findenden Reaktionstypen bereits bekannt sind oder
nicht. Hierdurch wird man angeregt, nach den noch nicht bekannten
Typen zu suchen. Dies ist auch tatsächlich ein Vorgang, der in der
Wissenschaft ständig praktiziert wird. Im Prinzip läuft das ja so
ab: In den aufgefundenen bzw. beobachteten Tatsachen werden klassi-
fikatorische Merkmale erkannt. Daraus entsteht ein Klassifikationssystem (Theorie!), dessen Lücken offensichtlich werden. Die Forschung
setzt dann an, um die Lücken zu füllen.

Das große Paradebeispiel für ein Klassifikationssystem ist immer
noch das Periodensystem der Elemente. Hier war es in der Tat gelungen,
die Elemente nicht nur in eine sinnvolle Ordnung zu bringen, sondern
auch Lücken zu finden, die sich so umschreiben ließen, daß die feh-
lenden Elemente gezielt aufgesucht werden konnten.

Die bekannten Klassifikationssysteme für Reaktionen bzw. Reaktionstypen beschränken sich auf Merkmalsgruppen und Merkmalsarten. Das
gilt auch für die Ordnungen in Handbüchern. Bevor wir uns da einiges
näher ansehen, soll aber noch grundsätzlich festgestellt werden:

Reaktionen müssen klassifiziert werden

   a) um sie überblicken, ihre Gesetzmäßigkeiten erkennen und sie
      systematisch weiterentwickeln zu können,

   b) um Lücken im Bestand der Reaktionen aufzudecken,

   c) um die bekannten Reaktionen gezielt in Sammlungen (Speichern)
      auffinden zu können und - was uns noch sehr interessieren wird -

d) um sie in computergestützten bzw. sogar vollständig automati-
   sierten Verfahren zur Syntheseplanung mit Vorteil verwenden zu
   können.

Beim Aufbau eines Klassifikationssystems von den Merkmalen her ist es
wichtig, daß man definiert, welche Vorgänge man als Reaktionen ansieht. Befaßt man sich nur mit einem Teilgebiet der Reaktionenchemie,
so gilt es, das Teilgebiet abzugrenzen.

Eine in diesem Sinne brauchbare Definition für chemische Reaktionen
stützt sich auf das Brechen und Knüpfen von (Atom-)Bindungen sowie
den Ab- und Zugang von Valenzelektronen. Auf der Basis dieser allgemeinen Betrachtung einer Reaktion wurde von UGI und DUGUNDJI ein
Klassifikationssystem entwickelt. In jedem Einzelfall werden Edukt(e)
und Produkt(e), einschließlich von kleinsten Abspaltungsgruppen,
exakt gegenübergestellt. Sie gehen also von vollständigen Reaktionsgleichungen aus, beschränken sich aber auch ganz auf diese. Näheres
wird dazu in Kapitel 11 besprochen 1). Hier sei soviel erwähnt, wie
zum Thema Klassifikation notwendig ist:

Da es nur darum geht, die Veränderungen in den Atombindungen und
in der Anteiligkeit der Valenzelektronen mengenmäßig zu erfassen,
besteht die Reaktionsbeschreibung nur aus Zahlen. Diese lassen sich
– wie wir dann in Kapitel 11 noch sehen werden – in mathematischen
Matrizen ("Reaktionsmatrizen") unterbringen. Es ist bei allem neben-
sächlich, von welcher Art die Atome sind, deren Bindungen sich bei
der Reaktion verändern, und welches strukturelle "Umfeld" im betroffenen Molekül dazu existiert. Nehmen wir beispielsweise folgendes
Reaktionsschema

$$A\text{–}B + C\text{–}D \longrightarrow A\text{–}C + B\text{–}D,$$

welches besagt, daß zwischen den Atomen A, B, C und D zwei Bindungen
gebrochen und zwei neu geknüpft werden. Hierunter fallen dann so
unterschiedliche Reaktionen wie die nachstehenden beiden Umlagerungen:

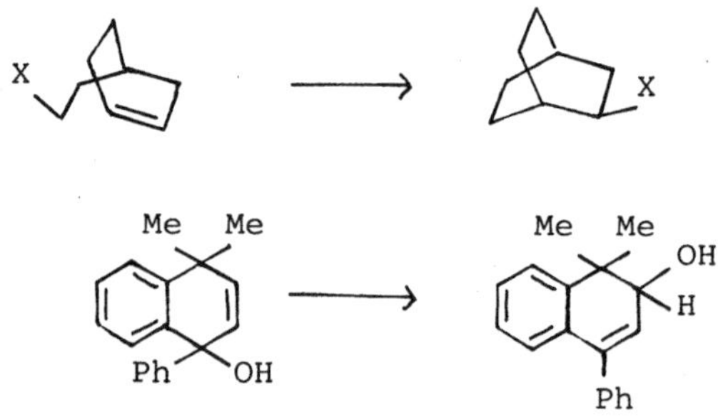

dann z. B. folgende Sulfonierung:

$$ClSO_3H + CH_3\overset{\text{O}}{\underset{\|}{C}}\text{–}NH\text{–}C_6H_5 \longrightarrow pCH_3\overset{\text{O}}{\underset{\|}{C}}\text{–}NH\text{–}C_6H_4\text{–}SO_3H + HCl$$

und z. B. die Friedel-Crafts-Arylalkylierung:

$$R\text{–}Cl + C_6H_5\text{–}H \longrightarrow C_6H_5\text{–}R + H\text{–}Cl$$

---

1) Siehe S. 172.

Eine Reaktionsmatrix repräsentiert also jeweils eine ganze Kategorie
von Reaktionen, deren Gemeinsamkeit im Gesamtschema ihrer Elektronenverschiebungen besteht. Dabei können einstufige Reaktionen - im
Grenzfall sogar als Elementarschritte mechanistischer Art 2) - wie
auch mehrstufige Reaktionen erfaßt sein. Man kann sich auf solche
Reaktionen beschränken, bei denen nur Edukt(e) und Produkt(e) mit
abgeschlossenen Elektronenschalen auftreten, bei denen zwischen denselben Atomen nur maximal eine Bindung sich ändert und insgesamt
maximal drei Bindungen gebrochen , wie maximal vier Bindungen geknüpft werden. Es ergeben sich dann drei Reaktionsgruppen ("RGEN"1,
2 und 3), die zusammen 38 Matrix-Typen bzw. Kategorien von Reaktionen
bilden. RGEN 1 bildet 5 Kategorien durch Brechen einer Bindung und
Knüpfen von 0,1 oder 2 Bindungen (Tabelle 3); RGEN 2 bildet 12 Kategorien durch Brechen von zwei Bindungen und Knüpfen von 0,1 oder
2 Bindungen; RGEN 3 bildet 21 Kategorien durch Brechen von 3 Bindungen und Knüpfen von 0,1,2,3 oder 4 Bindungen 3).

Tabelle 3:

RGEN-1-Reaktionsgruppe

I-J	I+J:
I-J+ Y	I+J-Y
I-J+:X	I:+J-X
I-J+:X	I-X-J
I-J+:X+Y	I-X+J-Y

Beispiele für solche Kategorien sind die folgenden 4):

1 Bindung gebrochen, keine geknüpft, 1 freies Elektronenpaar
beteiligt:

$$F-H \longrightarrow F:^{\ominus} + H^{\oplus}$$

2 Bindungen gebrochen, 2 geknüpft, kein freies Elektronenpaar
beteiligt:

$$\begin{array}{ccc} HC = CH \\ |\quad\; | \\ H_2C - CH_2 \end{array} \longrightarrow \begin{array}{ccc} HC - CH \\ \|\quad\; \| \\ H_2C \;\; CH_2 \end{array}$$

3 Bindungen gebrochen, 3 geknüpft, kein freies Elektronenpaar
beteiligt:

(Butadien + Ethen → Cyclohexen)

---

2) Siehe S. 175.

3) J. BLAIR, J. GASTEIGER, C. GILLESPIE, P. D. GILLESPIE und I. UGI, Tetrahedron
   30 (1974) 1845.

4) J. BRANDT, J. FRIEDRICH, J. GASTEIGER, C. JOCHUM, W. SCHUBERT und I. UGI:
   "Computer Programs for the Deductive Solution of Chemical Problems on the Basis
   of a Mathematical Model of Chemistry", Seite 33 - 59 in W. T. WIPKE und W. J.
   HOWE (Hrsg.) "Computer-Assisted Organic Synthesis", ACS Symposium Series No. 61,
   Washington (1977).

Ein dem vorstehenden ähnliches Klassifikationssystem wurde inzwischen auch von SATCHELL 5) vorgeschlagen. Der Autor überlagert der Betrachtung von gebrochenen und geknüpften Bindungen und dem Elektronentransfer noch das Merkmal der Molekularität der Reaktionen, d. h. er gliedert in uni-, di- und termolekulare Reaktionen. (Außerdem geht er von einer sehr breiten Definition einer chemischen Reaktion aus und schließt sogar Konformationsänderungen ein, mit der Bindungsänderung Null.) Ferner untergliedert er formal weiter zum Niveau von Synchronprozessen.

Es wurden umfangreiche Untersuchungen vorgenommen, wie sich die detailliert beschriebenen Reaktionen in solche ja noch sehr groben Klassifizierungen einordnen. Wir haben bereits gesehen, wie sehr verschiedene Reaktionstypen zu einem Reaktionsschema gehören. Die Untersuchungen zeigten, daß die bekannten Reaktionstypen sich unter wenigen Reaktionsschemata des UGI-Systems häufen 6). Das beschränkt natürlich den praktischen Wert solcher Klassifizierungen. Es entspricht auch nicht der üblichen Denkungsweise des Chemikers, die reagierenden Bindungen unabhängig davon zu betrachten, zwischen welchen Atomen sie liegen. Für ihn ist es wichtig zu unterscheiden, ob Bindungen polar oder unpolar sind, einfach oder mehrfach, und er wertet es anders, wenn von einem Kohlenstoffatom nur eine Bindung zu einem negativeren Heteroatom führt oder wenn es zwei, drei oder vier davon sind 7). Hiermit verbunden sind die Redoxvorgänge (so wenig zuverlässig bzw. allgemeinverbindlich diese jedenfalls in der Organischen Chemie auch bislang definiert sind).

Dem versucht HENDRICKSON für die Organische Chemie mit einem Klassifikationssystem gerecht zu werden 8). Er unterscheidet vier Klassen von Strukturmerkmalen bzw. Bindungstypen mit Auswirkung auf eine Reaktion:

Bindungstyp H   für Bindung zwischen C-Atom und H-Atom oder elektropositiverem Heteroatom,

Bindungstyp R   für eine σ-Bindung zwischen C-Atomen,

Bindungstyp π für eine π-Bindung zwischen C-Atomen,

Bindungstyp Z   für eine Bindung zwischen C-Atom und elektronegativerem Heteroatom.

Die Anzahl der jeweiligen Bindungen wird durch die Kleinbuchstaben

h   (Bindungstyp H),
σ (Bindungstyp R),
π (Bindungstyp π),
z   (Bindungstyp Z)

repräsentiert. Wegen der Vierwertigkeit des Kohlenstoffs gilt

$$h + \sigma + \pi + z = 4.$$

---

5) D. P. N. SATCHELL, Naturwissensch. 64 (1977) 113.
6) J. C. J. BART und E. GARAGNANI, Z. Naturforsch. 31 b (1976) 1646
    32 b (1977) 455, 465, 678.
    "Organic Reaction Schemes and General Reaction - Matrix Types".

7) Vgl. das GREMAS-System, S. 21.
8) J. B. HENDRICKSON, J. Am. Chem. Soc. 93 (1971) 6847.-
    dito, J. Chem. Educ. 55 (1978) 216. -
    dito, J. Chem. Inf. Comput. Sci. 19 (1979) 129.

Die Anzahl σ des Bindungstyps R steht im Zusammenhang mit dem Kohlenstoffgerüst einer Verbindung, während die Anzahl π des Bindungstyps π zusammen mit der Anzahl z des Bindungstyps Z die reaktionschemische Funktionalität f eines C-Atoms bedeutet:

$$f = \pi + z$$

d. h. $\sigma + f = 4 - h$

Ferner wird ein Oxidationszustand x eines Kohlenstoffatoms durch
$x = z - h$ (was für x Werte zwischen -4 und +4 ergibt) und ein "funktioneller Oxidationszustand" x' durch

$$x' = 2f - \pi$$

definiert 9). Die f-Werte von zusammenhängenden Kohlenstoffatomen derjenigen Partialstrukturen von Molekülen, die in Reaktionsschritte verwickelt sind, werden in Ziffernfolgen (sog. f-Listen) zusammengestellt. Das Plus-Zeichen verbindet Reaktionspartner (auch intramolekulare), ein Punkt deutet geknüpfte Bindung, zusätzlich aufgesetzter Querstrich die π -Bindung an.

Das sieht bei der Aldol-Reaktion wie folgt aus:

$$
\underset{\underset{R}{|}}{R-\overset{\overset{O}{\|}}{C}-\overset{\alpha}{CH_2}} \; + \; H\underset{\beta}{C}-R'' \;\longrightarrow\; R-\overset{\overset{O}{\|}}{C}-\underset{\underset{R'}{|}}{\overset{\alpha}{C}H}-\underset{\beta}{\overset{\overset{OH}{|}}{C}H}-R'' \;\longrightarrow\; R-\overset{\overset{O}{\|}}{C}-\underset{\underset{R'}{|}}{\overset{\alpha}{C}}=\overset{\beta}{C}H-R''
$$

f-Listen: 20 + 2 $\longrightarrow$ 20.1 $\longrightarrow$ 2$\overline{1}$.1   10)

und charakterisiert entsprechend die Claisen-Reaktion in dieser Weise:

[Strukturformeln der Claisen-Reaktion]

f-Listen: 30 + $\overline{1}\overline{1}1$ $\longrightarrow$ 30 + $\overline{1}\overline{1}1$ $\rightarrow$ $\overline{3}\overline{1}$ + $\overline{1}\overline{1}1$ $\longrightarrow$ 30.0$\overline{1}\overline{1}$

Die Reaktionenbeschreibung dieses Systems beschränkt sich also auf die formale Kennzeichnung von Änderungen einzelner Bindungen nach den vier definierten Typen. Von letzteren betreffen der H- und der Z-Typ immer nur jeweils ein Kohlenstoffatom, der R- und der π -Typ dagegen jeweils zwei Kohlenstoffatome. Dabei wird die ganze Kette von Kohlenstoffatomen, die in die Reaktion verwickelt ist (mindestens also ein Kohlenstoffatom) als "Spanne" bezeichnet.

---

9) Mit X' wird dem Umstand Rechnung getragen, daß bei Reaktionsschemata des Stils
$-\underset{\underset{Z}{|}}{C}-C- \longrightarrow -C=C-$ über die angrenzenden Atome keine Aussage gemacht wird, diese aber auch zur Funktionalität beisteuern könnten. X' betrifft aber nur die angegebene reagierende Funktionalität.

10) In 20 + 2 kennzeichnet die 2 die $-\overset{\overset{O}{\|}}{C}-$, 0 die $-CH_2$-Gruppierung, weil bei ersterer Gruppe 2 Bindungen zu negativerem Heteroatom, bei letzterer Gruppe keine davon bestehen. In 20.1 verweist der Punkt auf die geknüpfte Bindung, die 1 auf Atom ß mit einer Bindung zu negativerem Heteroatom. In 2$\overline{1}$.1 sind die 1 der Doppelbindung zuzuschreiben, zusätzlich durch den Querstrich gekennzeichnet.

Betrachtet man nun einen Reaktionsschritt, so lassen sich die Umwandlungen Kohlenstoffatom für Kohlenstoffatom durch zwei der Typensymbole in Kombination darstellen: Mit dem Ergebnistyp der Reaktion an erster und dem Ausgangstyp der Reaktion an zweiter Stelle bedeutet HZ, daß eine Bindung des Typs H anstelle einer solchen des Typs Z getreten ist (z. B. Reduktion einer Bindung Kohlenstoff-Halogen). Entsprechend bilden sich aus den vier Bindungstypen kombinatorisch 16 Reaktionstypen:

ZH, HH, ZZ, HZ	bei Substitutionen
Zπ, Hπ	bei Additionen
ππ	
πH, πZ	bei Eliminierungen
RH, Rπ, RZ	beim Aufbau des Kohlenstoffgerüstes einer Verbindung
RR	
ZR, πR, HR	beim Abbau (Fragmentierung) des Kohlenstoffgerüstes einer Verbindung.

Auf das Beispiel der Aldol-Reaktion übertragen ist der erste Schritt des mit α gekennzeichneten C-Atoms RH, der zweite πH. Für das mit ß gekennzeichnete C-Atom gilt entsprechend RZ und πZ. Die Reaktionsfolge wird dann wie folgt dargestellt:

$$(RH.RZ) \quad (πH.πZ),$$

für jede Reaktionsstufe also einen Klammerausdruck. Innerhalb der Klammern trennen Punkte die Einzelschritte pro C-Atom. Für die Claisen-Reaktion sieht das dann so aus:

$$(ZZ) \quad (πZ.πH) \quad (Zπ.Rπ.Rπ.ππ.πZ)$$

Diese Art der Reaktionsdarstellung steht natürlich in direktem Zusammenhang mit den Veränderungen der f-Listen.

Alle Reaktionsschritte werden durch drei unabhängige Variablen charakterisiert, nämlich durch

$\Delta\sigma$,	was die Bildung oder Brechung einer Kohlenstoffbindung bedeutet (C-Skelett-Aufbau oder -Fragmentierung = $\pm$ R),
$\Delta\pi$,	was die Bildung oder Beseitigung einer C,C-Mehrfachbindung betrifft (Eliminierungs- oder Additionsreaktion = $\pm$ π) und durch
$\Delta x = \Delta z - \Delta h$,	betreffs Veränderung der Bindung von C-Atom zu Heteroatom und der Mehrfachbindung zu anderem C-Atom (Oxidations- und Reduktionsvorgang = + Z, − H bzw. + H, − Z).

Eine zu beachtende Einführung des Systems ist auch der Begriff der "Halbreaktion". Hiermit soll dem Rechnung getragen werden, daß bei C-C-Verknüpfungs- und Fragmentierungs-Reaktionen die jeweiligen "halben" Strukturteile auch unabhängig voneinander gesehen werden können, desgleichen ihre Reaktionsbeteiligung, also ihre "Halbreaktion". Analog dazu wird die Kohlenstoffkette eines jeden reaktionsbeteiligten Strukturteils als "Halb-Spanne" bezeichnet. Die kleinstmögliche Halb-

spanne kann wieder = 1 sein, also ein Kohlenstoffatom betreffen, sodaß
als Spanne des verknüpften Zustandes mindestens eine solche S = 2
zugehört. Wir werden dem System von HENDRICKSON bei einem Computerverfahren zur Syntheseplanung wieder begegnen 11).

Die besprochenen Klassifikationssysteme basieren auf der Betrachtung
von Reaktionszentren. In diesem Sinne sind auch die meisten Handbücher
gegliedert, allerdings mit weiterer Berücksichtigung der stofflichen
Unterschiede 12). Bei den Lehrbüchern hat sich die Betrachtung der
Reaktionsmechanismen in den Vordergrund geschoben 13).

Mit dem Reaktionsmechanismus wird ein Reaktionsgeschehen aufgegliedert.
Dadurch ist es möglich, Elementarprozesse zu erkennen. Den drei asso-
ziativen Prozessen radikalisch assoziativ (A.), nucleophil (A_N) und
elektrophil (A_E) stehen die entsprechenden dissoziativen Prozesse
radikalisch (D.), nucleophob oder -fug (D_N) und elektrophob oder -fug
(D_E) gegenüber (mit X als Reagenz) 14):

$$(A.) \quad X\cdot + \cdot R \longrightarrow X:R \qquad\qquad (D.) \quad R:X \longrightarrow R\cdot + \cdot X$$

$$(A_N) \quad X: + R \longrightarrow X:R \qquad\qquad (D_N) \quad R:X \longrightarrow R + :X$$

$$(A_E) \quad X + :R \longrightarrow X:R \qquad\qquad (D_E) \quad R:X \longrightarrow R: + X$$

Diese kombinieren sich miteinander zu nichtkonzertierten und zu konzertierten, synchronen Prozessen 15).

Beispiel für eine nichtkonzertierte Reaktion:

Die S_{N_1}-Substitution

$$RX \longrightarrow R + :X, \text{ sowie anschließend } R + :Y \longrightarrow R:Y$$

wird dargestellt durch $D_N + A_N$ (mit Plus-Zeichen).

---

11) Siehe S. 176.

12) Siehe Anhang S. 198 ff.

13) An dieser Stelle sei besonders das Buch von J. MARCH erwähnt: "Advanced
Organic Chemistry. Reactions, Mechanisms, and Structure", 2. Auflage,
McGraw-Hill Kogakusha, Tokyo etc. (1977).

Es handelt sich hier um ein sehr anspruchsvolles Lehrbuch mit dem Schwergewicht
auf der Diskussion von organisch-chemischen Reaktionen. Dabei geht es um das
theoretische Verständnis der Reaktionen in möglichst allgemeiner Betrachtung,
nicht also um einzelne spezifische Synthesen. Dieser Aufgabe unterzog sich der
Verfasser mit außerordentlicher Gründlichkeit und ständigem Bemühen um vernünftige Klassifizierung. Nach einem mehr einleitenden ersten Teil bespricht
der Verfasser nucleophile und elektrophile Substitutionen, radikalische
Substitutionen, Additionen und Eliminationen, Umlagerungen, Oxidationen und
Reduktionen. Zu jedem dieser Typen erfolgt eine ausführliche Diskussion der
möglichen Reaktionsmechanismen, darauf der strukturabhängigen Reaktivität und
schließlich von engeren, also weniger allgemeinen Reaktionstypen gemäß den
verschiedenen möglichen Strukturvarianten. Jeder der engeren Reaktionstypen
ist numeriert. Damit wird die Verbindung hergestellt zu einem im Anhang
gebrachten Klassifikationssystem für Reaktionen nach hergestellten Verbindungs-
typen. In zweiter Linie ist dabei pragmatisch weiter unterteilt.

14) R. D. GUTHRIE, J. Org. Chem. 40 (1975) 402. -
J. MATHIEU, A. ALLAIS und J. VALLS, Angew. Chem. 72 (1960) 71. -
Vgl. auch D. P. N. SATCHELL, loc. cit.

15) Vgl. S. 195.

Beispiel für eine konzertierte Reaktion:

Die S_{N2}-Substitution

$$X: + RY \longrightarrow XRY \longrightarrow XR + :Y$$

wird dargestellt durch $A_N D_N$ (ohne Plus-Zeichen).

Man kann nun ein Klassifikationssystem aufbauen, in dem man die Elementarprozesse systematisch durchkombiniert. Es wurde übrigens auch noch vorgeschlagen, in die Kurzbezeichnungen der Elementarprozesse die Atomsymbole der reagierenden Atome aufzunehmen und damit zu spezifizieren 14). Das sieht z. B. so aus:

$$HO: + CH_3J \longrightarrow CH_3OH + :J \qquad \equiv \quad A_{OC}\ D_{JD}$$

$$HO: + CH_3J \longrightarrow HOH \quad + :CH_2J \quad \equiv \quad A_{OH}\ D_{CH}$$

$$HO: + CH_3J \longrightarrow HOJ \quad + :CH_3 \quad \equiv \quad A_{OJ}\ D_{CJ}$$

Dabei soll immer das erstgenannte Atom das Elektronenpaar haben, weshalb man die Symbole für nucleophil und elektrophil entbehren kann. Für die radikalischen Prozesse soll zwischen den Atomsymbolen ein Punkt gemacht werden, z. B.

$$A_{O.C} \text{ und } D_{O.C} \quad .$$

Elektrocyclische Reaktionen und Cycloadditionen als pericyclische Reaktionen lassen sich besonders gut klassifizieren. Kohlenstoffatome können weitgehend durch Heteroatome ersetzt sein, was insgesamt zu einer großen Zahl von Varianten führt. Hierzu fehlen meistens noch die realisierten Beispiele, sodaß die Klassifizierung einen hohen Anregungseffekt hat. Für gewöhnliche thermische pericyclische Reaktionen wurden in diesem Sinne von HENDRICKSON systematische Klassifizierungen vorgenommen 16). GASTEIGER entwickelte ein Programmsystem, das für vorgegebene Verbindungen sämtliche sich eröffnenden pericyclischen Reaktionsmöglichkeiten formulieren kann 17).

4.3. PRAKTISCHE REAKTIONENDOKUMENTATION

4.3.1. ALLGEMEINES

Wir waren davon ausgegangen, wie Reaktionen gewöhnlich beschrieben und klassifiziert werden. In der praktischen Reaktionendokumentation werden bekanntgewordene Reaktionsfälle auf möglichst rationelle Weise beschrieben. Hierzu dienen insbesondere die Referate. Diese enthalten in der Regel Reaktionsgleichungen (mit Varianten), eine Verfahrensbeschreibung (möglichst Kochvorschrift) und den bibliographischen Hinweis auf die Originalpublikation. Sie sind damit selbst bibliographische Einheiten und haben eine Numerierung.

Referate sind auf jeden Fall sehr zweckmäßige Unterlagen für die Einordnung der Reaktionen. Man kann aus ihnen Schlagworte, Strukturmerkmale und Charakteristiken der Reaktionen entnehmen. Wenn man das codiert, bringt man sie in eine leicht ordenbare Form. Die Ordnung

---

16) J. B. HENDRICKSON, Angew. Chem. __86__ (1974) 71 - 100. -

17) J. GASTEIGER, Z. Naturforsch. __34 b__ (1979) 67 - 75.

kann dann auch von einer Maschine vorgenommen werden. Das geschieht
bei einer Recherche im Sinne der betreffenden Recherchenformulierung
immer wieder aufs neue 18).

Von besonderem Interesse sind die Techniken, mit deren Hilfe Reaktionen
per Computerprogramm gespeichert und recherchiert werden. Deshalb
werden wir uns die topologische und die Fragmentcode-Methode etwas
näher ansehen 19).

4.3.2. TOPOLOGISCHE REAKTIONENDOKUMENTATION

Bei der topologischen Reaktionendokumentation hat man es wieder mit
Verknüpfungstafeln von Verbindungen zu tun 20). Für jede Reaktionsstufe gibt es ja mindestens ein Edukt und ein Produkt. Es kommt nun
darauf an, eine Beziehung zwischen den Atomen der Reaktionspartner
herzustellen, vor allem natürlich zwischen den reagierenden Atomen.
Hierzu dienen Identifikationsnummern, wie man am folgenden Beispiel
der Aldolkondensation von Acetaldehyd sehen kann:

$$
\text{H}_3\text{C}-\text{CHO} \;+\; \text{H}_3\text{C}-\text{CHO} \;\longrightarrow\; \text{H}_3\text{C}-\text{CH}=\text{CH}-\text{CHO} \;+\; \text{H}_2\text{O}
$$

(Die Wasserstoffatome werden bei topologischen Routine-Verschlüssel-
ungen in der Regel weggelassen, weil die Maschine per Programm alle
Fehlstellen unter Berücksichtigung der normalen Wertigkeiten als
Wasserstoffatome interpretieren kann, sofern keine anderen Wertigkeiten mitgeteilt werden. Allerdings kann die Maschine von sich aus
dann nicht feststellen, welche Wasserstoffatome bei einer Reaktion
ihre Verknüpfung geändert haben, was beachtet werden muß).

Ein und dasselbe Atom hat also auf beiden Seiten der Reaktionsglei-
chung dieselbe Identifikationsnummer. Bei einer etwas modifizierten
Methode sind diese Nummern eher so etwas wie Positionsnummern 21):

$$
\text{HO}-\text{CO}-\text{CF}_2-\text{F} \;\longrightarrow\; \text{H}_2\text{N}-\text{CO}-\text{CF}_2-\text{F}
$$

Man sieht, daß die Nummern dort dieselben sind, wo dieselbe Position
im Molekül vorliegt. Das kann dann auch ein anderes Atom (oder eine
Gruppe von Atomen) sein, je nach der Veränderung durch die Reaktion.
Die Maschine kann jetzt per Programm sofort erkennen, wo sich etwas
verändert hat. Im Beispiel ist es der Ersatz von OH durch NH_2 an
Position 1. Die zuerst genannte Verfahrensweise ist jedoch im allgemeinen prägnanter. Wirklich notwendig zur Identifizierung sind allerdings nur die Nummern der reaktionsbeteiligten Atome, denn die weiteren
Atome haben grundsätzlich als in ihrer Lage unverändert zu gelten.

---

18) Siehe zum Thema Referate und einer speziellen Art der programmierten Behandlung
   das Roche Integrated Reaction System (RIRS):
   H. J. ZIEGLER, J. Chem. Inf. Comput. Sci. <u>19</u> (1979) 141.
19) Vgl. Ausführungen in Kapitel 3.
20) Vgl. topologische Strukturspeicherung S. 17.
21) D. R. EAKIN und W. A. WARR, "Computerized Aids to Organic Synthesis in a
   Pharmaceutical Research Company", S. 217 - 226 in W. T. WIPKE und W. J. HOWE
   (Hrsg.): "Computer-Assisted Organic Synthesis", ACS Symposium Series No. 61,
   Washington (1977).

Damit ist für die topologische Reaktionendokumentation eigentlich
schon das Wichtigste gesagt. Eine Recherche kann treffsicher erfolgen.
Werden im übrigen keine Identifikationsnummern zur Einspeicherung vergeben, sondern nur Edukte und Produkte als solche gekennzeichnet, so
ergeben sich für die Reaktionenrecherche allerdings besondere Pro-
grammierungsprobleme. Es wurde der Vorschlag gemacht, daß zunächst
durch atom-by-atom-Vergleich des jeweiligen Eduktes mit seinem Produkt die größte gemeinsame Substruktur ermittelt wird. Die an der
Reaktion beteiligten Atome würden als Rest verbleiben. Das kann
allerdings nicht immer ausreichen. Tatsächlich werden nach einem
Algorithmus zum näherungsweisen Strukturvergleich per Computer identische Substrukturen in Edukt und Produkt nacheinander festgestellt und
entfernt, bis die nicht identifizierbaren Teile verbleiben. Diese
gelten dann insgesamt als reaktionsbeteiligt. Laut Angaben der Autoren
sind so für 340 Ein-Edukt/Ein-Produkt-Reaktionen zu über 90% vernünftige Ergebnisse gefunden worden 22).

4.3.3. REAKTIONENDOKUMENTATION IM GREMAS-SYSTEM

Wie wir sahen, ist das GREMAS-System auf einem Fragmentcode aufgebaut 23). Es werden also einzelne Strukturmerkmale (das sind nicht
nur einzelne Atome) für sich verschlüsselt. Nun wandeln sich bei
einer Reaktion einige der Strukturmerkmale einer Verbindung um, andere
können verschwinden oder kommen neu hinzu. Es ergibt sich für mindestens ein reagierendes Strukturmerkmal im Edukt ein neues im Produkt,
das man meistens ebenfalls wird verschlüsseln können.

Im GREMAS-System werden die zu verschlüsselnden reagierenden Strukturmerkmale ("reaktionschemische Merkmale") pragmatisch definiert. So
gelten als reaktionschemische Merkmale

a) alle Kohlenstoffatome (plus Substituenten) einer Verbindung, die
   selbst oder deren direkt (nicht als Ringglieder) benachbarte
   Heteroatome die Bindungsverhältnisse ändern,

b) alle Ringe mit bis zu 9 Ringgliedern, die gebildet oder gesprengt
   werden, ihren Sättigungsgrad ändern oder bei denen Ringglieder
   ausgetauscht werden,

c) alle Bindungen zwischen Heteroatomen, die gebildet oder gesprengt
   werden (beschränkt auf Reaktionen der Organischen Chemie).

Man kann an der Definition sehen, wie bei der Dokumentation die zum
Zuge gelangende Auffassung darüber, was Reaktion ist und was reagiert,
vom Verschlüsselungssystem abhängig ist. In der Tat kommt es hier ja
nur darauf an, die Reaktion so geschickt zu beschreiben (zu verschlüsseln), daß sie gemäß den Regeln des Systems und den Möglichkeiten der
Recherchenprogramme zuverlässig recherchiert werden kann.

---

22) J. E. ARMITAGE, J. E. CROWE, P. N. EVANS, M. F. LYNCH und J. A. McGUIRK,
    J. Chem. Doc. 7 (1967) 209. -
    J. E. ARMITAGE und M. F. LYNCH, J. Chem. Soc. C (1967) 521. -
    M. F. LYNCH und P. WILLETT, J. Chem. Inf. Comput. Sci. 18 (1978) 154. -
    Weitere Literatur zu diesem Thema, auch bezüglich Verwendung der Wiswesser
    Line Notation siehe
    M. F. LYNCH, P. R. NUNN und J. RADCLIFFE, J. Chem. Inf. Comput. Sci. 18
    (1978) 94. -
    M. F. LYNCH und P. WILLETT, ibid. 18 (1978) 149.
23) Siehe S. 21.   Zur GREMAS-Reaktionenverschlüsselung siehe
    R. FUGMANN und W. BITTERLICH, Chem.Ztg. 96 (1972) 323.

Von allgemeinem Interesse ist noch folgendes: Die reaktionschemischen Merkmale von Edukt und Produkt werden zeilenweise hintereinander geschrieben (und gespeichert), und zwar so, daß immer die einander entsprechenden zusammenkommen. Handelt es sich z. B. um ein Kohlenstoffatom, das gemäß obiger Definition als reaktionsbeteiligt gilt, so steht in einer Zeile zuerst seine Verschlüsselung im Edukt, danach seine Verschlüsselung im Produkt. Dahinter kommt eine Identifikationsnummer dieses Kohlenstoffatoms. Hierzu ein Beispiel:

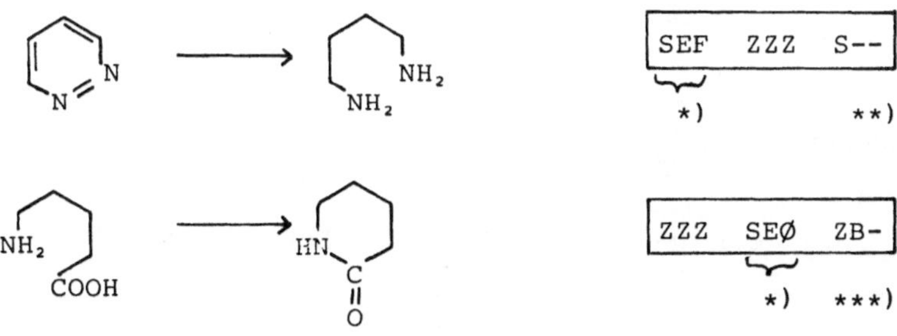

$$
CH_3\overset{①}{C}HO \;+\; \overset{②}{C}H_2\!\underset{COOR}{\overset{COOR}{<}} \;\longrightarrow\; CH_3-\overset{①}{C}H=\overset{②}{C}\!\underset{COOR}{\overset{COOR}{<}}
$$

LHA	RBD	ZL1
RAC	RBE	ZL2

     *)   **)   ***) I

```
 *)  = Merkmale in den Edukten
**)  = Merkmale in den Produkten
***)   bedeutet "Kettenverlängerung"
 I   = Identifikationsnummern
```

Auf den Zweck, den die Identifikationsnummer hier hat, werden wir noch eingehen.

Wird ein Ring gesprengt, so hat man natürlich für das Produkt keine entsprechende Ringverschlüsselung mehr. Hinter dem Code des Ringes im Edukt steht dann eine Zeichenfolge (ZZZ), die aussagt, daß jetzt kein Ring mehr im Produkt vorliegt. Das Umgekehrte liegt vor, wenn ein Ring neu gebildet wird:

SEF	ZZZ	S--

  *)   **)

ZZZ	SEØ	ZB-

     *)   ***)

```
 *)  = Code des Ringes
**)    bedeutet "Ringspaltung"
***)   bedeutet "Ringbildung"
```

Aufgrund der Verschlüsselung von einzelnen Merkmalen kann eine Reaktion mehrere Zeilen beanspruchen. Sie ist damit zerlegt (fragmentiert) in einzelne Aspekte der Reaktionsbetrachtung, auch wenn sie eine einzige zusammenhängende Umwandlung von Molekülteilen ist. Dieser bestehende Zusammenhang wird im System dadurch ausgedrückt, daß alle Codes derselben Umsetzung in einem bestimmten abgeschlossenen Speicherbereich gehalten werden. Für die Recherche entsteht durch die Fragmentierung

der Vorteil, daß man die einzelnen Merkmale ganz unabhängig von den
anderen recherchieren kann. Man bildet damit Klassen von aufgefundenen
Reaktionen, die bestimmte Ähnlichkeiten aufweisen. Z. B. kann man alle
Reaktionen zusammen finden, die eine Umwandlung einer Hydroxylgruppe
in ein Halogenid betreffen, unabhängig davon, was im Einzelfall sonst
noch passiert. Die Recherche ist dann sehr allgemein gehalten. Will
man treffsicher nur einen ganz bestimmten Reaktionstyp recherchieren,
so muß man zusätzliche Forderungen und Verbote von Merkmalsumwandlun-
gen aussprechen.

Mit der erwähnten Identifikationsnummer eines sich im Sinne der obigen
Definition an einer Reaktion beteiligenden Kohlenstoffatoms hat es
folgendes auf sich: Wenn innerhalb eines Dokumentes eine mehrstufige
Umwandlung beschrieben wird, läßt sich mit der Identifikationsnummer
der Reaktionsweg dieses Kohlenstoffatoms über die mehreren Stufen
hinweg in der Verschlüsselung eindeutig festhalten. Bei der Recherche
kann man dann entsprechend fordern, daß immer das Kohlenstoffatom
derselben Identifikationsnummer gesucht wird. Die Recherche geht
darauf treffsicher über die verschiedenen Reaktionsstufen hinweg,
auch unter Überspringung von Zwischenstufen.

Beispiel:

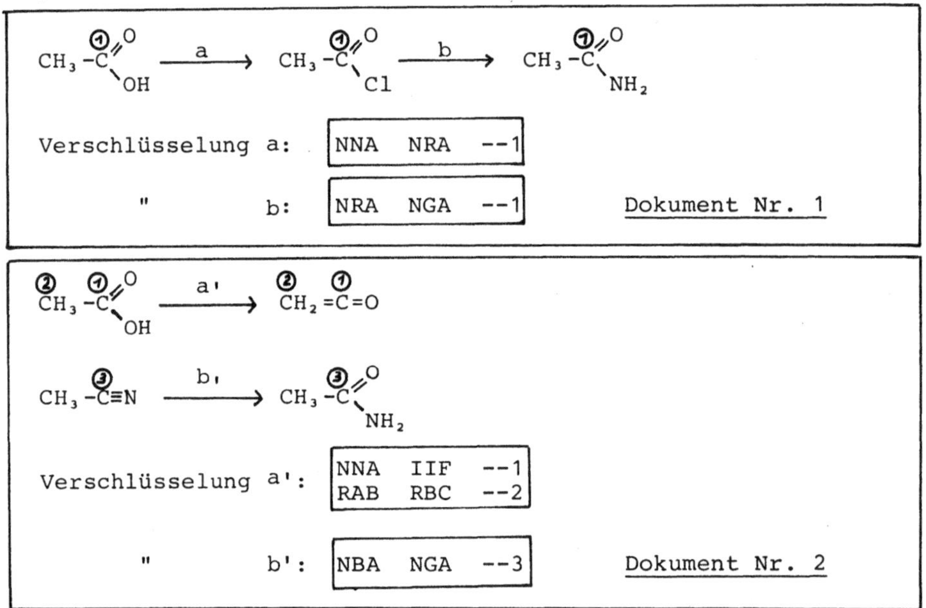

Wird bei der Computer-Recherche gefordert, daß eine aliphatische
Carboxylgruppe (NNA) in eine aliphatische Amidgruppe (NGA) übergegangen sein soll, so wird nur das Dokument Nr. 1 per Programm richtig
gefunden, wenn gleichzeitig verlangt wird, daß die Identifikationsnummern der beiden Kohlenstoffatome dieselben sein sollen. Im Dokument
Nr. 2 ist die Carboxylgruppe zwar auch Merkmal eines Eduktes und die
Amidgruppe Merkmal eines Produktes, aber beide gehen nicht auseinander
hervor. Deshalb sind auch ihre Identifikationsnummern nicht dieselben.

Zusätzlich zur beschriebenen Codierung von einzelnen reaktionschemischen Merkmalen werden Angaben über Reaktionsgrundtypen (Verknüpfung
oder Sprengung von C,C-Bindung, ferner Ringbildung, Ringspaltung und
Ringumwandlung generell u. a.) sowie bei Bedarf Angaben zu den Reaktionsbedingungen mitverschlüsselt und damit der Recherche zugänglich
gemacht.

Die Beschreibung der Reaktionenverschlüsselung nach dem GREMAS-System
zeigt nicht nur auf, wie man mit Hilfe eines Fragmentcodes so etwas
machen kann. Es läßt sich nämlich auch noch auf folgendes hinweisen:
Hat man einmal eine Reaktion in einzelne systemgemäße Merkmale zerlegt und liegen schließlich die Buchstabenkombinationen der Codes
vor, so kann man die Reaktionen einfach alle nach ihren Codes z. B.
in Listen alphabetisch ordnen. In dieser alphabetischen Ordnung wird
eine Reaktion so oft auftreten, wie Merkmale verschlüsselt (bzw. für
die Ordnung verwendet) wurden. Gleichzeitig sammeln sich all die
Reaktionen zusammen, die dieselben Codezeichen aufweisen 24). Auf
diese Weise kann man nicht nur dieselben Reaktionen aus verschiedenen
Dokumenten leicht zusammenführen, sondern auch mehr oder weniger
ähnliche Reaktionen 25). Sammlungen dieser Art sind für die Planung
von Synthesen sehr wichtig, wie wir im einzelnen noch sehen werden.

So mögen z. B. folgende Reaktionen verschlüsselt worden sein:

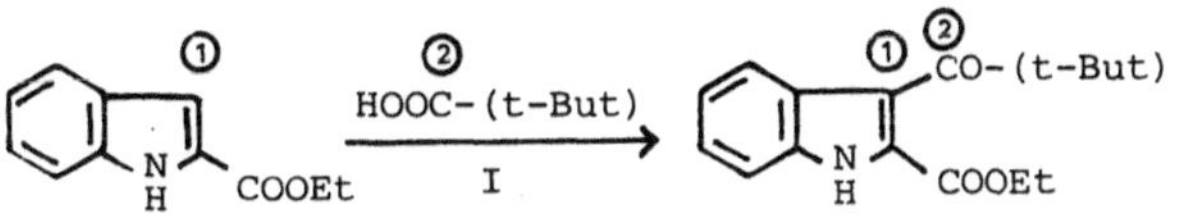

Codes:
| R2Q R2R ZL1 |
| NNA IIE ZL2 |
| NNA IIB ZL2 |

Lit. 26)

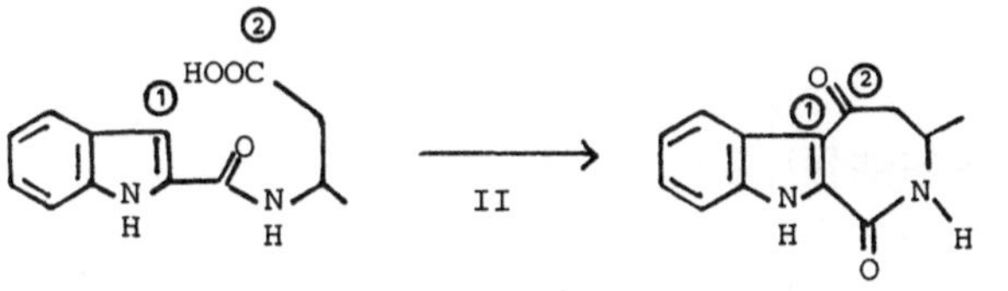

Codes:
| R2Q R2R ZL1 |
| NNA IIS ZL2 |
| ZZZ SES ZB- |

Lit. 27)

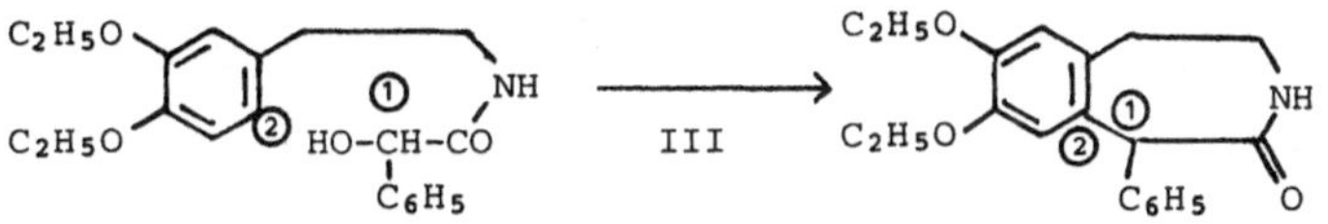

Codes:
(un-
voll-
stän-
dig)
| EAB R1Q ZL1 |
| EAD R1Q ZL1 |
| R2M R2N ZL2 |
| R2M R2R ZL2 |
| ZZZ SES ZB- |

Lit. 28)

Es leuchtet ein, daß sich Reaktion I und Reaktion II durch die (fast) identischen,
die Acylierung betreffenden Codes (einfach und zweifach unterstrichen) bei deren
alphabetischer Ordnung zusammenfinden: NNA IIE = Reaktion I
                                         NNA IIS =   "   II

Dasselbe geschieht zwischen Reaktion II und III hinsichtlich der Ringbindung durch
die Codes ZZZ SES.

---

24) Selbstverständlich kann man Reaktionen auch unabhängig von Codezeichen in
    ähnlicher Weise ordnen. Das geschieht denn auch in Handbüchern. Ist aber ein
    Code vergeben, so läßt sich die Ordnung z. B. mit Maschinen durchführen, auch
    öfters wiederholt mit neuem Material.

25) Die genaue Reaktionenbeschreibung muß nicht mitsortiert werden. Zumindest muß
    aber auf sie durch eine Hinweisadresse verwiesen werden, wenn sie auf beson-
    deren Blättern, Verfilmungen oder in Büchern zu finden ist. Stehen die Code-
    zeichen auf solchen Blättern, so kann man entsprechend die Blätter sortieren
    - dann natürlich von Hand.

26) Y. MURAKAMI, M. TANI, K. TANAKA und Y. YOKOYAMA, Heterocycles 14 (1980) 1939.
27) J. PIGULLA und E. RÖDER, Liebigs Ann. Chem. (1978) 1390.
28) M. HAMON, C. R. Acad. Sci. 255 (1962) 1619.

5. Die systematische Planung vorwiegend einstufiger Synthesen

Zunächst sei die Planung einer einstufigen Synthese besprochen. Dabei
muß man den Begriff "einstufig" etwas flexibel handhaben. Selbstverständlich können mehrere Reaktionsschritte so dicht zusammen oder
auch zwangsläufig kurz nacheinander ablaufen, daß sie für den Betrach-
ter einen einstufigen Syntheseschritt bilden. Man kann untergeordnete
Reaktionen, wie das Einführen oder Beseitigen von aktivierenden und
schützenden Gruppen zunächst einmal übersehen sowie Reagenz- und
Katalysatorherstellung für sich betrachten. Jedenfalls soll hieraus
zunächst keine Mehrstufigkeit mit ihren besonderen Planungsproblemen
abgeleitet werden·(Auf letztere geht dann das nächste Kapitel ein.)

5.1. Problemvarianten

Bei einer einstufigen Synthese kann man formal acht Problemvarianten
unterscheiden:

a)	Edukt(e)	$\xrightarrow{\text{Reaktion}}$	Produkt(e)
b)	Edukt(e)	$\xrightarrow{\text{?}}$	Produkt(e)
c)	Edukt(e)	$\xrightarrow{\text{Reaktion}}$	?
d)	Edukt(e)	$\xrightarrow{\text{?}}$	?
e)	?	$\xrightarrow{\text{Reaktion}}$	Produkt(e)
f)	?	$\xrightarrow{\text{?}}$	Produkt(e)
g)	?	$\xrightarrow{\text{Reaktion}}$	?
h)	?	$\xrightarrow{\text{?}}$	?

<u>Zu a)</u>: Hier kann man sich natürlich zunächst fragen, worin das Problem
besteht, wenn der ganze Syntheseschritt bereits bekannt ist. Nun kann
es sich aber doch in der Tat nur um eine Vorstellung von einer Synthese handeln, z. B. gerade als Ergebnis einer Planung, die man noch
nicht realisiert hat. Zunächst wird es sich empfehlen - falls noch
nicht geschehen -, in der Literatur danach zu recherchieren (Recherchen-
problem!). Findet man sie dort oder wenigstens eine sehr ähnliche,
so kann man sich in den näheren Bedingungen danach richten oder auch
seinen Syntheseplan wieder aufgeben, wenn man etwas ganz Neues machen
wollte. Übernimmt man eine publizierte Umsetzung ganz, so können
bekanntlich erhebliche Probleme in der Nacharbeitung der beschriebenen Rezeptur entstehen. Leider werden Synthesevorschriften oft nicht
ausreichend beschrieben, zum Beispiel deshalb, weil manche eigene
Praktiken als zu selbstverständlich angesehen werden, um sie noch zu
erwähnen. Bei Patentschriften wird oft mit Absicht schlecht·beschrie-
ben 1). Hinzu kommen unterschiedliche Provenienzen der Ausgangsstoffe,

---

1) Es sei darauf hingewiesen, daß eine nicht nacharbeitbare Vorschrift zum Verlust
   der Patentrechte im Streitfall führen kann.

unterschiedliche Apparaturen u. a. Vieles wird der Geschicklichkeit
des Experimentators anheimgegeben. Die Ergebnisse sind entsprechend
unterschiedlich.

Ferner können bei dieser Problemvariante die Probleme darin bestehen,
ein Verfahren veränderten äußeren Bedingungen anzupassen, ein Verfahren zu verbessern 2) oder es in eine andere Größenordnung zu übertragen. Der Übergang vom Labor bis hin zum etwa sogar großtechnischen
Verfahren ist dafür typisch 3).

Zu b): Wenn Edukt(e) und Produkt(e) vorgegeben sind, ist man natürlich in der Reaktion auch schon eingeschränkt. Trotzdem kann es eine
schwere Aufgabe sein, eine passende Umsetzungsmethode zu finden. Über
die Verwendung einer durch Literaturrecherche aufgefundenen bekannten
Methode hinaus ist man jetzt darauf angewiesen, nach Reaktionstypen
zu suchen, die sich analog auf den vorliegenden Fall übertragen lassen 4). Zur Lösung einer solchen Aufgabe - soweit sie nicht gleichsam
aus dem Handgelenk erledigt werden kann - sind zweckmäßige Reaktions-
typensammlungen äußerst wichtig. Dazu dienen die Handbücher und die
Dokumentationsspeicher von Reaktionen, in denen man nach den Reaktionstypen suchen kann. Noch besser sind rationalisierte Datenbanken,
auch Reaktionenbibliotheken genannt.

REAKTIONENBIBLIOTHEKEN (VERFAHRENSBIBLIOTHEKEN)

Es handelt sich hier um Sammlungen von Reaktionen, die ständig auf
dem laufenden gehalten werden und in denen ein bestimmter Reaktionstyp möglichst treffend eingeordnet ist. Neue Erkenntnisse zu einem
Reaktionstyp werden den älteren zugeordnet. Die Edukte und Produkte
als Ganzes spielen dabei nur eine untergeordnete Rolle, da der Reaktionstyp sich in erster Linie auf die Reaktionszentren und die Reaktionsbedingungen bezieht. Auf die Reaktionszentren oder ähnlich definierte Strukturmerkmale 5) und die Reaktionsbedingungen stützen sich
denn auch die Ordnungskriterien der rationalisierten Datenbanken.
Sie können für die direkte Einsichtnahme durch den Benutzer oder für
die maschinelle Recherche hergerichtet sein.

Reaktionenbibliotheken für die direkte Einsichtnahme durch den
Benutzer enthalten einen Reaktionstyp in der Regel mehrfach. Man muß
ja bei der Anlage einer solchen Sammlung darauf Rücksicht nehmen,
unter welchen Gesichtspunkten ein Benutzer den Reaktionstyp suchen
wird. Auch die reaktionstypischen Strukturmerkmale des Ausgangs- und
des Endzustandes einer Umsetzung können nach Gesichtspunkten zerlegt
sein. Zum Beispiel können ja bei einer Umsetzung mehrere funktionellen
Gruppen umgesetzt werden, sodaß man den Reaktionstyp nach jeder dieser
funktionellen Gruppe einordnet. Daneben empfehlen sich immer Einord-
nungen nach Art einer Ringbildung oder Ringzerlegung. Weitere Ord-
nungsmerkmale sind durch die Hilfsstoffe, die Katalysatoren, die
Temperatur- und Druckbereiche usw. gegeben. Bei der mehrfachen Einordnung kann man einen Hauptablageplatz für die Beschreibung des
Reaktionstyps schaffen, auf den von den anderen Einordnungsplätzen
(bzw. einem Register oder Tabellen) hin verwiesen wird. Am Haupt-
einordnungsplatz wird dann der Reaktionstyp ausführlich beschrieben.

---

2) Siehe Optimierungsfragen S. 116.
3) Vgl. S. 146.
4) Zur Recherche von Reaktionen siehe S. 44.
5) Siehe S. 35.

Wichtig sind dort die Beschreibung des Geltungsbereiches und wenigstens ein genaueres Synthesebeispiel.

Datenbanken, die für die maschinelle Recherche bestimmt sind - so in den noch zu besprechenden computerunterstützten Syntheseplanungsverfahren - müssen einen Reaktionstyp nur einmal enthalten. Die Maschine sucht die zusammengehörigen Reaktionstypen nach den jeweils recherchierten Merkmalen immer wieder neu zusammen (Postkoordination der Reaktionstypen 6)).

Es ist natürlich eine dauernde mühsame Arbeit, wenn man solche rationalisierten Datenbanken auf dem laufenden halten will. Allein dadurch erhält man aber ihren Wert. Es fehlt deshalb auch nicht an Überlegungen, wie man diese Arbeit etwa maschinell ausführen könnte. BERSOHN diskutiert dazu ein Konzept 7): Zunächst müssen aus vorliegenden Datenbasen die einschlägigen Dokumente herausgelesen werden. Das kann durch Aufsuchen entsprechender Schlagworte und Wortkombinationen ("Alkylierung", "Umsetzung von ... zu" usw.) erfolgen. Dabei kann die Gegenwart anderer Schlagworte in unmittelbarer Verbindung mit den vorgenannten auch zur Zurückweisung führen (z. B. "Kinetik der ..." usw.). Schwieriger ist die Identifizierung von Verbindungsnamen der Reaktanden und Produkte neben anderen Stoffen, wie Lösungsmittel, Katalysatoren usw. Die Verbindungsnamen sollen in topologische Verknüpfungstafeln 8) umgewandelt werden. Sind Reaktand und Produkt identifiziert, so sollen nicht näher genannte Abspaltungsgruppen durch Differenzbildung ermittelt werden. Zur Feststellung der durch die Reaktion hervorgerufenen Strukturveränderung sollen Vergleiche von Substrukturen zwischen Reaktand und Produkt die veränderten von den unveränderten Substrukturen unterscheiden 9). Damit sollen die Reaktionen klassifizierbar und in den vorliegenden Bestand von Reaktionen einordenbar werden. Es kann dann untersucht werden, ob die Reaktion neu ist bzw. eine Variante zu einer bereits erfaßten Reaktion darstellt. Insgesamt ist das konzipierte Verfahren auf jeden Fall sehr kompliziert, ganz abgesehen von der richtigen Erkennung zusätzlicher Daten wie Reaktionsbedingungen und Ausbeuten.

Zu c): Wenn auf ein bekanntes Edukt eine an sich bekannte Reaktion bzw. ganz bestimmte Reaktionsbedingungen angesetzt werden, so wird man das im allgemeinen mit mehr oder weniger präzisen Erwartungen hinsichtlich des entstehenden Produktes tun. Auf diese Weise wird zum Beispiel die Anwendungsbreite einer Reaktion bzw. der Einfluß von Strukturmodifikationen auf die Reaktion (Struktur-Reaktivitätsbeziehungen, Substituenteneinflüsse) ermittelt. Diese Problemvariante ist deshalb auch typisch für theoretisch fundierte Vorhersagen, sei es aufgrund von Berechnungen oder von Analogieschlüssen mit einem bestimmten Grad von Abstraktion. Einem solchen Analogieschluß geht ein anderer Schluß voraus, der erst die Voraussetzung dafür schafft. Sehen wir uns dazu ein Beispiel an:

Es wurde festgestellt, daß durch Cyanogruppen substituierte Kohlenstoffatome als Substituenten in ihrer Auswirkung auf die Reaktivität einer Verbindung mit den Atomen N, O und F vergleichbar sind, und zwar in folgender Gegenüberstellung:

N	O	F
$-C=$	$-C-$	$NC-\overset{\shortmid}{C}-CN$
$\mid$	$\diagup \;\diagdown$	$\mid$
CN	NC$\quad$CN	CN

---

6) Vgl. S. 46.
7) M. BERSOHN und K. MACKAY, J. Chem. Inf. Comput. Sci. <u>19</u> (1979) 137
8) Siehe S. 17
9) Siehe auch S. 46.

Daneben besteht gleichfalls weitgehende Übereinstimmung in ihrer Elektronegativität.   Somit ist diese offenbar eine Eigenschaft, die die jeweiligen Gruppen im abstrakten Sinne zusammenbringt. Damit kann jetzt der Analogieschluß also wie folgt lauten 10):

"Enthält eine Verbindung im Vergleich zu einer anderen statt O die Gruppe $C(CN)_2$, sind also beide Verbindungen dadurch charakterisiert, daß sie damit Strukturteile etwa gleicher Elektronegativität besitzen, so können sie als ähnlich gelten. Falls andere, nicht übereinstimmende Strukturmerkmale und äußere Faktoren in diesem Zusammenhang unwesentlich sind, kann von beiden Verbindungen ein zumindest ähnliches Reaktionsverhalten erwartet werden 11)".

Man kann hier natürlich fragen, warum man sich das alles so klar machen soll. Der Mensch handelt in der Tat unwillkürlich beim wissenschaftlichen Arbeiten so. Dennoch ist das wichtig, wenn Syntheseplanung weiter entwickelt und für maschinelle Methoden programmiert werden soll. Wir werden deshalb auch dieser Art von Analogieschlüssen bei der Besprechung deduktiver Planungsverfahren wieder begegnen 12).

<u>Zu d)</u>: Diese Problemvariante läßt also zunächst völlig offen, was mit einem vorliegenden Edukt geschehen soll. Im Bereich der kommerziellen Chemie hat man diese Situation dann vorliegen, wenn für ein billiges Massenprodukt oder ein zunächst nutzloses Nebenprodukt eine (weitere) Verwendung durch eine Synthese gesucht wird. Ein anderer Fall ist der, bei dem ein schädlicher Stoff in einen unschädlichen Stoff überführt werden soll. Auch dann kann zunächst noch offen sein, welche Reaktion angesetzt werden soll und was dabei herauskommen wird.

In der Planung wird man nun die verschiedensten Reaktionen in Erwägung ziehen. Das kann systematisch oder zunächst wahllos geschehen. In jedem Einzelfall wird man nach eigenem Wissen oder anhand der Literatur zu beurteilen bzw. zu ermitteln suchen, was man für ein Syntheseergebnis erwarten kann, gegebenenfalls im Analogieschluß. Die angenommenen Produkte werden darauf beurteilt. Die praktisch ausgeführten Synthesen und die wirklich erhaltenen Produkte verlangen dann erneute Beurteilungen. Gegebenenfalls folgen hierauf Planungen zur Optimierung oder es werden andere Synthesewege beschritten.

Noch ein Wort zur systematischen Problemlösung: Eine Planung, die vom Edukt ausgeht, ist vorwärtsstrategisch, weil sie in Syntheserichtung erfolgt 13) (bei mehrstufigen Verfahren kann dabei ein Zielmolekül im Auge behalten sein). Man muß unterscheiden, ob die Umsetzung aufbauend, isomerisierend oder abbauend vonstatten gehen soll. Bei einer aufbauenden Synthese kann das Edukt ganz oder nur teilweise in das Produkt eingehen 14). Für den letzteren Fall kann man im Edukt planerisch die Molekülketten dort auftrennen, wo sich Teile ablösen sollen bzw. können, z. B. ganze oder Teile von Abgangsgruppen. Für die abbauende Synthese wird man ähnliche Überlegungen anstellen.

<u>Zu e)</u>: Wenn hier das Edukt noch offen ist, so war es bei Problemvariante c) das Produkt. Für beide Varianten stellt sich dieselbe Frage, ob, und gegebenenfalls wie weit die vorgesehene Reaktion realisiert

---

10) Vgl. S. 6.
11) Siehe hierzu K. WALLENFELS, K. FRIEDRICH, J. RIESER, W. ERTEL und H. K. THIEME, Angew. Chem. <u>88</u> (1976) 311.
12) Siehe S. 61.
13) Vgl. dagegen S. 54.
14) Siehe insbesondere auch Polymersynthesen S. 73.

werden kann. Man hat hier insgesamt keinen großen Spielraum mehr in
der Wahl eines geeigneten Eduktes (bzw. von mehreren Edukten bzw.
von Reagenzien). Schwerwiegender dürften Fragen sein, welche vorbe-
reitenden Abwandlungen beim Edukt vorgenommen werden müssen, z. B.
Einführung von Schutzgruppen oder aktivierenden Gruppen.

Allerdings hat man im allgemeinen keine Gewähr dafür, das gewünschte
Edukt ohne großen Aufwand in die Hand zu bekommen. Manchenorts werden
dahingehend Faustregeln verwendet. Wenn z. B. das Edukt nicht mehr
als 5 zusammenhängende Kohlenstoffatome enthält, ist die Chance groß,
es kaufen zu können.

Gehen wir an dieser Stelle auf das Thema Reagenzien und Ausgangsstoffe noch etwas ein:

SUBSTANZBIBLIOTHEKEN

Der Markt chemischer Produkte weist heutzutage eine große Zahl preis-
werter Substanzen auf 15). Zudem pflegt eine chemische Fabrik neben
ihren eigenen Produkten sowie jedes Forschungsinstitut spezielle
Sammlungen von chemischen Verbindungen zu unterhalten. Solche Substanzen spielen für Syntheseplanungen vernünftigerweise die Rolle
von wichtigen Reagenzien, von denen die Synthesen ausgehen bzw. mit
denen sie durchgeführt werden können. Wie bei einer Reaktionenbibliothek ist es zweckmäßig, Verzeichnisse darüber als Substanzbibliotheken
gut zu ordnen, mit den notwendigen Daten auszustatten und ständig zu
pflegen. Bei computergestützten Syntheseplanungssystemen sollte
übrigens erst dann von optimaler Ausstattung gesprochen werden, wenn
eine im Zuge der Planung ermittelte Substanz automatisch in einer
entsprechenden Substanzbibliothek gesucht werden kann. Wird sie dort
aufgefunden, kann auch ein mehrstufiger Planungsgang dabei enden 16).

Zu f): Wenn nur das Produkt festgelegt ist, hat man die typische
Problemvariante für Syntheseplanungen nach der sogenannten Rückwärtsstrategie. Zwar könnte man auch hier zunächst sich Ausgangsstoffe
ansehen und darauf prüfen, ob sie für die Synthese des gewünschten
Produktes in Frage kommen könnten. Im allgemeinen ist es jedoch sinn-
voller, sich als erstes das Produkt anzusehen und von daher (also
"rückwärts", "retrosynthetisch", "antithetisch", entgegen der
Syntheserichtung) einen zweckmäßigen Ausgangsstoff zu ermitteln.
Anschließend wird man in der Regel Substanzbibliotheken bemühen
müssen um festzustellen, ob der Ausgangsstoff erhältlich bzw. gegenüber eventuellen anderen vorzuziehen ist.

Es gibt zu der Art, wie man sich ein Produkt "ansieht", eine empfeh-
lenswerte Routine, nämlich dessen Zerlegung in "Synthons". Dazu die
folgenden näheren Ausführungen:

DAS SYNTHON

Nach Corey 17) stellt das Synthon die Struktureinheit innerhalb eines
Zielmoleküls dar, die durch eine (eventuell) mögliche Reaktion über
ein reagierendes einfacheres Molekül (oder im Zuge einer Umlagerung)
eingebracht werden kann. Man gelangt zu ihm, indem man in reaktions-
chemisch vernünftiger Weise Bindungen im Zielmolekül durchtrennt
("disconnection" oder "dislocation" von "strategischen" Bindungen),

---

15) Siehe auch entsprechende Firmenkataloge
16) Vgl. S. 170
17) E. J. COREY, Pure Appl. Chem. _14_ (1967) 19.

es also gleichsam aus dem Zielmolekül herausschneidet. Es muß dann Reagenzien als Ausgangsstoffe geben ("synthetische Äquivalente"), die ein Synthon bilden können. Zu einem jeden Synthon kann es verschiedene synthetisch äquivalente Reagenzien geben, die auf ganz verschiedene Weise in das Zielmolekül eingebaut werden.

Hier einige Beispiele für Synthons (die einerseits fast das ganze Zielmolekül umfassen können, andererseits ein einzelnes Atom wie Wasserstoff) 18):

1) [Struktur] zerlegt in [Struktur] und [Struktur] mit den

synthetisch äquivalenten Ausgangsstoffen [Struktur] und [Struktur]

2) $CH_3CO{+}OC_6H_5$ zerlegt in CH_3CO- und $-OC_6H_5$ mit z. B. den

synthetisch äquivalenten Ausgangsstoffen CH_3COCl und HOC_6H_5.

Die ins Auge gefaßten Synthons können Radikale oder Ionen sein. Sie können sich gegenseitig (wie in den obigen Beispielen) zum Zielmolekül ergänzen oder gegenseitig ausschließen, also nicht für dieselbe Synthese in Frage kommen:

$C_6H_5COCHCOOCH_3$
  |
$CH_2CH_2COOCH_3$

dazu Synthons:

a) C_6H_5-

b) C_6H_5CO-

c) $-COOCH_3$

d) $C_6H_5COCHCOOCH_3$
       |

e) $-CH_2CH_2COOCH_3$

f) $CH_3OOCCHCH_2CH_2COOCH_3$
         |

g) $-CH_2CH_2CO-$

h) $-OCH_3$

Inzwischen findet man in der Literatur verbreitet Synthon als Synonym für Ausgangsstoff.

Welche guten Dienste eine Synthonbetrachtung leisten kann, läßt sich am Paradebeispiel der Tropinon-Synthesen zu Anfang dieses Jahrhunderts erkennen:

---

18) Vgl. S. WARREN: "Designing Organic Syntheses", Wiley, New York (1978).

Zunächst hatte WILLSTÄTTER einen vielstufigen Weg mit einer Endaus-
beute von weniger als 1% entwickelt, zu dem er aufgrund von Abbaube-
funden, die den Siebenring ergaben, veranlaßt war 19).

Später fand ROBINSON nach einer Art Synthonbetrachtung Einstufensyn-
thesen mit guter Ausbeute 20). Er ging davon aus, daß man das Tropinon
theoretisch zu Succinaldehyd, Methylamin und Aceton hydrolysieren
könnte. Aus dieser Vorstellung entstand u. a. die Umsetzung:

Zu g): Führt man die chemische Analyse eines unbekannten Stoffes durch,
so liegt etwa diese Problemvariante vor: Bekannt ist an sich nur die
Reaktion. Das entstehende Produkt wird qualitativ und möglichst auch
quantitativ bestimmt. Allerdings muß es sich dabei um (mindestens)
eines aus einer erwarteten Menge von Produkten handeln, denn sonst
setzt sich das Problem fort in der Analyse des erhaltenen Produktes.
In diesem Sinne ist also die Planung einer chemischen Analysenmethode
nichts anderes als Syntheseplanung 21).

Zu h): Über die letzte Problemvariante, die sich jedenfalls systematisch ergibt, kann man natürlich auch einfach hinweggehen. Mit Humor
betrachtet dürfte sie etwa den Zustand einer momentanen Ratlosigkeit
des Chemikers darstellen, gepaart mit dem guten Willen, an irgendeine
Synthese heranzugehen. Etwas ernst genommen kann man sie vielleicht
als zunächst charakteristisch für die Intention innerhalb bestimmter
Sachgebiete bezeichnen, z. B. Hochdrucksynthesen, Tieftemperatur-
Reaktionen usw. durchzuführen, ohne daß man schon eine nähere Umsetzung ins Auge gefaßt hat. Da man sich dann aber irgendwo festlegen
muß, wird man schnell zu einer der sieben vorausgegangenen Problemvarianten überleiten.

5.2. PLANUNGSVERFAHREN

Wir haben gesehen, welche Problemvarianten zu einstufigen Synthesen
auftreten können. Wenn man nach einer dieser Varianten eine Synthese

19) R. WILLSTÄTTER, Ber. 34 (1901) 129.
20) R. ROBINSON, Trans. Chem. Soc. 111 (1917) 762.
21) Siehe S. 141.

vernünftig planen will, sollte man sich bestimmter Planungsverfahren bedienen. Es ist zudem eines der wesentlichen Anliegen dieses Buches, diese Verfahren näher zu erläutern. Dazu wollen wir jetzt übergehen. Insgesamt spielen bei diesen Verfahren folgende Grundgedanken die entscheidende Rolle:

A. Analyse des Problems und damit zweckmäßige Vorbereitung der Problemlösung.

B. Rationelle Lösung des Problems

   - durch möglichst treffsicheres Auffinden von bekannten Lösungen,

   - durch Schaffung von neuen Lösungen auf dem Wege des Analogieschlusses und mit Hilfe von Heuristiken und Planungsstrategien,

   - durch Ermöglichung von neuen Lösungen auf deduktive Weise, d. h. aus allgemeinen - auch formalen - Ansätzen heraus, mit Hilfe von Gesetzmäßigkeiten und durch Berechnungen.

   Die Regel ist die Kombination der genannten Punkte.

C. Bewertung der Problemlösung(en), meistens im Vergleich mehrerer Lösungen.(Bewertungen sind zum Teil Bestandteil der Problemlösungen).

5.2.1. Recherche nach geeigneten Synthesen im direkten Retrieval

Zu einer vorliegenden Problemvariante wird man stets nach bereits vorliegenden Lösungen zu suchen haben, dabei

a) nach im Prinzip bekannten, über die man sich genauer vergewissern will,

b) nach noch gänzlich unbekannten.

Als Recherchenquellen dienen

1. selbstangefertigte Unterlagen in Gestalt von Karteien, Aufzeichnungen,

2. erworbene Unterlagen in Gestalt von Karteien, Handbüchern u. ä.,

3. Datenspeicher für maschinelle Recherchen.

Recherchen in letzteren pflegen an Experten dafür delegiert zu werden, da in der Regel spezielle Kenntnisse dazu notwendig sind 22). Eine wichtige Voraussetzung für die delegierte Recherche ist die genaue Darlegung des Sachverhaltes.

---

22) Es darf nicht verkannt werden, daß eigenes Suchen in der Literatur einen höheren Anregungseffekt hat als die delegierte Literaturrecherche, weil dabei viele Dinge vor Augen kommen, an die man nicht dachte. Folglich läßt man nach ihnen auch nicht gezielt suchen, erkennt sie aber dann als interessant. Die delegierte Literaturrecherche ist dagegen in der Regel vollständiger und schneller, falls gute Datenspeicher und zweckmäßige Retrievalsysteme zur Verfügung stehen. Über die Vorteile und Nachteile von Dialogrecherchen siehe S. 30.

Beispiel:

> "Gewünscht wird die Literatur des Zeitraumes 1970 bis 1980 über
> die Herstellung folgender Verbindungsklasse":

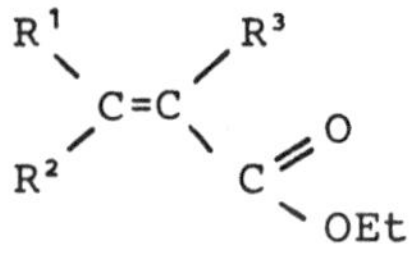

R^1 , R^2 = H, Alkyl, Aryl,

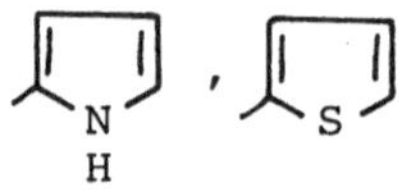

R^3 = H, Alkyl

> "Gesucht sind beschriebene Umsetzungen dieser Substanzklasse":

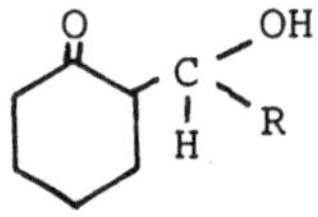

R = Alkyl, Aryl

Ausgesprochene Recherchen nach Reaktionstypen richten sich mit Vorteil
auf Partialstrukturen, die unmittelbar in die Reaktion verwickelt sind.

Beispiel:

> "Gesucht wird eine Reaktion, bei der in

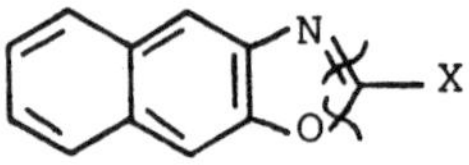

X = Alkyl, Aryl

> der Ringschluß im 1,3-Oxazol zwischen den Heteroatomen erfolgt".

Im Sinne der Synthonbetrachtung ergeben sich die Synthons durch die
eingezeichneten Trennstellen. Direkt beteiligt sind bei der Reaktion
jedoch nur die Atome N, O und das zwischen ihnen liegende C-Atom. Die
Partialstrukturrecherche nach denselben hat sich jetzt allerdings nach
dem Dokumentationssystem zu richten, das benutzt wird. Im allgemeinen
gelten sich bildende Ringe als Partialstrukturen, nach denen recherchiert werden kann.

Bei genauer definierten Partialstrukturrecherchen wird man auch die
Struktur der Ausgangsverbindungen angeben:

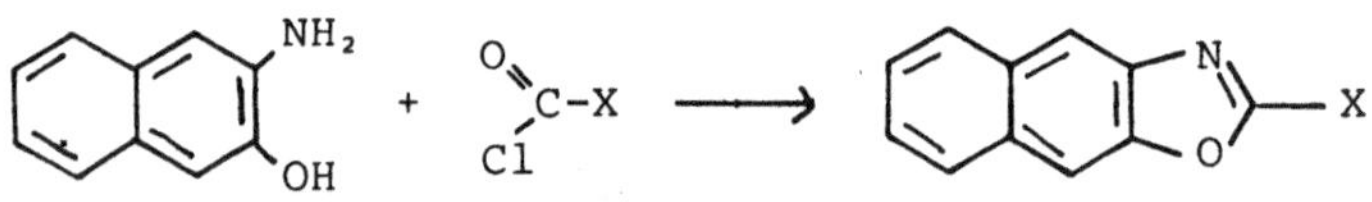

d. h. in einer relevanten Fundstelle müssen die Suchbedingungen für
alle Partialstrukturen gleichzeitig erfüllt sein. Das können z. B.
die folgenden sein:

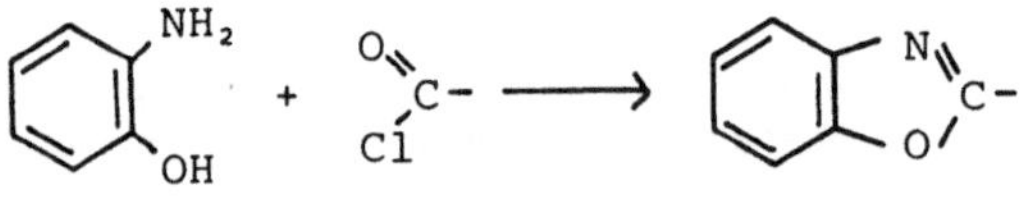

Stark verallgemeinerte Recherchen nach Reaktionstypen mögen z. B.
lediglich C,C-Verknüpfungen, Aromatisierungen, Austausch von funktionellen Gruppen usw. oder Reaktionsbedingungen betreffen.

Die Recherchenergebnisse fördern im allgemeinen Informationen zu Tage
(meist Referate mit Hinweisen auf Originalpublikationen), die über
das Gefragte hinausgehen. Umfangreiche Originalpublikationen, gründ-
liche Reviewartikel usw. können ausreichend erscheinende Information
bedeuten. In anderen Fällen müssen wiederholte Recherchen unternommen
werden, die sich an den ersten Ergebnissen orientieren.(Im Dialogverfahren ist das praktisch immer so. Allerdings ist zu unterscheiden,
ob man sich formal an der Menge von Fundstellen orientiert oder an
ihrem Informationsgehalt.) Beim Bedarf nach wirklich vollständiger
Information über einen Synthese-Sachverhalt ist der Weg über die
Referenzorgane und die Originalliteratur (neuste Publikationen zuerst
einsehen, da sie zu den älteren hinleiten) unerläßlich.

Hierzu fertigt man eine Ausarbeitung an mit Gegenüberstellung verschiedener genau
bekannter oder sich nahelegender Synthesevarianten, möglichst systematisch geordnet. Man legt insbesondere ähnliche Fälle zusammen, merkt Literaturstellen an,
hebt erkannte Ungereimtheiten und Lücken hervor und fügt eigene oder erfahrene
Beurteilungen hinzu. Dabei kann es von Vorteil sein, Karteikarten oder Papier-
streifen zu beschreiben, die geordnet - z. B. nach Katalysatorsystemen, Methoden,
Ausbeuten usw. - und gegebenenfalls in dieser Form zusammengeklebt werden. Auch
ein gestaffeltes Zusammenlegen von verschiedenen beschriebenen Blättern und
Kopieren - evt. mehrfach nach verschiedenen Ordnungsprinzipien - ergibt aussage-
kräftige Niederschriften.

Das relevante Ergebnis einer Recherche(nfolge) kann auf ein Syntheseproblem, etwa ein herzustellendes Zielmolekül, genau zutreffen. Ist
das insofern gegeben, als wirklich belegte Umsetzungen mit Ausbeuteangaben vorliegen, so hat man es leicht in der Planung. Fällt das
Syntheseproblem nur formal in die Literaturangaben hinein ("Reaktion
ist durchführbar, wenn die Reste R = Alkyl oder Aryl sind" u. ä.) oder vollzieht
man einen größeren Analogieschluß von einem nur teilweise übereinstimmenden bekannten Fall her, so steht man vor der ganzen Schwierigkeit
der Bewertung. Die letzte Beurteilung ergibt sich auch dann nur durch
das Experiment 23).

5.2.2. Recherche nach geeigneten Synthesen im Umkehr-Retrieval

Beim Umkehrretrieval wird zu einem vorgegebenen Problem keine Recher-
chenfrage formuliert. Vielmehr werden bekannte Problemlösungen daraufhin überprüft, ob sie mit dem vorgegebenen Problem zusammenpassen, für
dasselbe somit eine Lösung darstellen. Diese Methode (die natürlich
ebenfalls Fragecharakter hat, aber von der Problemlösung her) wendet
man bereits an, wenn man aus dem eigenen Wissen heraus eine Problemlösung findet: Da man, beispielsweise, die Bedingungen der Friedel-
Crafts-Alkylierung kennt, wird man sie zumindest vorläufig als
Lösungsmöglichkeit betrachten, falls das Syntheseproblem eine Alkyl-
Aryl-Struktur aufweist. Weitere Beschäftigung mit diesem Gedanken
führt zur Berücksichtigung zusätzlicher Argumente, positive und negative. Man gelangt schließlich zu einer Entscheidung, entweder die
Synthese dahingehend zu planen oder den Gedanken aufzugeben, dies auch
im Vergleich mit anderen Möglichkeiten. In der Regel wird man das
eigene begrenzte Wissen durch Einblicknahme in Unterlagen, Fachbücher
usw. ergänzen sowie erhaltene weitere Anregungen (z. B. mündliche von
Kollegen oder auf dem Wege des "browsing", also der ungezielten Anregung beim Durchstöbern von Fachliteratur) berücksichtigen. Prinzipiell
bleibt die Methode gleich.

---

23) Siehe weiter S. 108   hinsichtlich Ermittlung von Synthesewegen.

Nun kann man aber auch durch vorsorgliches Anlegen von Fragerepertoiren (Sammlungen solcher Frageformulierungen), bei denen jede Frage bestimmte Strukturverhältnisse in einem Problemmolekül anspricht, Problemlösungen systematisch, lückenlos und auf mechanisierbare Weise zugänglich machen. Entspricht nämlich das Problem den Voraussetzungen der Fragestellung, so kommt die mit der Frage verbundene Problemlösung in Vorschlag. Hierzu können die herkömmlichen Retrievalverfahren benutzt werden, insbesondere Computer-Verfahren zur Recherche von Partialstrukturen.

Beispielsweise gehe man von folgender literaturbekannten Umsetzung aus 24):

$$\text{\textbackslash}C{=}O \quad \xrightarrow{\text{Ph}_3\text{P/CCl}_4} \quad \text{\textbackslash}C{=}CCl_2 \quad + \quad \text{\textbackslash}{-}Cl$$

Dabei soll es sich um ein enolisierbares Keton handeln. Bei Fünfring-Ketonen überwiegt das Dichlorolefin sehr stark, bei Sechsring-Ketonen das Monochlorprodukt. Richtet man das Fragerepertoire auf Ausgangsstoffe ein, zu denen Umsetzungen gesucht werden, so wäre eine Fragestellung nach enolisierbarem Keton (in engerer Fassung a) nach Fünfring-Keton und b) nach Sechsring-Keton) zu formulieren. Wird eine solche Fragestellung z. B. maschinell recherchiert und (in einer zuvor gespeicherten Ketonverbindung) fündig, so führt sie zu obiger Umsetzungsmöglichkeit hin, schlägt dieselbe also vor (Vorwärtsstrategie!). Umgekehrt kann auch je eines der beiden Produkte der Frageformulierung unterlegt werden. Wird diese Frageformulierung in einem genannten und eingespeicherten Zielmolekül fündig, so gerät dessen Synthese aus einem enolisierbaren Keton in Vorschlag (Rückwärtsstrategie!). Man kann auch nach Edukt und Produkt gleichzeitig recherchieren: Liegt bereits die Voraussetzung vor, daß aus einem enolisierbaren Sechsring-Keton ein Monochlorolefin werden soll, ohne daß die Synthesebedingungen bereits geklärt sind, so könnte wiederum die obige Umsetzung fündig werden, und zwar dann, wenn entsprechende Ausgangsstoffe und Zielmoleküle zusammen gespeichert wurden. Eine solche kombinierte Recherche eignet sich besonders zur Auffindung besserer Umsetzungen zu bereits bekannten im Sinne von:

$$A \xrightarrow{\ R\ } B \quad \text{wird ersetzt durch} \quad A \xrightarrow{\ R'\ } B$$

gegebenenfalls mehrstufig, d. h. es findet eine Optimierung statt. Die maschinelle Methode ist natürlich immer nur dann von Vorteil, wenn große Mengen von Fragestellungen, die mit entsprechenden Mengen von Reaktionsvorschlägen verbunden sind, in den erwähnten Fragerepertoiren zur Verfügung stehen. Die Vorschläge sind umso präziser, je genauer die Frageformulierungen den bekannten Geltungsbereich der Reaktion durch positive und negative Strukturforderungen abdecken. Eventuell können die Frageformulierungen dann noch eingeteilt werden in solche, die präzise recherchieren und in solche, die weniger gezielt sind. Letztere lassen die Chance offen, damit auch noch einen bislang unbekannten Geltungsbereich der Reaktion zu entdecken 25). Die Zahl der Vorschläge kann daneben eingeschränkt werden durch Spezialisierung der Fragerepertoire und Verwendung von Bewertungsgrößen oder sie kann durch besondere Ordnungsmaßnahmen leichter bewältigt werden 26).

---

24) N. S. ISAACS und D. KIRKPATRICK, J. Chem. Soc.,Chem. Comm. (1972) 443.
25) Vgl. die deduktiven Planungsverfahren sowie anschließenden Abschnitt.
    Lit.: R. FUGMANN und J. H. WINTER, Intern. Classific. 6 (1979) 85.
    R. FUGMANN, G. KUSEMANN und J. H. WINTER, Inform. Proc. & Managem. 15 (1979) 303.
26) Siehe weiter S. 110 hinsichtlich Ermittlung von Synthesewegen.

5.2.3. Syntheseplanung auf Retrievalbasis mit erweiterter Computer-Verwendung

Die Verwendung von Computern gestattet es, über die reine Retrieval-Technik hinaus weitere Arbeitsgänge maschinell zu bewältigen. Hierzu zählen - neben Bildschirm-Eingabe und -Abbildungen von Problemmolekülen -

a) die automatische Bildwiedergabe von Strukturformeln derjenigen Verbindungen, die sich aus dem Problemmolekül durch die in Vorschlag geratene Reaktion ergeben, ferner

b) maschinell vorgenommene Bewertungen des Vorschlages auf der Basis von programmierten Bewertungsregeln (Heuristiken) und

c) der Verfahrensablauf nach bestimmten Strategien.

Es gibt zur Zeit dahingehend automatische und interaktive Dialog-Verfahren 27), von denen bisher aber nur letztere eine wirkliche Verwendung in der Praxis finden konnten. Bei Dialogverfahren sind die Strategien wählbar und es können in jeden Verfahrensablauf Eingriffe vom Benutzer vorgenommen werden. Entscheidend für die Güte eines solchen Verfahrens ist die Qualität und der Umfang der aufgebauten Reaktionenbibliothek.

In Europa hat sich das Programmsystem SECS eingeführt, ein Verfahren, das auf Erfahrungen mit dem System LHASA aufbaut. Es gestattet die maschinelle Ermittlung von Synthesevorschlägen zu je einem definierten Zielmolekül, das über Bildschirmterminal eingegeben, topologisch gespeichert und auf Kommando mit gespeicherten Reaktionen verglichen wird. Passen die Reaktionen strukturell auf das Zielmolekül, so werden sie maschinell und/oder vom Benutzer bewertet und führen zu einer Bildwiedergabe der sich dazu ergebenden Vorstufenmoleküle. Letztere können in verschiedenen Konformationen auf dem Bildschirm dargestellt und auf Papier ausgedruckt werden. (Ein Vergleich mit zugänglichen Verbindungen einer eventuellen Substanzbibliothek findet bei diesem Verfahren bislang nicht statt.) Wichtig ist die einfache Speicherung neuer Reaktionen durch eine leicht erlernbare Codiersprache 28). Andererseits ist der zu leistende Aufwand in der Vorbereitung neuer Reaktionen hoch, wenn zuverlässige Daten vorliegen sollen. Diese Tatsache führte dazu, daß eine Reihe europäischer Firmen, die das Verfahren übernahmen ("CASP"), in gemeinsamer Arbeit die Reaktionenbibliothek ausbauen. Auch wird das Programmsystem fortentwickelt. 29)

5.2.4. Deduktive Planungsverfahren

Man kann eine Reaktionenbeschreibung formalisieren und schematisieren und damit verallgemeinern. Man hat so oft einen guten Einstieg in die Planung einer Synthese. Das ist denn auch alte Praxis des Chemikers.

Man formalisiert zum Beispiel eine Reaktion dann, wenn man in der Strukturformel eines Stoffes (oder bei mehreren Stoffen als Coreaktanden insgesamt) die Atompositionen und die Bindungen umstellt. Man kann sich dann vorstellen, daß so etwas durch eine Reaktion passiert. Nehmen wir

---

27) Siehe Kapitel 11.
28) Näheres siehe S. 162.
29) Siehe weiter S. 112   hinsichtlich Ermittlung von Synthesewegen.

also an, Verbindung (1) läge vor, so kann man durch Öffnung und erneuten Schluß von Ring B eine Umgruppierung vornehmen, die für Ring A die
Chance der Aromatisierung ergibt.

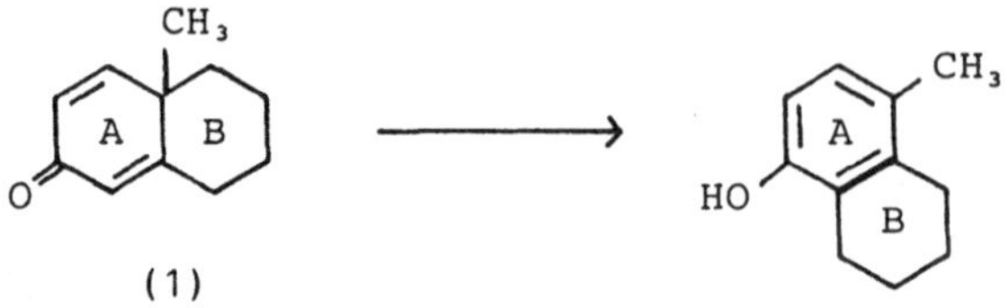

In dieser Weise "spielt" man an seinen Strukturformeln herum. Man wird
hier und da die Vorstellung haben, daß eine so ermittelte Umsetzung
wirklich "gehen" müßte. Damit hat man sein Planungsverfahren auch
bereits vorläufig bewertet. Wie man vom Edukt ausgeht, kann man natürlich auch vom Produkt ausgehen, eine Vorgehweise, die das bereits
besprochene "Herausschneiden" von Synthons mit erfaßt.

Auf eben dieser einfachen Vorgehweise beruht das computerisierte
deduktive Planungsverfahren von UGI, auf das wir bereits im Kapitel 4
im Rahmen der Reaktionenklassifikation gestoßen waren 30). Selbstverständlich gewinnt das Verfahren an Rang durch systematisches Vorgehen
und Ausdeutung. Im einzelnen wird das in Kapitel 11 beschrieben 31).
Man darf aber nicht übersehen, daß man letztlich doch darauf angewiesen ist, genügend über Reaktionen in ihren näheren Ausführungsbe-
dingungen zu wissen und zu erfahren. Andernfalls sitzt man mit den
schönsten Umgruppierungen an den Strukturformeln gleichsam auf dem
Trockenen. Besonders wünschenswert ist in diesem Zusammenhang ein
direkter Zugang zu einer Reaktionenbibliothek und einer Substanzbibliothek 32). Das sollte der Computer gleich mit leisten. Seine
Stärke hat das Verfahren gewiß aber darin, daß der Computer im Vergleich zum Menschen per Programm wirklich in der Lage ist, alle Möglichkeiten der Umgruppierung von Strukturen (und mehreren Strukturen
zusammen) systematisch durchzuprüfen. Ferner lassen sich allgemeine
Bewertungsverfahren anschließen, die ohne Computer selten oder jedenfalls nicht so konsequent zum Zuge kommen. Letztere sind umso wichtiger, je größer die Zahl der ermittelten Umgruppierungen ist, denn
diese kann auch wieder prohibitiv groß werden.

Ähnlich wie UGI hat HENDRICKSON die Absicht, systematisch auf deduktive Weise neue Reaktionen abzuleiten. Das Klassifikationssystem des
Autors lernten wir bereits kennen 33). Hiervon ging MOREAU aus und
programmierte ein Computerverfahren, das ionische Reaktionen in
mechanistischen Stufen simuliert. In Kapitel 11 wird auch das ausführlich beschrieben 34). Ebenfalls in die Reihe der deduktiven Verfahren
gehört das von WEISE. Auch hierzu wird auf Kapitel 11 verwiesen 35).

---

30) Siehe S. 38
31) Siehe S. 172.
32) Vgl. S. 51 und S. 54.
33) Siehe S. 40, ferner
    J. B. HENDRICKSON, J. Am. Chem. Soc. 93 (1971) 6847. - dito, ibid. 97 (1975)
    5763, 5784. - dito, Top. Curr. Chem. 62 (1976) 49 - 172. - dito, J. Chem.
    Educ. 55 (1978) 216. - dito, J. Chem. Inf. Comput. Sci. 19 (1979) 129.
34) Siehe S. 176.
35) Siehe S. 180.

Summarisch kann zu diesen deduktiven Verfahren gesagt werden, daß sie nur einen ersten Anregungseffekt haben können, der aber mitunter sehr wertvoll sein wird 36).

Wir wollen uns deshalb auch noch etwas ansehen, wie man für den "Handbetrieb" zweckmäßig deduktiv systematisch vorgehen kann. Betrachten wir uns dazu die formalisierte Ableitung von Synthesemöglichkeiten zur Herstellung eines Sechsringes mit einem Sauerstoffatom als Ringglied (Pyran-, Di- und Tetrahydropyran-System):

Soll z. B. der Ringschluß am Sauerstoffatom erfolgen, so kann etwa eine Addition einer funktionellen Gruppe unterschiedlichen Oxidationsgrades (X, Y, Z) an eine Mehrfachbindung erfolgen, gegebenenfalls unter Umwandlung zur Einführung des Sauerstoffes:

Schema | Beispiele aus der Literatur

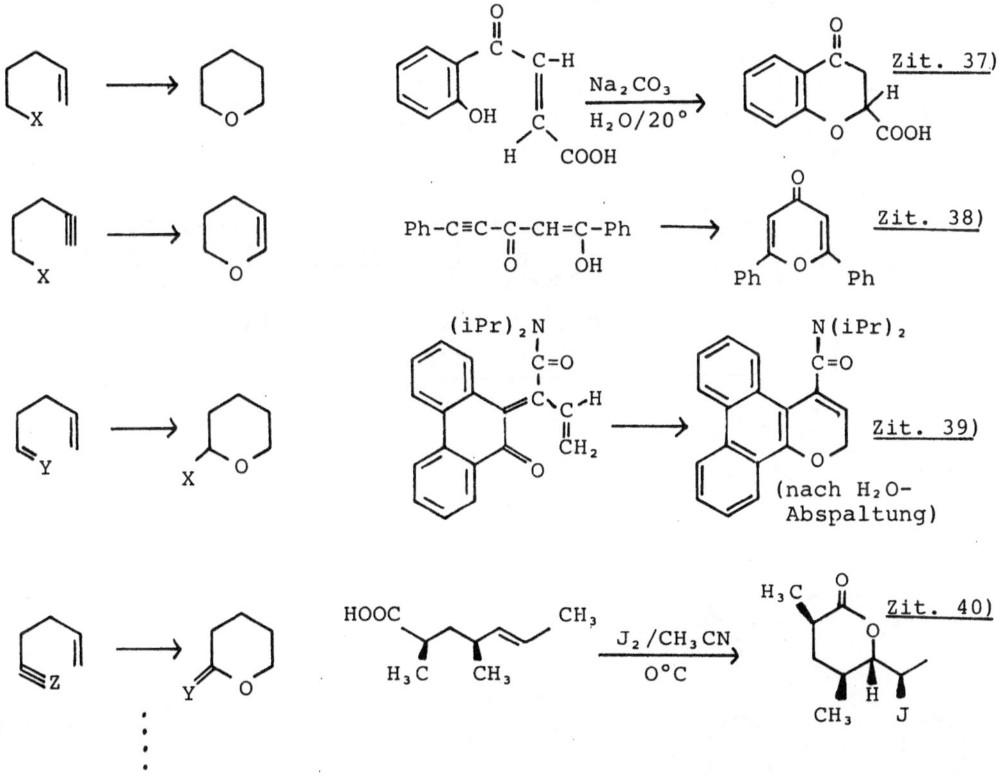
Na₂CO₃
H₂O/20°
Zit. 37)
Ph-C≡C-C-CH=C-Ph
Zit. 38)
(iPr)₂N
N(iPr)₂
Zit. 39)
(nach H₂O-Abspaltung)
HOOC
J₂/CH₃CN
0°C
Zit. 40)
usw.

Solche Schemata lassen sich für die verschiedensten Möglichkeiten entwickeln.

36) Vgl. WIPKE, S. 163; ferner T. D. SALATIN und W. L. JORGENSEN, J. Org. Chem. 45 (1980) 2043: "Computer-Assisted Mechanistic Evaluation of Organic Reactions".

37) E. ZIEGLER, G. HENNING und A. K. MÜLLER, Liebigs Ann. Chem. (1973) 1552.

38) I. EL-SAYED EL-KHOLY, M. G. MAREI und M. M. MISHRIKEY, J. Heterocycl. Chem. 16 (1979) 737.

39) W. VERBOOM, A. V. E. GEORGE, L. BRANDSMA und H. J. T. BOS, Rec. Trav. Chim. Pays-Bas 99 (1980) 29.

40) P. A. BARTLETT und J. MYERSON, J. Am. Chem. Soc. 100 (1978) 3950.

Hinsichtlich Kondensationsvorgängen ergibt sich z. B. folgendes Schema:

Schema   Beispiele aus der Literatur

Zit. 41)

Zit. 42)

Zit. 43)

Zit. 44)

usw.

Zit. 45)

usw.

41) G. R. OWEN und C. B. REESE, J. Chem. Soc. (C) (1970) 2401.
42) M. LEVAS und E. LEVAS, C. R. Acad. Sci. 250 (1960) 2819.
43) A. RIECHE und E. SCHMITZ, Ber. 89 (1956) 1254.
44) N. S. NARASIMHAN und B. H. BHIDE, Tetrahedron 27 (1971) 6171.
45) T. SATO, S. YAMAGUCHI und H. KANEKO, Tetrahedron Lett. 21 (1979) 1863.

Die Schemata modifizieren sich durch Kombination von Verfahren, z. B.
bei begleitender Oxidation:

$$\text{(Struktur)} \xrightarrow{Ag_2CO_3 \text{ auf Celit}} \text{(Lacton)}$$

Zit. 46)

oder zusätzlicher Wasserabspaltung:

$$\text{(Struktur)} \xrightarrow{CH_3OH/H_3PO_4} \left[\text{(Struktur)}\right] \text{(Flavon)}$$

Zit. 47)

Das ganze leitet schließlich über zu bimolekularen Reaktionen:

Zit. 48)

Dem deduktiven Verfahren geht als Teil des Analogieschlusses ein in-
duktiver Schritt voraus: Durch Induktion vom Spezialfall zur Verallgemeinerung, von da durch Deduktion wieder zu einem (anderen) Spezialfall. Führen wir uns das noch ganz kurz vor Augen, so einfach das
auch anmutet: Aus den Reaktionen der Zink-Organo-Verbindungen ließ
sich über verallgemeinernde Betrachtungen als Organo-Verbindungen von
zweiwertigen Metallen auf Magnesium und Mangan überleiten, sei es im
Sinne der Reformatzky- oder der Barbier-Grignard-Reaktionen 49). Die
gewisse Analogie zwischen X-Me^{I}- und Me^{I}-provozierte ferner die Übertragung auf Organo-Verbindungen einwertiger Metalle, ohne zunächst
theoretische Deutungen zu erfordern:

$$XZnR \longrightarrow XMe^{II} R \quad XMgR \quad XMnR \quad \text{usw.} \quad \text{und somit}$$

$$\text{z. B.} \quad \genfrac{}{}{0pt}{}{R^1}{R^2}C=O + n\text{-}C_4H_9MnJ \xrightarrow[86-89\%]{\substack{1.\ 20° \\ 2.\ H_2O}} n\text{-}C_4H_9\text{-}\underset{R^2}{\overset{R^1}{C}}\text{-}OH \qquad \cdot \quad \text{Zit. 50)}$$

$$R^1 = C_2H_5, \quad i\text{-}C_3H_7, \quad n\text{-}C_4H_9$$

$$R^2 = H, \quad C_2H_5, \quad i\text{-}C_3H_7$$

46) M. FÉTIZON, M. GOLFIER und J.-M. LOUIS, J. Chem. Soc., Chem. Commun. (1969) 1118.
47) M. V. LAKSHMI und N. V. SUBRA RAO, Ind. J. Chem. 10 (1972) 34.
48) M. UCHIYAMA und M. MATSUI, Agri Biol. Chem. 31 (1967) 1490.
49) Vgl. S. 2.
50) G. CAHIEZ und J. F. NORMANT, Tetrahodron Lett. 38 (1977) 3383.

$$XZnR \quad\longrightarrow\quad X_{0,1}Me^{I/II}R \quad\longrightarrow\quad LiR \qquad\text{und somit}$$

z. B.
$$\begin{array}{c} R^1 \\ {}_{R^2}\end{array}\!\!\!C{=}O \;+\; LiCH_2\text{-}COOC_2H_5 \quad\xrightarrow[80-94\%]{-78°,\ THF}\quad \begin{array}{c} R^1 \\ {}_{R^2}\end{array}\!\!\!\underset{OH}{\overset{|}{C}}\text{-}CH_2\text{-}COOC_2H_5 \qquad \underline{Zit.\ 51)}$$

$$R^1 = n\text{-}C_3H_7,\ C_6H_5,\ CH_3$$
$$R^2 = H,\ CH_3, \qquad\qquad \text{oder } R^1\text{-}R^2 = -(CH_2)_{4,5}-$$

Schließlich konnte auch die Sauerstoffverbindung als Reaktionspartner
analog ausgetauscht werden - gegebenenfalls unter Wechsel der Oxida-
tionsstufe - wie z. B. bei

$$R^1\text{-}\overset{SCH_3}{\underset{N(CH_3)_2}{C}}\text{-}SCH_3 \;+\; R^2MgX \;\longrightarrow\; \begin{array}{c} R^1 \\ {}_{R^2}\end{array}\!\!\!\overset{SCH_3}{\underset{N(CH_3)_2}{C}} \left(\xrightarrow{H_2O} \begin{array}{c} R^1 \\ {}_{R^2}\end{array}\!\!\!C{=}O\right) \qquad \underline{Zit.\ 52)}$$

In entsprechender Weise kann die Induktion von allen Reaktionsteil-
nehmern und allen Reaktionsbedingungen ausgehen - auch erweiternd
durch z. B. Einführung von Katalysatoren usw. - und durch Deduktion
zu Spezialfällen hinleiten. Die Fülle von Reaktionsmöglichkeiten
führt schließlich zu einem klassifizierenden Schema, in dem sich dann
selbst unerwartete Querverbindungen erkennen lassen 53). In dessen
Begleitung pflegen sich Theorien zu entwickeln, die weitere Spezial-
fälle vorzeichnen. Schlagen sich die Theorien direkt in funktionalen
Beziehungen nieder, so läßt sich gegebenenfalls ein Spezialfall - oder
eine Gruppe davon - durch Berechnung ermitteln. Damit schließt sich
ein Kreis bei den Planungsmethoden: Entweder zunächst ein Reaktionsgeschehen ableiten, z. B. als vage Idee oder durch direkten Analogieschluß, und ihn anschließend bewerten und berechnen, oder die Berechnungen 54) an den Anfang zu stellen, was ein Idealziel der Theoretiker
ist 55).

5.3. BEWERTUNGEN UND BERECHNUNGEN

Wir haben nun schon öfter von Bewertungen gesprochen, die im Zuge
einer Planung vorgenommen werden müssen. Darauf wollen wir im letzten
Abschnitt dieses Kapitels noch kurz etwas eingehen. In der Tat müssen
in jeder Phase einer Planung Bewertungen vorgenommen werden, und zwar

---

51) M. W. RATHKE, J. Am. Chem. Soc. 92 (1970) 3222.
52) T. YAMAGUCHI, T. SHIMIZU und T. SUZUKI, Chem. & Ind. (1972) 380.
53) Siehe im Zusammenhang mit metallorganischen Reagenzien:
    M. SCHLOSSER, Angew. Chem. 86 (1974) 751.
    dito,   "Struktur und Reaktivität polarer Organometalle", Springer-Verlag,
    Berlin - Heidelberg - New York (1973).
54) Vgl. hinsichtlich MO-Rechnungen:
    M. SIMONETTA, "Qualitative and Semiquantitative Evaluation of Reaction Paths",
    Top. Curr. Chem. 42 (1973) 1 - 47.
55) Siehe weiter Seite S. 115 bezügl. mehrstufiger Reaktionswege.

a) Bewertungen bzw. Berechnungen beteiligter Stoffe als Vorhersagen
zu ihrer Struktur, Stabilität, Reaktionsweise, Spektren usw. 56).
Hinzu kommen Bewertungen im Zusammenhang mit den Motiven zur
Synthese, z. B. anwendungstechnische Eigenschaften, Zugänglichkeit
der Ausgangsstoffe, Verwendbarkeit von Nebenprodukten usw.

b) Bewertung der ins Auge gefaßten Umsetzungsmethode. Dabei kann sich
die Bewertung auf die Umstände derselben, so besondere verfahrenstechnische Bedingungen, extreme Temperaturen und/oder Drucke,
empfindliche Katalysatoren usw. beziehen.

Selbstverständlich müssen beteiligte Stoffe und Umsetzungsmethode noch
zusammen bewertet werden, denn erst dann ergibt sich eine Aussage
darüber, mit welchem Erfolg die betreffende Reaktion wohl anwendbar
sein dürfte. Dazu zählen auch Überlegungen, welche weiteren Maßnahmen
eventuell zu treffen sind, etwa die Einführung von Schutzgruppen 57),
die Modifizierung der Methode usw. Bewertungen können auch zu Rangfolgen der verschiedenen ins Auge gefaßten Umsetzungen führen. Dabei
hat man einerseits die Situation, daß man Bekanntes miteinander vergleicht, also in der Regel Informationen aus der Literatur. Soweit
zuverlässige Daten mitgeliefert sind, kann man dann auch gut vergleichend bewerten. Andererseits wird man Planungen zu vergleichen haben,
für die noch keine experimentellen Erfahrungen vorliegen. Bei solchen
ist die Bewertung naturgemäß schwierig, mitunter willkürlich.

Ein beliebter Bewertungsmaßstab ergibt sich durch den Wunsch nach
Vereinfachung des Problems. Ferner kommt bei der Planung in Rückwärtsstrategie der Symmetrieerkennung im Zielmolekül Bedeutung zu.
Findet man eine Symmetrie, so wird man im allgemeinen zugehörige
Reaktionen höher bewerten. Man hat ja dann die Chance, daß man die
symmetrischen Teile aus demselben Ausgangsstoff herstellen kann, was
ebenfalls im allgemeinen eine Vereinfachung bedeuten wird. Es ist
übrigens nicht notwendig, daß das in einer echten Symmetrie einer
Zielstruktur zum Ausdruck kommt. Es genügt bereits, wenn man die Zielstruktur in gleiche Synthons zerlegen kann. Ja es kann durchaus ge-
nügen, wenn man nur in ähnliche Synthons zerlegen kann, denn auch
diese können mitunter aus demselben Ausgangsstoff entstehen. In
Abb. 5 ist ein Fall wiedergegeben, bei dem die Zielstruktur keinerlei Symmetrie aufweist, dennoch aber in zwei Vorstufenmoleküle zerlegt
werden kann, die ihrerseits aus demselben Ausgangsstoff entstehen. Es
ist natürlich in der Regel sehr schwer, eine solche Möglichkeit aus
einer Zielstruktur herauszulesen. Sie dürfte sich normalerweise eher
zufällig beim Experimentieren ergeben oder in Analogie zu ähnlichen
Synthesen.

---

56) Siehe z. B. die theoretische Prognose zu Chinonen des Azulens,

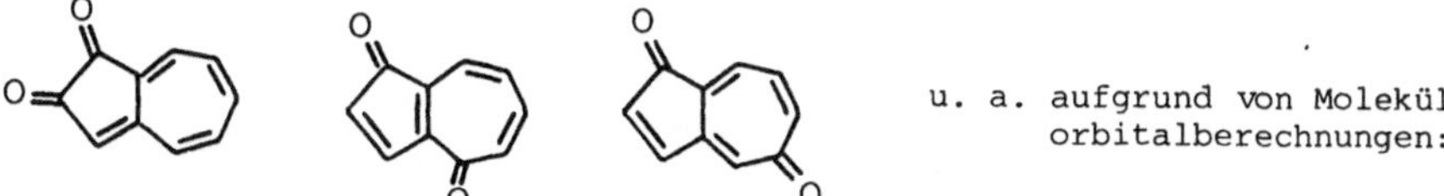

u. a. aufgrund von Molekül-
orbitalberechnungen:

L. T. SCOTT, M. D. ROZEBOOM, K. N. HOUK, T. FUKUNAGA, H. J. LINDNER und
K. HAFNER, J. Am. Chem. Soc. 102 (1980) 5169

57) Siehe hierzu J. F. W. McOMIE: "Protective Groups in Organic Chemistry",
Plenum Press, New York (1973). - T. W. GREENE: Protective Groups in Organic
Synthesis", Wiley, New York (1981).

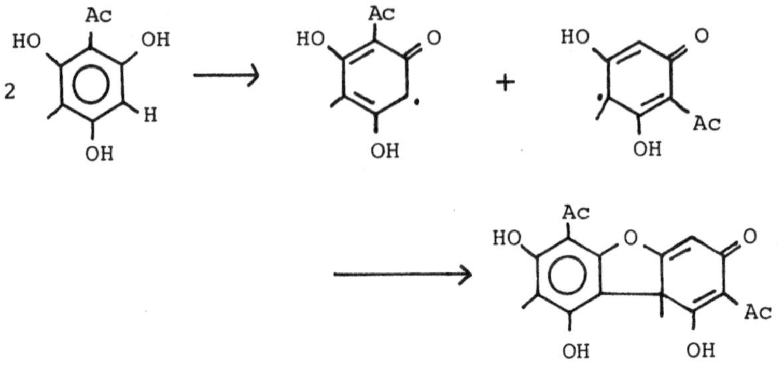

Abb. 5:

Synthese von Usninsäure durch Verknüpfung differierender Inter-
mediate aus demselben Ausgangsstoff 58).

Zum Schluß sei darauf hingewiesen, wie wirksam und einfach oft gute
Bewertungen durch Modellbetrachtungen erreicht werden können.

So wurde aus der Prüfung von Dreiding-Modellen vorhergesagt, daß die oxidative
Cyclisierung des unnatürlichen (DL) Isomeren schwieriger sein müßte als die des
natürlichen (D) Isomeren, was sich als richtig erwies 59):

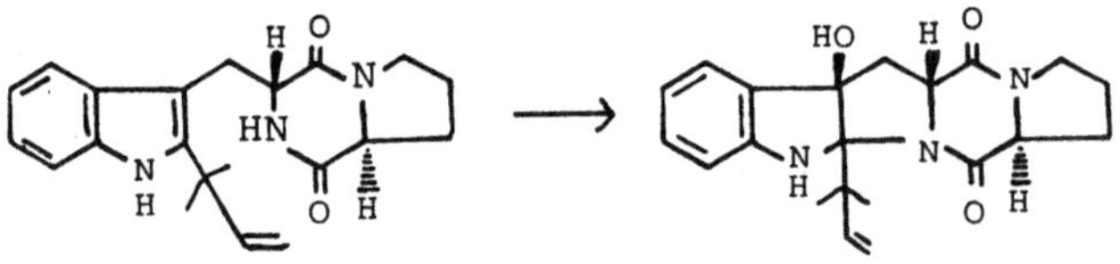

---

58) D. H. R. BARTON, A. M. DEFLORIN und O. E. EDWARDS , J. Chem. Soc. (1956) 530.

59) T. KAMETANI, N. KANAYA und M. IHARA , J. Am. Chem. Soc. 102 (1980) 3974.

6. PLANUNG DER SYNTHESEWEGE

6.1. GRUNDSÄTZLICHES ZUR PLANUNG VON SYNTHESEWEGEN

6.1.1. BILDLICHE DARSTELLUNG VON SYNTHESEWEGEN

Die dem Chemiker geläufigste bildliche Darstellung von Synthesewegen
ist diejenige, bei der die Pfeilsymbolik verwendet wird. So ist das
in Abb. 6 geschehen. Die Darstellungsweise mit Hilfe von TOSAR-Graphen haben wir in Kapitel 3 besprochen, wo auch auf deren Besonderheiten und Vorteile hingewiesen wird. In solchen Bildern von Synthesewegen treten Verzweigungen und Vernetzungen auf, wenn zu einer Umsetzung zwei und mehr Ausgangsstoffe bzw. zwei und mehr Produkte
vorliegen und von ihnen weitere Reaktionsstufen beschrieben werden,
oder wenn von einem und demselben Stoff zwei und mehr Herstellungsweisen und/oder Umsetzungsweisen zusammen beschrieben werden.

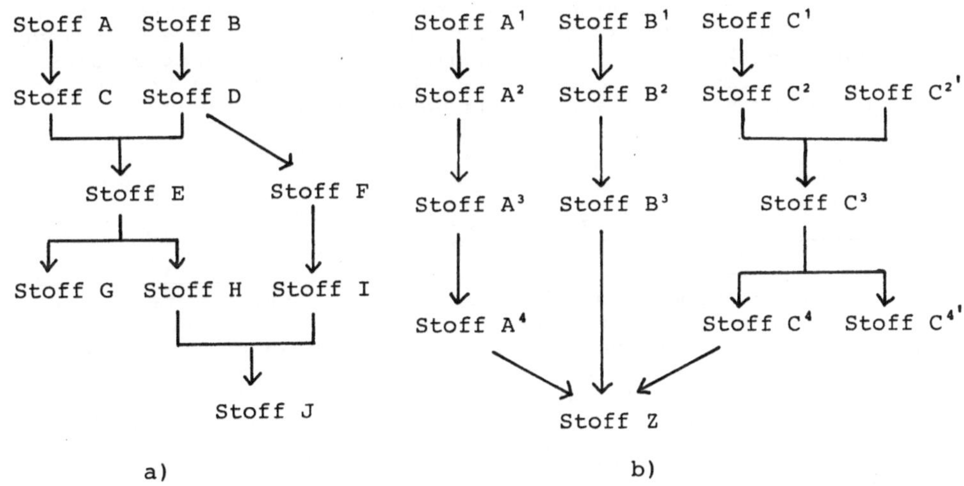

Abb. 6:

a) Konjunktive Synthesewege
b) Alternative Synthesewege

Bei Syntheseplänen muß man dann beachten, ob die Darstellungen der
Synthesewege konjunktiv oder alternativ sind, vgl. Abb. 6 a) mit b).
In den TOSAR-Graphen wird das durch die besondere Symbolik deutlich
gemacht 1). Es gibt dann ja auch noch solche Pläne, die eine große
Zahl möglicher Synthesewege von bestimmten Stoffen lediglich informa-
tiv darstellen wollen 2). Hier ist es jetzt natürlich gleichgültig, ob
man diese als konjunktiv oder alternativ ansieht. Wollte man alle
Synthesewege der organischen Chemie zusammen in dieser Weise darstellen,
so würde man ein riesiges Netzwerk erhalten, dessen Kreuzungspunkte
(und auch derzeit teilweise noch Endpunkte) die einzelnen Produkte
sind. Darin würde vor allem zum Ausdruck kommen, daß man zu einem Stoff
schließlich "von allen Seiten her" gelangen kann, also z. B. von einem
komplizierteren her. Gelegentlich wird das gerade von Systematikern der

---

1) Siehe S. 24.
2) Vgl. S. 144.

Syntheseplanung übergangen, weil der "Kompliziertheitsgrad" einer Verbindung gerne als Maßstab für das Fortschreiten einer Planung gewählt wird. Es kann aber ein Syntheseweg über eine kompliziertere Zwischenverbindung zu einem weniger komplizierten Endprodukt mitunter günstiger sein als einer, dessen Zwischenstufen fortschreitend komplizierter werden.

Je komplizierter eine Substanz ist, desto mehr Synthesewege zu ihr hin sollte es im allgemeinen - zumindest formal - geben. Das ist unabhängig davon, daß vielleicht nur eine einzige Folge von letzten Stufen bekannt ist. Man sollte auch daran denken, daß eine komplizierte Substanz gelegentlich leichter hergestellt werden kann als eine wesentlich einfachere. Bei allem wird hier nicht versucht werden, den Kompliziertheitsgrad zu definieren. Das ist eine kaum befriedigend zu lösende Aufgabe.

6.1.2. PROBLEMVARIANTEN

Es stellt sich jetzt auch wieder die Frage nach den möglichen Problemvarianten bei einer Planung. Wir haben dieselben bei der einstufigen Synthese näher diskutiert 3). Man kann nun selbstverständlich diese oder ihre Mischformen aneinanderreihen. Damit erhält man Problemvarianten von Synthesewegen in allerdings unabsehbarer Zahl, z. B.

$$E \xrightarrow{?} ? \xrightarrow{?} P$$

$$? \xrightarrow{?} ? \xrightarrow{?} Zw \xrightarrow{?} ? \xrightarrow{?} P$$

Eigentlich neu ist dabei das Auftreten der Zwischenprodukte. Diese können wieder offen oder vorgegeben sein. Ist ein Zwischenprodukt vorgegeben (d. h. es wird verlangt, daß der zu planende Syntheseweg über dieses Zwischenprodukt hinweg verläuft), so kann die Planungsstrategie so angelegt sein, daß man entweder vom ersten Ausgangsstoff oder vom Zielmolekül her darauf hinsteuert. Eine andere Strategie ist die, vom Zwischenprodukt auszugehen, einmal "rückwärts" in Richtung auf den ersten Ausgangsstoff und andererseits "vorwärts" in Richtung auf das Zielmolekül. Die Strategien können noch komplizierter sein.

Nun gilt für mehrstufige Prozesse auch noch folgendes: Die Reihenfolge der einzelnen an sich vielleicht festliegenden Umsetzungen muß nicht unbedingt eine bestimmte sein. Das gilt umso mehr, je weniger die Umsetzungsstufen einander beeinflussen bzw. sogar voneinander abhängen. Je mehr man die Reihenfolge variieren kann, desto mehr (zusätzliche) alternative Synthesewege gibt es in der Planung. Ferner können die Umsetzungen teilweise in parallele Reaktionsführungen zerlegt sein. Auf beides kommen wir anschließend zurück.

In der Planung kann es vor allem zweckmäßig sein, solche Umsetzungen, die ein Molekülgerüst auf-, um- oder abbauen, bevorzugt ins Auge zu fassen. Erst in zweiter Linie betrachtet man dann diejenigen Umsetzungen, die allein Umwandlungen, Einführungen oder Beseitigungen von funktionellen Gruppen betreffen. Die Problemvarianten vermindern sich dadurch für den Hauptteil der Planung sehr stark, d. h. die Planung wird übersichtlicher 4).

---

3) Siehe S. 50.

4) Vgl. S. 97.

Überhaupt gibt es in der Regel ja schwere und weniger schwere Planungs-
probleme zu einer größeren Syntheseaufgabe. In solchen Fällen lohnt es
sich, die schwierigen Fragen in einer Art Problemkatalog herauszu-
stellen, sei es durch Kennzeichnung in einem vorgegebenen Molekül,
etwa dem Zielmolekül 5), oder in einer tabellarischen Aufstellung. Auf
die so herausgestellten Hauptprobleme konzentriert sich die Planung
und die Synthesearbeit, gegebenenfalls verteilt auf mehrere Arbeits-
kreise.

6.1.3. DIE SUCHE NACH DEM GÜNSTIGSTEN SYNTHESEWEG

Der günstigste Syntheseweg aus einer Menge von alternativen Wegen ist
derjenige, bei dem sowohl die einzelnen Reaktionsschritte als auch
deren Aufeinanderfolge optimal sind. Das Problem, ihn zu finden, ist
meist noch relativ einfach, wenn die einzelnen Reaktionsschritte vorgegeben und weitgehend unabhängig voneinander sind. Es wird in der
Regel sehr schwierig, wenn sich Reaktionsschritte in ihrer Abfolge
gegenseitig stark beeinflussen und alles insgesamt ermittelt werden
muß. Für aufbauende Synthesen läßt sich feststellen: Vorzuziehen ist
bei längerem Syntheseweg der konvergierende (mit abschnittsweisem
Aufbau) gegenüber dem linearen (Abb. 7), weil

1. bei konvergierenden die Gesamtausbeute höher ist, soweit die
   Einzelschritte keine 100%igen Ausbeuten aufweisen,

2. eine solche mehrstufige Synthese sich besser rationalisieren läßt
   (parallele Arbeiten an Teilabschnitten innerhalb eines Arbeits-
   teams) und

3. bei Verlust von Zwischensubstanzen keine Totalverluste der ganzen
   Arbeit eintreten.

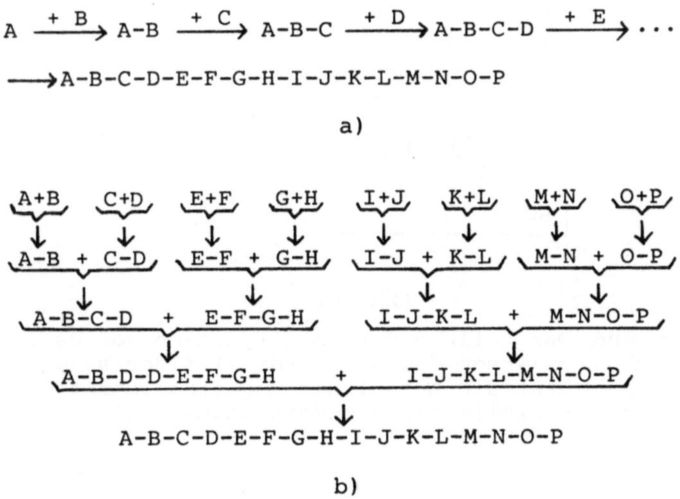

$$A \xrightarrow{+\ B} A\text{-}B \xrightarrow{+\ C} A\text{-}B\text{-}C \xrightarrow{+\ D} A\text{-}B\text{-}C\text{-}D \xrightarrow{+\ E} \ldots$$

$$\longrightarrow A\text{-}B\text{-}C\text{-}D\text{-}E\text{-}F\text{-}G\text{-}H\text{-}I\text{-}J\text{-}K\text{-}L\text{-}M\text{-}N\text{-}O\text{-}P$$

a)

A+B   C+D   E+F   G+H   I+J   K+L   M+N   O+P

A-B + C-D   E-F + G-H   I-J + K-L   M-N + O-P

A-B-C-D + E-F-G-H   I-J-K-L + M-N-O-P

A-B-D-D-E-F-G-H   +   I-J-K-L-M-N-O-P

A-B-C-D-E-F-G-H-I-J-K-L-M-N-O-P

b)

Abb. 7:

a) lineare Synthese
b) konvergierende Synthese

(A, B, C ... sind Symbole für Reaktanden bzw.
Substrukturen im Sinne von Synthons).

---

5) Vgl. S. 106.

Ein schönes Beispiel für eine teilweise konvergierende Synthese mit
Herausstellung der Bildung des Molekülskeletts ist das Schema der
Totalsynthese des Östradiols (Abb. 8).

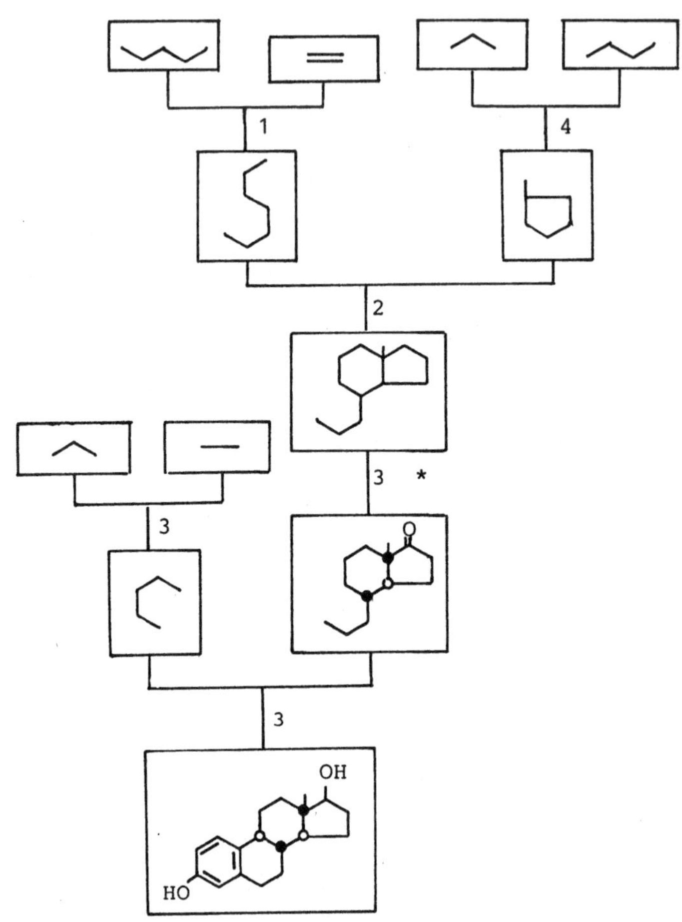

Abb. 8:

Schematische Darstellung der Totalsynthese von Östradiol 6).
(Die Ziffern zwischen den durch Formelbilder ausgewiesenen
Stufen bezeichnen die Anzahl der Reaktionsschritte, * zeigt
die Stelle der Racemattrennung an).

6) L. VELLUZ, J. VALLS und J. MATHIEU, Angew. Chem. **79** (1967) 774.

6.2. PLANUNG VON SYNTHESEWEGEN MIT AN SICH BEREITS BEKANNTEN REAKTIONSSCHRITTEN

Manche Stoffe lassen sich fortwährend mit sich selbst bzw. mit den entstehenden Zwischenprodukten auf gleichartige oder zumindest ähnliche Weise verknüpfen. Das ist typisch für Synthesen von Oligomeren und Polymeren, wenn auch keine grundsätzliche Bedingung. Damit sind die Reaktionsschritte für die Planung an sich bereits bekannt, was jedoch nicht besagt, daß ihre näheren Einzelheiten geklärt sein müßten. Immerhin kann sich die Aufmerksamkeit verstärkt auf ihre Anzahl pro Molekül und ihre Reihenfolge (bei gegebenen Unterschieden) richten, ja darin kann mitunter das eigentliche Planungsproblem liegen, d. h. der Syntheseweg steht im Vordergrund. Unter solchen Voraussetzungen erfolgt jetzt die Besprechung in diesem Unterkapitel.

6.2.1. POLYMERSYNTHESEN MIT VIELEN SCHRITTEN IN DERSELBEN VERFAHRENSSTUFE

Gehen wir davon aus, daß in einer Polymersynthese viele Reaktionsschritte - im wesentlichen Verknüpfungsvorgänge - in einer einzigen Verfahrensstufe ablaufen, z. B. bei Kettenpolyadditionen von ungesättigten Monomeren über reaktive Zwischenstufen. Es müssen dann die Verfahrensbedingungen vorab so gewählt sein, daß das Planungsziel in dieser einzigen Verfahrensstufe erreicht werden kann. Das kann einerseits eine völlig unregelmäßige, statistische Anordnung und Anzahl der verknüpften Grundbausteine bis hin zu andererseits eine sehr regelmäßige und definierte betreffen. Jede regelmäßige Monomerverknüpfung erfordert eine interne Kontrolle im Reaktionssystem. Diese kann z. B. erfolgen

- durch die wachsende Molekülkette, deren Konfiguration und/oder Konformation,

- durch den Reaktionskomplex am wachsenden Molekülende, **beispiels**weise innerhalb eines Katalysatorkomplexes,

- durch weitere Umgebungsbedingungen, wie z. B. das Lösungsmittel, das den Reaktionskomplex zusätzlich solvatisieren bzw. Dissoziationen von Ionenpaaren am wachsenden Polymerende beeinflussen kann 7).

Monomerverknüpfungen zu Polymeren pflegen umso regelmäßiger zu werden, je niedriger die Reaktionstemperatur ist, weil das zugunsten des Reaktionsschrittes mit der kleinsten Aktivierungsenergie geht.

Die genannten Erkenntnisse wurden durch Forschungen gewonnen, die besonders signifikante Beispiele für einerseits folgerichtige Syntheseplanung, andererseits zufällig sich ergebenden Fortschritte darstellen: Nachdem es klar war, daß C,C-Doppelbindungen in vielen monomeren Stoffen für Polymerisationsreaktionen geeignet sind, stellte sich die Frage, ob nicht auch die einfachste monomere Verbindung mit einer C,C-Doppelbindung, das Ethylen, hochmolekular polymerisiert werden kann. Zunächst gelang das unter hohem Druck, erhöhter Temperatur und Zugabe geringer Dosen von Sauerstoff. Die Polymerisate waren relativ weich. Zu Beginn der 50er Jahre wurden weitgehend

---

7) R. W. LENZ und F. CIARDELLI:"Preparation and Properties of Stereoregular Polymers", Reidel, Dordrecht (1980).

zufällig Katalysatoren gefunden, die bereits unter niederen Drucken und Temperaturen zu sehr hochmolekularen und intensiv kristallisierenden Polymerisaten führten. Die hieraus herstellbaren Verbrauchsgegenstände waren steif und fest, was man auf den hohen Kristallisationsgrad zurückführen konnte. Dieser war offensichtlich mit einer besonders linearen Struktur des Polymeren verbunden. Die Neigung zu einem regelmäßigen Einbau des Monomeren zeigte sich dann überzeugend bei der Polymerisation des Propylens. Die weitere Planung sah wie folgt aus:

1. Systematische Abwandlung der inzwischen bekannten Katalysatoren (z. B. im Sinne der Systematik des Periodensystems, nach Mengenverhältnissen der Komponenten in Mischsystemen, nach Substituenten im Katalysator, nach Herstellungsweise), wie aber auch Suche nach noch anderen Katalysatorsystemen in größeren Modifikationsschritten.

2. Systematische Abwandlung der Monomere (z. B. nach Zahl und Lage der Doppelbindung, nach Länge der Alkylketten).

3. Strukturentwurf der denkbaren Polymere auf Basis der eingesetzten Monomere, und anhand derer Prüfung der wirklich erhaltenen Polymerisate. Dabei konnten also auch sterische Feinheiten in Betracht kommen.

Vor allem die Untersuchungen in den Arbeitskreisen von ZIEGLER und NATTA - in Verbindung mit Industrielaboratorien - förderten eine Unzahl von überraschenden Ergebnissen zutage. Insbesondere die Strukturdeutungen von NATTA eröffneten geradezu eine neue Ära in der Polymerchemie. Den Forschungen kam zugute, daß eine ganze Reihe von regelmäßigen wie auch extrem unregelmäßigen Polymerisaten aufgrund der Eigenschaften der aus ihnen herstellbaren Gebrauchsgegenstände interessant waren (vgl. Abb. 9).

Strebt man ein bestimmtes polymeres Produkt an, so kann man natürlich auch von unterschiedlichen Ausgangsstoffen her planen. Dazu müssen entweder die Verknüpfungsschritte von einer solchen Art sein, daß das gewünschte Produkt direkt erhalten wird oder man muß den Syntheseweg in zwei oder mehr zweckmäßige Verfahrensstufen unterteilen können, mit denen man auf das Produkt zusteuert. Beispiele gibt Abb. 10 wieder. Dort ist gezeigt, wie man linearen Paraffin-Kohlenwasserstoff direkt aus den Monomeren Diazomethan, Ethylen und Propylen aufgrund der jeweiligen Reaktionsweise erhält. Ferner kann man den Weg über je zwei Verfahrensstufen dadurch wählen, daß man zunächst erhaltene Polymere in einem zweiten Verfahrensschritt in das gewünschte Produkt umwandelt. In jeder Verfahrensstufe läuft eine große Zahl von Reaktionsschritten hintereinander oder nebeneinander ab.

Es lohnt sich also bei der Planung, die Monomereinheiten zunächst aus dem gewünschten Polymer geradezu beliebig gedanklich herauszuschneiden. Danach kommt die Überlegung, in welcher Weise man direkt oder auf einem Umweg durch eine Umwandlung zum Polymeren gelangen kann. Bei Kettenreaktion muß auch noch auf die Möglichkeit von Abbruch- und Übertragungsreaktionen geachtet werden. Das ist dann nicht von Bedeutung oder leichter zu beherrschen, wenn die Verknüpfungen nicht als Kettenreaktionen verlaufen, so vor allem bei Verknüpfungen durch Kondensationsprozesse zwischen funktionellen Gruppen.

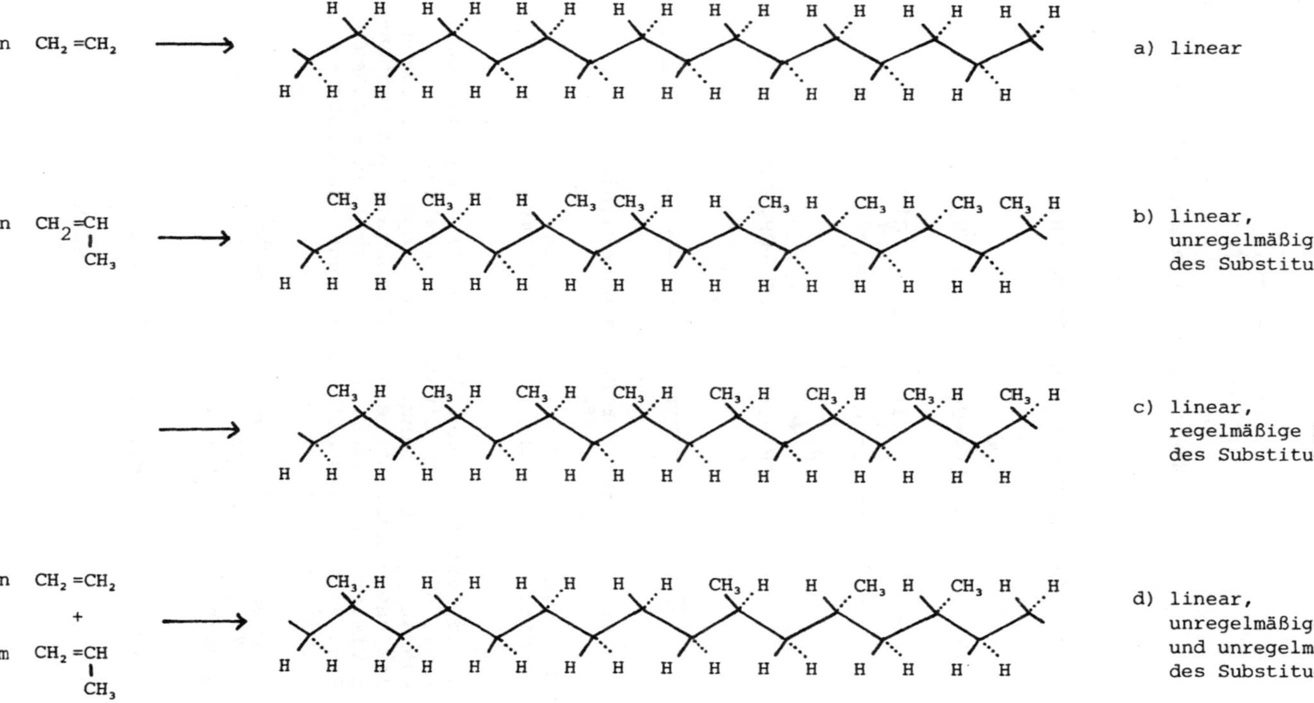

Abb. 9:

Schema zu Olefinpolymerisaten:
a) und c) kristallisieren weitgehend und sind harte Feststoffe,
b) und d) bleiben amorph und sind weiche (gummielastische) Feststoffe.

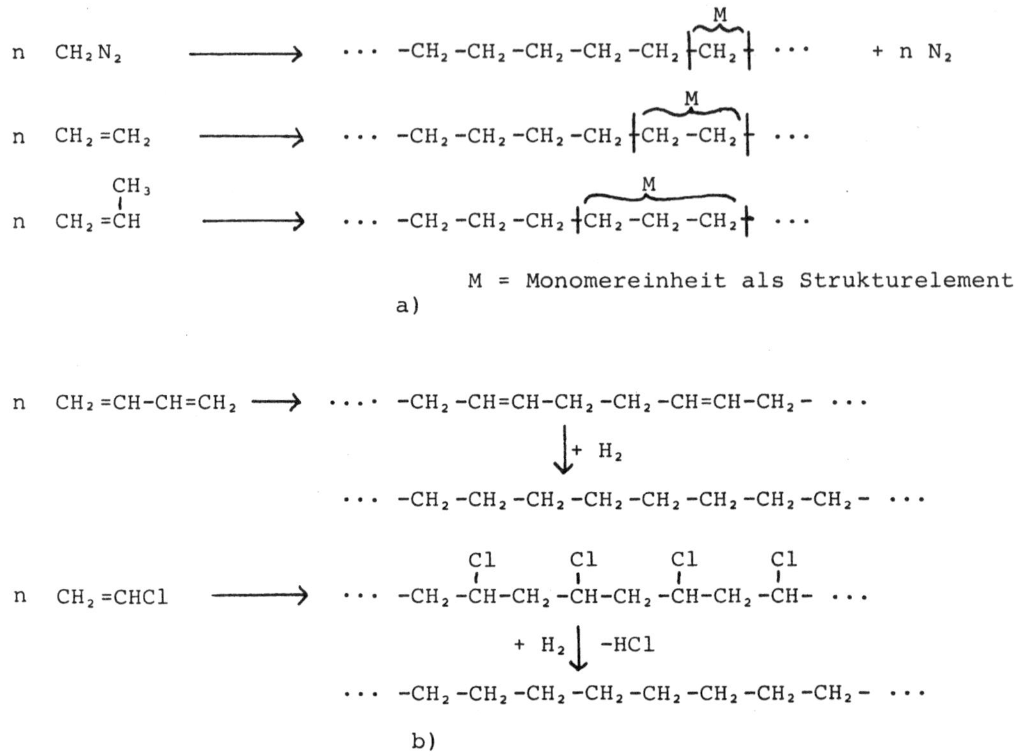

$$n \quad CH_2N_2 \quad \longrightarrow \quad \cdots -CH_2-CH_2-CH_2-CH_2-CH_2 \underbrace{\left.CH_2\right.}_{} \cdots \quad + \; n \; N_2$$

$$n \quad CH_2=CH_2 \quad \longrightarrow \quad \cdots -CH_2-CH_2-CH_2-CH_2 \underbrace{\left(CH_2-CH_2\right.}_{M}\cdots$$

$$n \quad CH_2=\overset{\overset{\textstyle CH_3}{|}}{CH} \quad \longrightarrow \quad \cdots -CH_2-CH_2-CH_2 \underbrace{\left(CH_2-CH_2-CH_2\right.}_{M}\cdots$$

M = Monomereinheit als Strukturelement

a)

$$n \quad CH_2=CH-CH=CH_2 \longrightarrow \cdots -CH_2-CH=CH-CH_2-CH_2-CH=CH-CH_2- \cdots$$

$$\downarrow + \; H_2$$

$$\cdots -CH_2-CH_2-CH_2-CH_2-CH_2-CH_2-CH_2-CH_2- \cdots$$

$$n \quad CH_2=CHCl \quad \longrightarrow \quad \cdots -CH_2-\overset{\overset{\textstyle Cl}{|}}{CH}-CH_2-\overset{\overset{\textstyle Cl}{|}}{CH}-CH_2-\overset{\overset{\textstyle Cl}{|}}{CH}-CH_2-\overset{\overset{\textstyle Cl}{|}}{CH}- \cdots$$

$$+ \; H_2 \downarrow \; -HCl$$

$$\cdots -CH_2-CH_2-CH_2-CH_2-CH_2-CH_2-CH_2-CH_2- \cdots$$

b)

Abb. 10:

Planung einer Polymersynthese auf der Basis unterschiedlicher Ausgangsstoffe.

a) direkte Synthese durch Polyaddition,
b) Polyaddition mit nachgeschalteten Umwandlungen.

Interessant für Planung und Synthese von Polymeren der vorgenannten Art sind auch die Probleme, die mit der Einstellung bestimmter einheitlicher Molekulargewichte gegeben sind. Bei Kettenpolyadditionen gibt es eine Methode, die davon ausgeht, einen gleichzeitigen Kettenstart zu erreichen. Die vielen sich bildenden Polymerketten wachsen dann ungefähr gleichmäßig. Es muß dann allerdings auch ein gleichzeitiger Kettenabbruch ermöglicht werden.

In diesem Rahmen würde die umfassende Behandlung solcher Fragen jedoch zu weit führen 8). Zu einem bestimmten Teil sind sie jedoch Gegenstand der nachfolgenden Ausführungen.

6.2.2. SCHRITTWEISE EXTERN KONTROLLIERTE POLYMERSYNTHESEN

Für einen wirklich exakten Verlauf eines Syntheseweges hin zu Polymeren, insbesondere aperiodischen 9), bleibt es nach wie vor unerläß-

---

8) Siehe dazu J. H. WINTER: "Die Synthese von einheitlichen Polymeren", Springer-Verlag, Berlin - Heidelberg - New York (1967). dito, Angew. Chem. 78 (1966) 887.

9) Bei aperiodischen Polymeren sind die aufeinanderfolgenden Struktureinheiten zumindest teilweise unterschiedlich und unregelmäßig in ihrer Reihenfolge.

lich, Schritt für Schritt von außen her zu kontrollieren, sowie Reinigungsvorgänge einzuschalten. Es bedeutet dies die folgerichtige Fortsetzung der zur (aufbauenden) Synthese von niedermolekularen Stoffen ausgeübten Verknüpfungsprozesse. Hierzu zählen die sich wiederholenden gleichen Schrittfolgen ("repetitive Synthese") bei Synthesen z. B. der nachstehenden Art 10):

Ferner zählen beim Aufbau von aperiodischen Polymeren die Methoden dazu, nach denen eine Verknüpfung von unterschiedlichen Monomeren über noch gleichartige Verknüpfungsschritte erfolgt. Umgekehrt kann man in geplanten Oligomeren und Polymeren solcher Typen von Stoffen besonders leicht erkennen, wie und aus welchen Monomeren man sie herstellen kann. Das gilt nicht zuletzt für die biochemisch so ungemein interessanten Polypeptide und Polynucleotide.

SYNTHESEN VON POLYPEPTIDEN

Der Syntheseschritt besteht bei Polypeptiden in der Ankondensation von Aminosäureresten, wobei die zwanzig α-Aminosäuren (Tabelle 4) der natürlichen Proteinsynthesen bevorzugt verwendet werden und die Vermeidung von Recemisierung die wichtigste Aufgabe darstellt. Die einzelnen funktionellen Gruppen der Aminosäuren und der sich bildenden Peptid-Oligomeren werden je nach Aufgabe zwischen den Kondensationsvorgängen mit Schutzgruppen verbunden bzw. von diesen befreit. Auch aktivierende Gruppen werden verwendet.

Bei der natürlichen Proteinsynthese sind die monomeren Aminosäuren mit der vergleichsweise sehr umfangreichen t-RNA 11) an der Carboxylgruppe verbunden, während die Aminogruppen frei sind. Die Polypeptidketten wachsen am Carboxylende, wobei die neuen Monomere mit ihrer Aminogruppe unter Verdrängung der t-RNA des gerade letzten Aminosäurerestes der wachsenden Kette enzymatisch zur Amidgruppe verbunden werden:

$$(\text{t-RNA})_b\text{-O-}\overset{\overset{\displaystyle O}{\|}}{\text{C}}\text{-A}_4\text{-NH}_2 \quad + \quad (\text{t-RNA})_a\text{-O-}\overset{\overset{\displaystyle O}{\|}}{\text{C}}\text{-A}_3\text{-A}_2\text{-A}_1\text{-NH}_2$$

$$\longrightarrow (\text{t-RNA})_b\text{-O-}\overset{\overset{\displaystyle O}{\|}}{\text{C}}\text{-A}_4\text{-A}_3\text{-A}_2\text{-A}_1\text{-NH}_2 \qquad \text{Ai} = \text{Aminosäurerest}$$

---

10) H. SIEGER und F. VÖGTLE, Liebigs Ann. Chem. (1980) 425.

11) t-RNA = Transfer-Ribonucleinsäure, vgl. S. 86.

Tabelle 4:

Die zwanzig bei der natürlichen Proteinsynthese verwendeten
Aminosäuren.

Aminosäure	Symbol	Strukturformel
Alanin	Ala	$CH_3CH(NH_2)COOH$
Arginin	Arg	$NH{=}C{-}NH{-}CH_2CH_2CH_2CH(NH_2)COOH$, mit NH_2 am zentralen C
Asparagin	Asn	$H_2N{-}CH(CH_2{-}CONH_2){-}COOH$
Asparaginsäure	Asp	$HOOC{-}CH_2CH(NH_2)COOH$
Cystein	Cys	$HS{-}CH_2CH(NH_2)COOH$
Glutamin	Gln	$H_2N{-}CH(CH_2{-}CH_2{-}CONH_2){-}COOH$
Glutaminsäure	Glu	$HOOCCH_2CH_2CH(NH_2)COOH$
Glycin	Gly	H_2NCH_2COOH
Histidin	His	Imidazolring: $N{=}CH{-}NH{-}CH{=}C{-}CH_2CH(NH_2)COOH$
Isoleucin	Ile	$CH_3CH_2CH(CH_3)CH(NH_2)COOH$
Leucin	Leu	$(CH_3)_2CHCH_2CH(NH_2)COOH$
Lysin	Lys	$H_2N{-}CH_2CH_2CH_2CH_2CH(NH_2)COOH$
Methionin	Met	$CH_3{-}S{-}CH_2CH_2CH(NH_2)COOH$
Phenylalanin	Phe	$C_6H_5{-}CH_2CH(NH_2)COOH$
Prolin	Pro	Pyrrolidinring: $CH_2{-}CH_2{-}CH_2{-}CH({-}COOH){-}NH{-}$
Serin	Ser	$HO{-}CH_2CH(NH_2)COOH$
Threonin	Thr	$CH_3CH(OH)CH(NH_2)COOH$
Tryptophan	Trp	Indolring: ${-}C({=}CH{-}NH{-}){-}CH_2CH(NH_2)COOH$
Tyrosin	Tyr	$HO{-}C_6H_4{-}CH_2CH(NH_2)COOH$
Valin	Val	$(CH_3)_2CHCH(NH_2)COOH$

Im Laboratorium verfährt man mit nichtenzymatischen Methoden jedoch zweckmäßigerweise umgekehrt: Man läßt die Peptidketten so wachsen, daß sich die Aminogruppe des jeweils letzten Aminosäurerestes mit der Carboxylgruppe des nächsten Monomeres zur Amidgruppe verbindet. Hierdurch ist die Racemisierungsgefahr am geringsten. Abb. 11 gibt ein Schema der Synthese eines Tetrapeptides wieder 12).

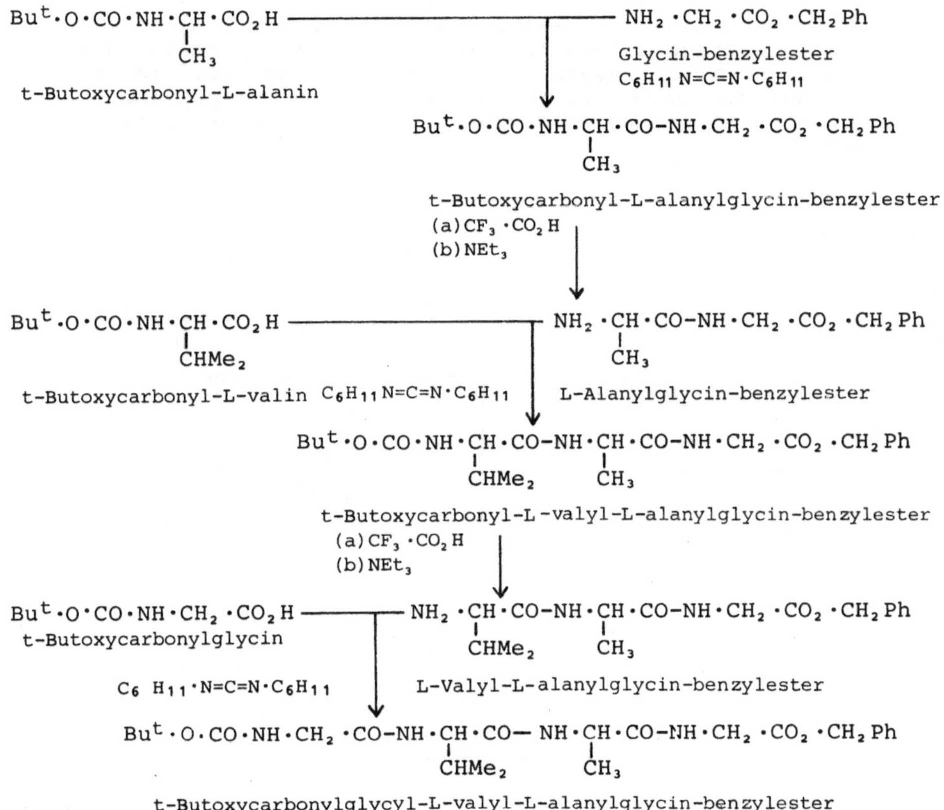

Abb. 11:

Syntheseplan zur monomerweisen (linearen) Synthese eines Tetrapeptides 12).

Racemisierung kann - neben der speziellen Aktivierung der Carboxyl-gruppen - auch dadurch sehr zurückgedrängt werden, daß man als ersten Aminosäurerest das nicht optisch aktive Glycin oder das stabile Prolin verwendet, wenn es sich einrichten läßt. Diese Möglichkeit zahlt sich bei der konvergierenden Synthese von längeren Polypeptiden, die Glycin und/oder Prolin enthalten , aus. Man entnimmt dort planerisch aus den

---

12) G. T. YOUNG: "The Chemical Synthesis of Peptides and Proteins", Essays. Chem. 4 (1972) 115.

Gesamtketten solche Peptidabschnitte (Blöcke, Segmente, Teilstücke),
die Glycin oder Prolin als Ende haben. Die Synthese besteht dann
zunächst im monomerweisen Aufbau dieser Polypeptidblöcke, die anschließend zur Gesamtkette verbunden werden.

Die Planung von Polypeptidsynthesen muß in starkem Maße berücksichtigen, wie gut sich die hergestellten Produkte reinigen lassen. Das
wird mit wachsendem Molekulargewicht der sehr ähnlichen End- und
Zwischenprodukte immer schwieriger und ist schließlich kaum noch
durchführbar, wenn die Unterschiede der Produkte darin zu gering
sind, beispielsweise bei insgesamt höherem Molekulargewicht nur eine
Monomereinheit betragen. Dies ist ein weiteres Argument für die
blockweise, d. h. also konvergierende Synthese. In Abb. 12 ist ein
klassisches Beispiel einer stark konvergierenden Polypeptidsynthese
im vereinfachten Schema wiedergegeben, nämlich eine Synthese des
Bradykinins 13).

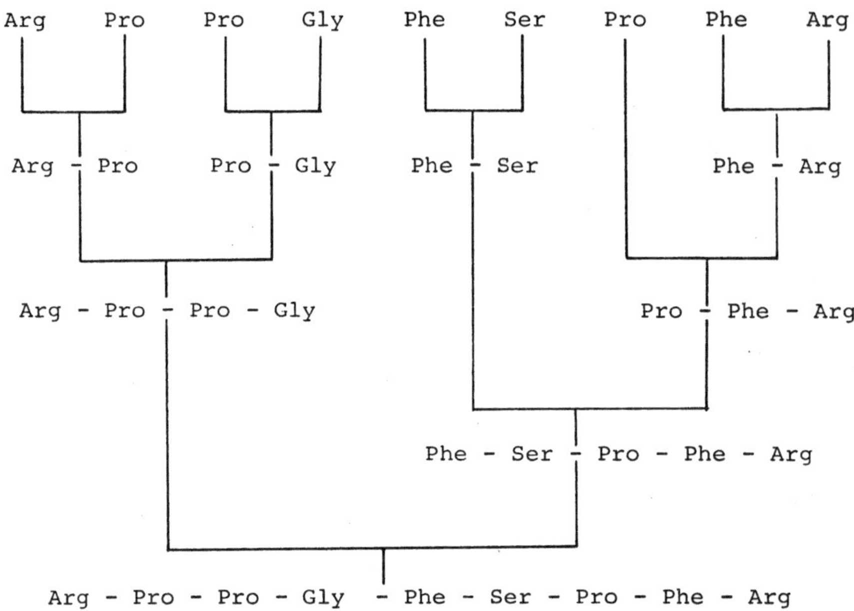

Abb. 12:

Stark vereinfachter Plan für eine konvergierende Synthese
von Bradykinin

Die Bewertung eines solchen Planes hängt jedoch nicht nur von seiner
Struktur hinsichtlich der Abfolge von monomer- und blockweisen Verknüpfungsschritten ab, sondern noch von den vielen notwendigen Zwi-

---

13) Vgl. I. FLEMING: "Selected Organic Syntheses", Wiley, New York (1972).

schenschritten in Verbindung mit den Aufarbeitungsvorgängen. Die
Zwischenschritte betreffen Einführungen und Abspaltungen von Schutz-
gruppen sowie Einführungen von aktivierenden Gruppen, das alles im
Zusammenhang mit der Art und Weise der Verknüpfungsschritte 14).
Immerhin hat man hierbei eine überschaubare Zahl von empfehlenswerten
Möglichkeiten, sodaß eine Vorab-Bewertung in der Planung weitgehend
erfolgen kann 15).

SYNTHESEN VON POLYNUCLEOTIDEN

Bei der Synthese von definierten Polynucleotiden im Laboratorium sind
die Verhältnisse denen bei Polypeptidsynthesen in gewissem Umfang
vergleichbar, beispielsweise auch hinsichtlich der Notwendigkeit,
Schutzgruppen einzuführen und zu entfernen, um eine gezielte Kondensation zu erreichen 16). Allerdings handelt es sich hier um jeweils
nur vier Arten von Grundbausteinen (jedenfalls soweit man sich auf
die natürlichen Vorbilder beschränkt). Der Arbeitsaufwand im Zuge
einer monomer- und/oder blockweisen Synthese ist erheblich. Jeder
Syntheseschritt ist von einer Reinigungsoperation und einer analytischen Bestätigung begleitet. Man muß deshalb versuchen, durch eine
systematische Planung einen günstigen Syntheseweg herauszufinden,
günstig nach Ausbeute und Zeitaufwand. Wie problematisch das allerdings ist, zeigt schon folgende Betrachtung: Zum Aufbau eines Poly-
nucleotids mit 4 Grundbausteinen sind 5 (formal unterschiedliche)
Synthesewege möglich (siehe Abb. 13). 6 Grundbausteine ergeben 42.
Für ein Polynucleotid aus 10 Grundbausteinen errechneten die Autoren
4 862 Synthesewege, für solche mit 20 Grundbausteinen gar eine Menge
in der Größenordnung von 10^{10} 17).

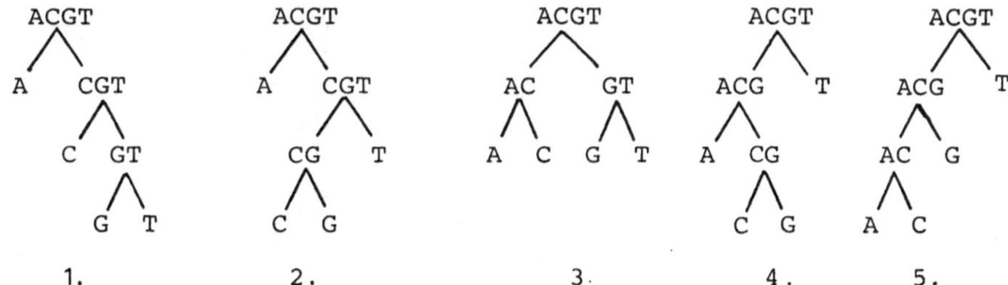

Abb. 13:

Mögliche Synthesewege bei einem Polydesoxynucleotid mit vier
Grundbausteinen 18). (Die Synthesegraphen sind von unten nach
oben zu lesen 19).)

---

14) Die Schutzgruppen bei Peptidsynthesen sollen säure- und basenstabil sein, sich
jedoch schonend und selektiv abspalten lassen.
15) Literatur:
M. BODANSZKY, Y. S. KLAUSNER und M. A. ONDETTI: "Peptide Synthesis", Wiley,
New York (1976). -
H. D. LAW: "The Organic Chemistry of Peptides", Wiley, New York (1970). -
D. H. HEY und D. I. JOHN (Hrsg.): "Organic Chemistry Series One, Vol. 6: Amino
Acids, Peptides and Related Compounds", Butterworths, London (1973).
16) R. I. ZHDANOV und S. M. ZHENODAROVA, Synthesis (1975) 222 - 245:
"Chemical Methods of Oligonucleotide Synthesis".
17) Siehe nächste Seite

Das gilt alles auf der Basis von bimolekularen Verknüpfungsschritten.
Die Anzahl der unterschiedlichen Verknüpfungsschritte wächst aber mit
wachsender Zahl der Kettenglieder sehr viel langsamer als die Zahl
der möglichen Synthesewege (die ja Kombinationen der Verknüpfungsschritte darstellen). Das ist schließlich auch deshalb so, weil nur
vier verschiedene Arten von Grundbausteinen verwendet werden. Tabelle 5
gibt dieselben für das Molekül TACGAC wieder, wo es 34 unterschiedliche Verknüpfungsschritte sind.

Tabelle 5 :

Mögliche bimolekulare Verknüpfungsschritte beim Aufbau des
Hexanucleotides TACGAC   18)

```
TACGAC
T + ACGAC
TA + CGAC
TAC + GAC
TACG + AC
TACGA + C

TACGA          ACGAC
T + ACGA       A + CGAC
TA + CGA       AC + GAC
TAC + GA       ACG + AC
TACG + A       ACGA + C

TACG           ACGA          CGAC
T + ACG        A + CGA       C + GAC
TA + CG        AC + GA       CG + AC
TAC + G        ACG + A       CGA + C

TAC            ACG           CGA           GAC
T + AC         A + CG        C + GA        G + AC
TA + C         AC + G        CG + A        GA + C

TA             AC            CG            GA
T + A          A + C         C + G         G + A

T              A             C             G
START          START         START         START
```

Nach dem "Prinzip der Optimalität" 20) wird zunächst der jeweils
beste Weg (von beiden) 21) zur Herstellung der Trinucleotide ausge-

---

18) G. J. POWERS, R. L. JONES, G. A. RANDALL, M. H. CARUTHERS, J. H. van de SANDE
   und H. G. KHORANA, J. Am. Chem. Soc. 97 (1975) 875.

19) A = Desoxynucleotid mit der Base Adenin, C = desgl. mit Cytosin, G = desgl. mit
   Guanin, T = desgl. mit Thymin.
   Typ eines Desoxynucleotid-Grundbausteines, bestehend aus Desoxyribose, Base
   und Phosphatrest

20) Siehe R. BELLMAN: "Dynamic Programming", Princeton
   University Press, Princeton, N. J., (1957).

21) Formal sind es hier je zwei Wege. Dabei bleibt
   allerdings unerwähnt, daß chemisch ja noch
   verschiedene Methoden möglich sind. Diese
   gehen aber letztlich auch in die Bewertung ein.

wählt. Diese gelten dann für die Bewertung der jeweils besten Wege
zur Herstellung der Tetranucleotide, aus deren jeweils drei Wegen
wiederum der beste ausgewählt wird. Auch sie gelten in analoger Weise
für die Bewertung der Pentanucleotide in Wiederholung des gleichen
Prinzips, sodaß man letztlich beim Ziel, dem Hexanucleotid, anlangt
und den optimalen Weg gefunden hat ("dynamic programming search
procedure") 22). Voraussetzung für das Verfahren ist ein einheitlicher und berechtigter Bewertungsmaßstab für alle beteiligten Stoffe,
den Ausgangsverbindungen (mit Schutzgruppen versehen), den Dinucleo-
tiden und allen weiteren Zwischenverbindungen. Die Autoren wählten
dazu die Zeit zur Herstellung, Reinigung und Analyse derselben
("Zeit-Wert" eines Produktes), wobei sie Methoden entwickelten, um
diese einigermaßen zuverlässig vorauszubestimmen. Beispielsweise wurde
ermittelt, daß eine gewünschte Vermehrung der anfallenden Substanzmenge von Q_O auf Q die Zeit T_O in folgender Weise auf die Zeit T verlängert:

$$T = T_O \ (Q/Q_O)^{0,3}$$

d. h. bei einer Verdoppelung der Substanzmenge würde das 1,23-fache
an Zeit benötigt 23). Zuvor muß eine Abschätzung zur Ausbeute erfolgen, die sich an Erfahrungswerten orientiert. Als unvollständige Umsetzungen sind die Molverhältnisse der Reaktanden dabei von Bedeutung. Bei
den Reinigungen treten andererseits Verluste auf.

6.2.3. SYNTHESEN REPLIKATIONSFÄHIGER POLYMERE

Ein Polymermolekül P - auch ein Teil davon - kann theoretisch als
Matrize für die Synthese eines anderen Polymermoleküls P' dienen. Die
Matrizenwirkung beruht auf dem engen Kontakt der beteiligten Stoffe
und ist somit verwandt mit der allgemeinen Kontaktwirkung von Kata-
lysatoren, wobei jedoch die Matrize die Dimension des zu bildenden
Objektes oder zumindest größerer Teile desselben erreicht 24).

Aus der Vielzahl der denkbaren Synthesevorgänge mit Matrizen lassen
sich einige "einfache" in der nachstehenden Skizze erfassen. Hierbei
stehe jedem Grundbaustein α, β, γ ... in P je ein solcher α', β', γ' ...
in P' gegenüber

```
Matrize P    α - β - γ - δ - ε . . . . . . . . . ω
─────────    /,/ /,/ /,/ / / / / / / / / / / (Kontaktraum)
Polymer P'   α'- β'- γ'  ↑
                       δ'  ε'      (aktivierte Monomere)
```

(Die Grundbausteine α, β, γ .... ω, α', β', γ' ... ω' können unterschiedlich - dabei irgendwie "komplementär" - oder identisch sein.)

---

22) Computer-Programm DINASYN = Deoxyribonucleic Acid Synthesizer

23) $T = T_O \ . \ 2^{0,3} = T_O \ . \ 1,23.$

24) Es ist dabei für das Prinzip unerheblich, ob die Kontaktwirkung der Matrize P
    für die Synthese von P' ausreicht oder weiterer Katalysatoren (Enzyme, Cofak-
    toren) bedarf.

Die Skizze enthält folgende Möglichkeiten:

1. Ein Polymermolekül P ist Matrize für die Synthese eines anderen
   Polymermoleküls P', das seinerseits nicht Matrize ist. Hierbei
   ist die Möglichkeit gegeben, daß P wiederholt für die Synthese
   von P' dient und somit eine Vielzahl von identischen P' entstehen.

2. Ein Polymermolekül P ist Matrize für die Synthese eines anderen
   Polymermoleküls P', das ebenfalls Matrize sein kann für die
   Synthese eines Polymermoleküls P''. Falls P und P'' identisch
   sind, stehen P und P' mindestens im Verhältnis der Komplementari-
   tät. Es ist die Möglichkeit gegeben, daß eine Vielzahl von identischen P und identischen P' entstehen.(Der Effekt ist umso bemerkenswerter, wenn bereits P und P' identisch sind). Insgesamt
   liegt hierdurch Replikation (Selbstvermehrung) vor.

In der Natur sind diese "einfachen" Möglichkeiten nach 1 und 2
realisiert.Punkt 1 ist erfüllt bei der natürlichen Synthese von
Ribonucleinsäuren (RNA) an Desoxyribonucleinsäure (DNA) beim Vorgang
der Transkription.(Bei RNA ist die Ribose im Nucleotid-Grundbaustein
voll erhalten, also OH in 2'. Ferner enthält sie anstelle der Base
Thymin stets Uracil 25).) Punkt 2 ist realisiert, wenn Nucleinsäuren
replizieren 26).

Der Vorgang der Transkription gibt die Möglichkeit, über die Planung
von DNA auch eine entsprechende RNA zu planen (bzw. umgekehrt) 27).

Die Replikation von Nucleinsäuren in vitro läßt sich mit Hilfe der
entsprechenden Enzyme und Cofaktoren - also gemäß den Bedingungen in
der biologischen Zelle - durchführen. Sie funktioniert grundsätzlich
auch mit künstlich hergestellten Nucleinsäuren derselben Grundbausteine in beliebiger Anordnung.

Über die Syntheseplanung einzelner Polynucleotid-Stränge bzw. -Ketten
wurde bereits im vorangehenden Abschnitt gesprochen. Jetzt geht es
darum, die eigentlich replikationsfähigen Doppelstränge aus beiden
komplementären Einzelketten zu gewinnen. Die Neigung zur Ausbildung
von Doppelsträngen über Wasserstoffbrücken als "Basenpaarung"(z. B. in
Helix-Konformation, siehe Watson-Crick-Doppelhelix) ist gleichzeitig
eine willkommene Möglichkeit, durch enzymatische Verknüpfung von
kurzen Teilstücken höhermolekulare Ketten herzustellen, was auf dem
direkten synthetischen Wege nicht erreichbar ist. Die Strategie von
KHORANA zielt darauf ab, von den beiden komplementären Doppelsträngen solche Teilstücke (Blöcke, Sequenzen, Abschnitte) herzustellen, die sich am jeweiligen Anfang und Ende überlappen, wenn sie
zu Duplices unter Basenpaarung zusammentreten. Es ist dann möglich,
sie mit Hilfe des Enzyms T4 Ligase chemisch zu verknüpfen, d. h. die
Polynucleotid-Folge beider Stränge durchgängig zu machen.

---

25) Vgl. Lehrbücher der Biochemie, z. B.
    A. L.LEHNINGER: "Biochemie", 2. Auflage, Verlag Chemie, Weinheim (1977). -
    L. STRYER: "Biochemistry", Freeman, San Francisco (1981).
    P. KARLSON: "Kurzes Lehrbuch der Biochemie", Thieme, Stuttgart (1980). -
    K. DOSE: "Biochemie - eine Einführung", Springer-Verlag, Berlin - Heidelberg
    - New York (1980).
    H. D. JAKUBKE und H. JESCHKEIT: "Lexikon Biochemie", Verlag Chemie, Weinh. (1976).
26) Im allgemeinen sind dabei P und P' zwar komplementär, aber nicht identisch. Die
    Komplementarität ergibt sich durch die Komplementarität der Grundbausteine A
    gegenüber T und C gegenüber G, siehe S. 86   und deren entsprechende Reihen-
    folge. Es kann dabei aber P auch identisch mit P' sein, nämlich bei z. B. fol-
    gender Komplementarität: P   : AATCACGTGATT
27) Siehe S. 88.   P' ≡ P: TTAGTGCACTAA

In Abb. 14 ist ein Syntheseplan wiedergegeben, aus dem nicht nur die
Abfolge der Synthese von Nucleotidsequenzen in Teilstücken hervorgeht,
sondern auch deren Zusammenlagerung unter Basenpaarung mit sich überlappenden Teilstücken im Sinne des folgenden Schemas 29):

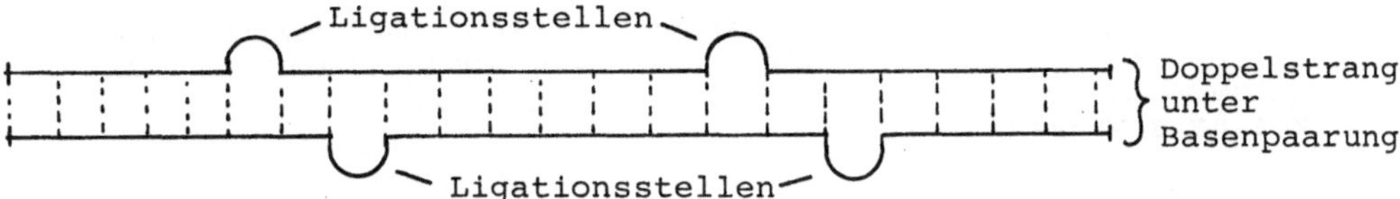

(Selbstverständlich schließt ein fertiger Doppelstrang an beiden
Enden mit je einem Basenpaar ab.)

Damit die Basenpaarung auch richtig erfolgt, müssen die Teilstücke
günstig gewählt werden. Es gilt also auch dahingehend möglichst optimal zu planen. Allerdings ist das eine sehr schwierige Aufgabe. Im
Arbeitskreis von KHORANA wird das Programm DINASYN auch hierfür eingesetzt, jedoch im Dialog mit dem Chemiker. Das Programm stellt die
mehrfach vorkommenden Nucleotidsequenzen heraus, die der Chemiker
beim Festlegen der Teilsequenzen (durch das Festlegen von "Schnittstellen" im Plan des Polynucleotid-Duplexes) berücksichtigt. Darauf
wird wieder vom Programm eine Beurteilung der Teilsequenzen vorgenommen hinsichtlich Zweckmäßigkeit, wobei es um die günstige Basenpaarung, die Länge der Teilstücke und die Überlappungsbereiche geht,
sowie Fehlpaarungen vermieden werden können. Hierbei werden vorgegebene Heuristika von der Maschine verwendet. Bei ungünstigem Ergebnis
wird zu einer erneuten Festlegung von Schnittstellen aufgefordert.
Es wird vor allem angestrebt, möglichst viele längere Sequenzen von
mehrfach vorkommenden Polynucleotid-Teilstücken zu bewahren, weil
das die Synthese der Teilstücke erheblich vereinfacht.

Der Plan für den Zusammenbau der Teilstücke zu den kompletten Strängen
und den Duplices wird in ähnlicher Weise optimiert wie der Plan für
die Synthesen der Teilstücke. Man muß aber jetzt beachten, daß nicht
mehr immer nur je zwei Ausgangsstoffe vereinigt werden. Die Stufen
des Zusammenbaues können mehrere Teilstücke betreffen. Sie umfassen
einzelne Stränge und Doppelstränge (vgl. Abb. 14). Es konnte bereits
bewiesen werden, daß durch die teilweise maschinelle Planung sehr
viel günstigere Synthesepläne geschaffen werden können, als ohne
Computer-Unterstützung.

6.2.4. Synthesen von Polypeptiden via sie codierender Nucleinsäuren

Die Synthese von DNA und RNA ist nicht nur deshalb wichtig, weil
diese Polymere replikationsfähig sind, sondern weil sie Informationsträger für die Proteinsynthese unter den betreffenden Bedingungen
lebender Zellen sind.(Unter denselben notwendigen Voraussetzungen
läuft die Proteinsynthese auch zellfrei ab 28). In den lebenden
Zellen bilden DNA-Moleküle das genetische Material, dessen Strukturen
enzymatisch abschnittsweise auf mRNA-Moleküle (messenger-RMA) trans-
kribiert werden. D. h.,die mRNA ist - abgesehen von ihrem Struktur-
unterschied im Ribose-Teil - komplementär zu dem betreffenden DNA-
Abschnitt, an dem als Matrize sie synthetisiert wird. Der Vorgang der

---

28) Siehe Lehrbücher, vgl. S. 84.

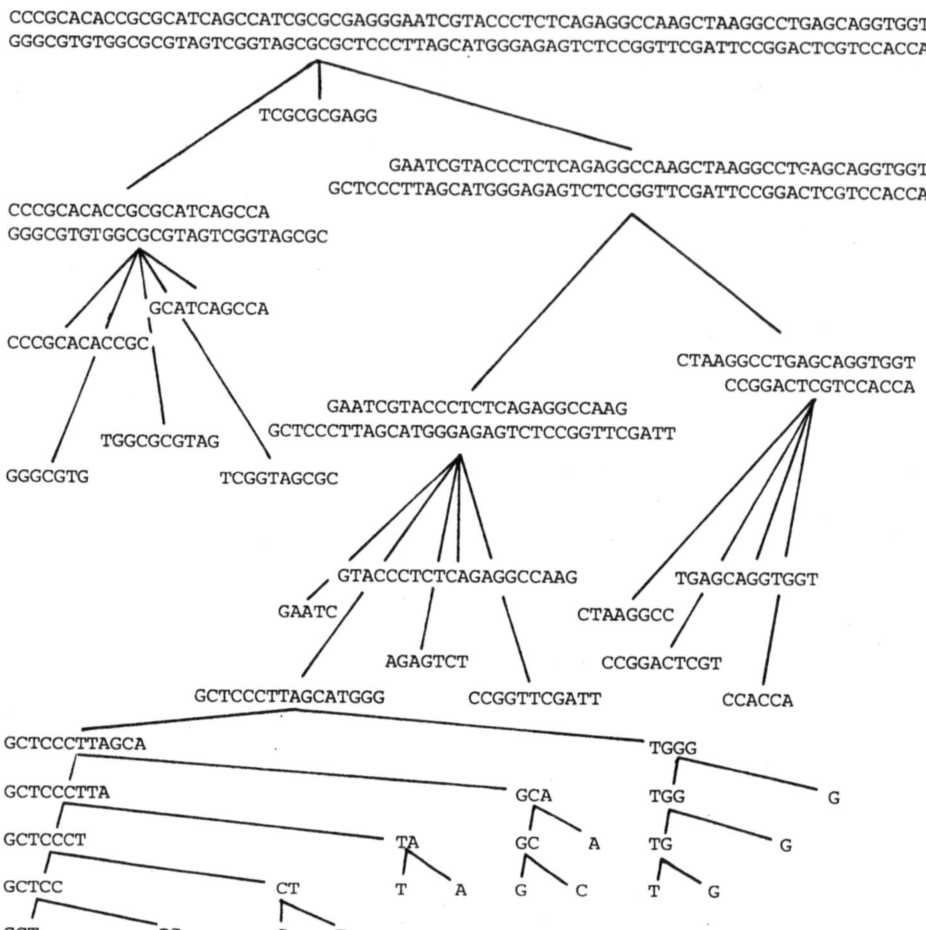

Abb. 14:

Syntheseplan (Ausschnitt) für das Strukturgen von
Alanin-t-RNA. Herstellung von Nucleotidsequenzen,
deren Basenpaarung und Ligation zum fertigen Doppelstrang (von unten nach oben zu lesen) 18).

29) M. H. CARUTHERS, K. KLEPPE, J. H. van de SANDE, V. SGARAMELLA, K. L. AGARWAL,
H. BÜCHI, N. K. GUPTA. A. KUMAR, E. OHTSUKA, U. L. RAY BANDARY, T. TERAO,
H. WEBER, T. YAMADA und H. G. KHORANA, J. Mol. Biol. 72 (1972) 475.

Transkription ist also dem der Replikation analog. Die mRNA wandern dann in die Ribosomen der Zellen, werden dort abgelesen und steuern damit die Proteinsynthese (Translation). Grundlage des Ablesevorganges ist der genetische Code (siehe Tabelle 6). Danach bedeuten jeweils drei hintereinanderstehende Nucleotide (Codons) in der Polynucleotidkette der mRNA in der Richtung 5'- zum 3'-Ende, von einem Startcodon (AUG) an, das Signal für die Anknüpfung einer ganz bestimmten Aminosäure an eine wachsende Peptidkette. Diese beginnt entsprechend dem Startcodon stets mit Methionin. Es verbindet sich jeweils neu hinzutretende Aminosäure - als Ester mit tRNA (transfer-RNA) - über ihre Aminogruppe mit dem Carboxyl-Ende der wachsenden Peptidkette unter Verdrängung der dort gebundenen tRNA. Die Synthese endet, wenn in der mRNA ein Ende-Codon erreicht ist (UAA, UAG oder UGA).

Tabelle 6 :

Der genetische Code (jeweils links das Codon, rechts daneben die von ihm codierte Aminosäure) 30).

2. Nucleotid

1. Nucleotid	U		C		A		G	
U	UUU	Phe	UCU	Ser	UAU	Tyr	UGU	Cys
	UUC	Phe	UCC	Ser	UAC	Tyr	UGC	Cys
	UUA	Leu	UCA	Ser	UAA	Ende	UGA	Ende
	UUG	Leu	UCG	Ser	UAG	Ende	UGG	Trp
C	CUU	Leu	CCU	Pro	CAU	His	CGU	Arg
	CUC	Leu	CCC	Pro	CAC	His	CGC	Arg
	CUA	Leu	CCA	Pro	CAA	Gln	CGA	Arg
	CUG	Leu	CCG	Pro	CAG	Gln	CGG	Arg
A	AUU	Ile	ACU	Thr	AAU	Asn	AGU	Ser
	AUC	Ile	ACC	Thr	AAC	Asn	AGC	Ser
	AUA	Ile	ACA	Thr	AAA	Lys	AGA	Arg
	AUG	Met	ACG	Thr	AAG	Lys	AGG	Arg
G	GUU	Val	GCU	Ala	GAU	Asp	GGU	Gly
	GUC	Val	GCC	Ala	GAC	Asp	GGC	Gly
	GUA	Val	GCA	Ala	GAA	Glu	GGA	Gly
	GUG	Val	GCG	Ala	GAG	Glu	GGG	Gly

Die Codons sind in der mRNA unmittelbar aneinandergereiht und werden so aufeinanderfolgend abgelesen. Damit stehen nach Abzug des Startcodons und der drei Endecodons für die 20 Aminosäuren prinzipiell 60 Codons zur Verfügung. Tatsächlich werden auch alle die Codons verwendet, allerdings für die einzelnen Aminosäuren unterschiedlich viele (vgl. Tabelle 6). Diese Redundanz in der Codierung der Aminosäuren wird als Degeneration des genetischen Codes bezeichnet. Damit kann jedes Peptid durch eine Vielzahl von mRNS codiert werden.

---

30) Abkürzungen siehe S. 78 und S. 82.
 U = Nucleotid mit der Base Uracil.

Künstlich geschaffene DNA kann als Quasi-Genmaterial ebenso wie
irgendwelchen Zellen entnommenes echtes Genmaterial oder Kombinationen
aus beiden in genetische Vektoren (Viren, Plasmide) eingebaut und in
Bakterien vermehrt werden 31). Die Aussichten für eine industrielle
Hormongewinnung auf diesem Wege wurden gut, nachdem 1977 die Synthese
des Hormons Somatostatin (14 Aminosäurereste) mit Hilfe des künstlich
hergestellten Gens in Escherichia coli-Bakterien erreicht werden
konnte 32).

Für die Syntheseplanung hat die Herstellung eines bestimmten Poly-
peptides auf dem Umweg über vollsynthetische Nucleinsäuren folgende
Konsequenzen:

1. Das Polypeptid wird linear unter Nennung der Aminosäurereste als
   Grundbausteine in der gewünschten Reihenfolge notiert, z. B. 33)

   H_2N - Asp - Arg - Val - Tyr - Ile - His - Pro - Phe - COOH

2. Für jeden Aminosäurerest wird parallel dazu gemäß dem genetischen
   Code ein Codon notiert (Colinearität zwischen Polypeptid und es
   codierender mRNA):

   GAU - CGC - GUU - UAU - AUU - CAU - CCC - UUU   3'

3. Stop- und Start-Codon werden zugefügt. Die mRNA ist damit komplett:

   UAA - AUG - GAU - CGC - GUU - UAU - AUU - CAU - CCC - UUU - UAA   3'

4. Die einzelnen Nucleotide der mRNA werden parallel in die komplementären Desoxyribonucleotide umnotiert:

   ATT - TAC - CTA - GCG - CAA - ATA - TAA - GTA - GGG - AAA - ATT   5'

Damit ist zunächst einmal ein DNA-Polymeres als Informationsträger
für das gewünschte Polypeptid entworfen. Allerdings treten jetzt
folgende Probleme hinzu:

Die Synthese der DNA muß im Sinne der Synthesestrategie, wie sie im
vorhergehenden Abschnitt beschrieben wurden, geplant werden. Dabei
kommt es darauf an, möglichst günstige Synthese- und Ligationsmög-
lichkeiten der Polynucleotidblöcke zu erreichen. Wegen der Degener-
ration des genetischen Codes sind aber viele verschiedene mRNA- und
damit DNA-Moleküle möglich. So wäre im obigen Falle für das erwähnte
Polypeptid auch folgende mRNA entstanden, wenn man andere der zur
Auswahl stehenden Codons verwendet hätte:

UAA - AUG - GAC - CGU - GUC - UAC - AUC - CAC - CCU - UUC - UAA   3'

---

31) d. i. Klonen im Zuge der Gentechnologie, siehe
    W. GOEBEL, W. LINDENMAIER, F. PFEIFER, H. SCHREMPF und B. SCHELLE, Mol. gen.
    Genet. 157 (1977) 119. -
    J. KREFT, K. BERNHARD und W. GOEBEL, ibid. 162 (1978) 59. -
    W. ARBER, Angew. Chem. 90 (1978) 79.
32) K. ITAKURA, T. HIROSE, R. CREA, A. D. RIGGS, H. L. HEYNEKER, F. BOLIVAR und
    H. W. BOYER, Science 198 (1977) 1056.   - Siehe auch Verwendung von Kombi-
    nationen aus chemisch und enzymatisch gewonnenen DNA, die zusammen ein volles
    Gen bilden:
    D. V. GOEDDEL et al. Nature 281 (1979) 544.
33) Es handelt sich hier um Angiotensin II, siehe
    H. KÖSTER, H. BLÖCKER, R. FRANK, S. GEUSSENHAINER und W. KAISER, Liebigs Ann.
    Chem. (1978) 839

und daraus das DNA-Gen:

ATT - TAC - CTG - GCA - CAG - ATG - TAG - GTG - GGA - AAG - ATT 5'

Ohne Stop- und Start-Codons sind 4608 verschiedene mRNA für das
Octapeptid möglich und damit ebensoviele DNA (Molmasse 21 800).
Ferner muß also zu jedem DNA-Molekül die komplementäre DNA mitgeplant
und synthetisiert werden:

    ATTTACCTAGCGCAAATATAAGTAGGGAAAATT   5'
    TAAATGGATCGCGTTTATATTCATCCCTTTTAA   3'

Zur genaueren Darstellung von Syntheseplänen wurde die Symbol- und
Kurzschreibweise weiter entwickelt. Abb 15 zeigt dazu Beispiele im
Vergleich, Abb. 16 einen Syntheseplan mit linearer Kurzschreibweise,
Abb. 17 eine Planskizze mit schematischer Schreibweise 34).

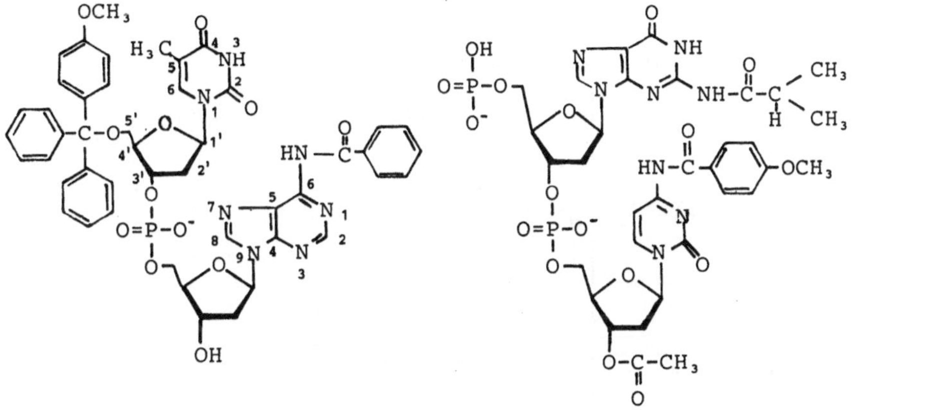

T   ^{bz}A   ^{ib}G   ^{an}C

(schematische Kurzschreibweise)

$(MeOTr)T_d\text{-}bz^6A_d$ $pib^2G_d\text{-}an^4C_d(Ac)$ (lineare Kurzschreibweise)

$(MeOTr)\overset{bz}{T_d}\text{-}A_d$ $p\overset{ib}{G_d}\text{-}\overset{an}{C_d}(Ac)$

Nach Abspaltung aller Schutzgruppen lautet die lineare Kurzschreibweise:

    d(T-A)   d(pG-C)

Abb. 15 :

Gegenüberstellung von Strukturformelbildern und Kurz-
schreibweisen bei zwei Nucleotid-Verbindungen 33)

---

34) H. KÖSTER, H. BLÖCKER, R. FRANK, S. GEUSSENHAINER, W. HEIDMANN, W. KAISER und
    D. SKROCH, Liebigs Ann. Chem. (1978) 854.
    H. KÖSTER, ibid. (1978) 894.

$$(MeOTr)bz^6A_d$$

> 1. $pT_d(Ac)$ + 2,4,6-$(iPr)_3$-C_6H_2-SO_2Cl
> 2. Extraktive Isolierung
> 3. 1 M NaOH

$$(MeOTr)bz^6A_d\text{-}T_d$$

> 1. $pbz^6A_d(Ac)$ + 2,4,6-$(iPr)_3$-C_6H_2-SO_2Cl
> 2. Extraktive Vorreinigung
> 3. 1 M NaOH
> 4. DEAE-Cellulosechromatographie

$$(MeOTr)bz^6A_d\text{-}T_d\text{-}bz^6A_d$$

> 1. $pT_d(Ac)$ + 2,4,6-$(iPr)_3$-C_6H_2-SO_2Cl
> 2. 1 M NaOH
> 3. DEAE-Cellulosechromatographie

$$(MeOTr)bz^6A_d\text{-}T_d\text{-}bz^6A_d\text{-}T_d$$

> 1. $pT_d\text{-}an^4C_d(Ac)$ + 2,4,6-$(iPr)_3$-C_6H_2-SO_2Cl
> 2. 1 M NaOH
> 3. DEAE-Cellulosechromatographie

$$(MeOTr)bz^6A_d\text{-}T_d\text{-}bz^6A_d\text{-}T_d\text{-}T_d\text{-}an^4C_d$$

> 1. $pbz^6A_d\text{-}T_d(Ac)$ + 2,4,6-$(iPr)_3$-C_6H_2-SO_2Cl
> 2. 1 M NaOH
> 3. DEAE-Cellulosechromatographie

$$(MeOTr)bz^6A_d\text{-}T_d\text{-}bz^6A_d\text{-}T_d\text{-}T_d\text{-}an^4C_d\text{-}bz^6A_d\text{-}T_d$$

> 1. $pan^4C_d\text{-}an^4C_d\text{-}an^4C_d(Ac)$
>   2,4,6-$(iPr)_3$-C_6H_2-SO_2Cl
> 2. 1 M NaOH
> 3. DEAE-Cellulosechromatographie

$$(MeOTr)bz^6A_d\text{-}T_d\text{-}bz^6A_d\text{-}T_d\text{-}T_d\text{-}an^4C_d\text{-}bz^6A_d\text{-}T_d\text{-}an^4C_d\text{-}an^4C_d\text{-}an^4C_d$$

> 1. konz. Ammoniak
> 2. 80proz. Essigsäure
> 3. DEAE-Cellulosechromatographie mit 7 M Harnstoff
> 4. Sephadex-G15-Chromatographie

$$d (A\text{-}T\text{-}A\text{-}T\text{-}T\text{-}C\text{-}A\text{-}T\text{-}C\text{-}C\text{-}C)$$

Abb. 16 :

Syntheseplan eines Oligonucleotides mit linearer
Kurzschreibweise 34).

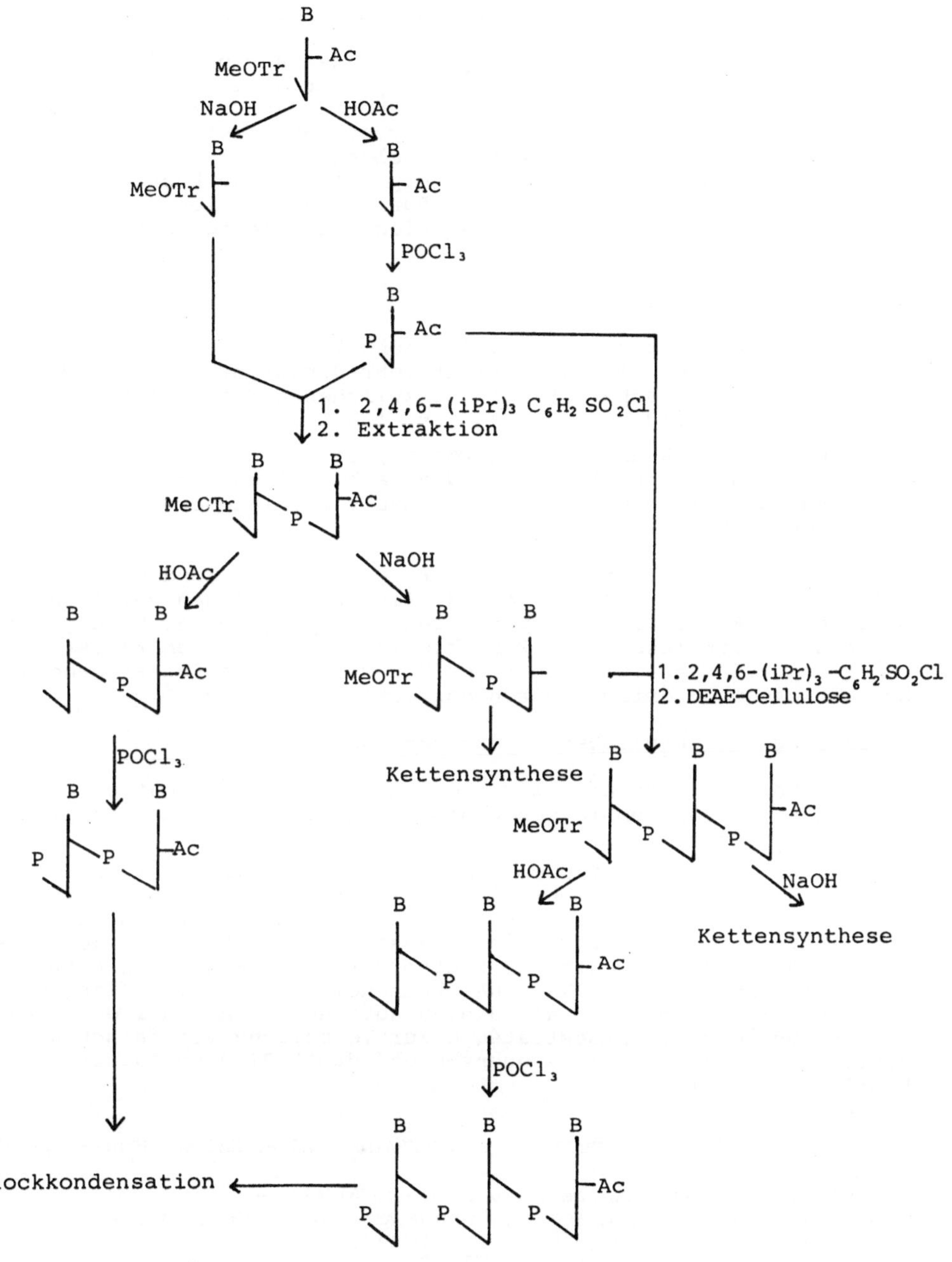

Abb. 17:

Planskizze zur Synthese von Oligonucleotiden 34)

Die praktische Arbeit der Autoren gestaltete sich wie folgt:

1. Die geplante Doppelhelix mit ihren 33 Basenpaaren wurde in 7 Segmente (Blöcke) zerlegt, die zueinander über einige Basen (5 bis 6) komplementär sind. Dabei sollten Nucleotid-Sequenzen, die starke Sekundärstrukturen auszubilden vermögen, möglichst nicht an den Anfang oder das Ende eines Blockes gelangen, weil das nach enzymatischer Verknüpfung zu falschen Duplices führen könnte. Es wurde ferner darauf geachtet, daß Purin-Purin-Kondensationen, insbesondere im späteren Stadium einer Blocksynthese so selten wie möglich vorkommen.

2. Aufbau der Segmente

   a) monomerweise durch Anbau von Mononucleotid. Dies ist bei höheren Oligonucleotiden nicht mehr durchführbar, weil der chromatographische Unterschied zwischen n Nucleotiden und n + 1 Nucleotiden zu gering für eine Trennung wird.

   b) Synthetische Kombinationen von Nucleotid-Blöcken, und zwar von Di- und Trinucleotiden, die nach Möglichkeit so gewählt sind, daß sie mehrfach beim Aufbau verschiedener Segmente verwendet werden können.

   Die Probleme der richtigen Schutzgruppen und der Kondensationsmittel sind hierbei schwerwiegend, ferner die Fragen der Aufarbeitung wie Extraktion und vor allen Chromatographie. Nach jedem Syntheseschritt müssen die Produkte identifiziert, charakterisiert und auf Einheitlichkeit geprüft werden. Die Bestätigung der Nucleotidsequenz erfolgte durch enzymatischen Abbau.

3. Abspaltung der verbliebenen Schutzgruppen.

4. Zusammenbau der Segmente zur Doppelhelix, d. h. Ligation der Teilsequenzen zum kompletten Doppelstrang mit Hilfe des Enzyms T4 Polynucleotidligase.

   Bei KHORANA wird beim Zusammenbau der Doppelhelix meist so verfahren, daß nur ein Segment als Matrize für zwei zu verknüpfende dazu komplementäre Segmente verwendet wird. Gelegentlich werden auch mehrere Segmente zugleich eingesetzt. KÖSTER et al. koppelten dagegen alle Teilsequenzen im Eintopfverfahren mit einer Ausbeute von 8% für Angiotensin II - DNA. Entscheidend für das Gelingen der Eintopfreaktion ist nach diesen Autoren die Auswahl der DNA-Sequenz und der Synthesestrategie zur Vermeidung von falschen Hybridisierungen der Teilsequenzen und damit Bildung falscher DNA-Duplices 35).

---

35) H. KÖSTER, H. BLÖCKER, R. FRANK, S. GEUSSENHAINER und W. KAISER, Hoppe-Seyler's Z. Physiol. Chem. 356 (1975) 1585. -
H. KÖSTER und R. FRANK, Chromatographie 9 (1976) 497. -
H. BLÖCKER, R. FRANK und H. KÖSTER, Liebigs Ann. Chem. (1978) 991. -
H. G. KHORANA et al., J. Mol. Biol. 72 (1972) 209
Weitere Literatur in diesem Zusammenhang:
J. K. SETLOW und A. HOLLAENDER (Hrsg.): "Genetic Engineering Principles and Methods", Plenum Press, New York (1979).
A. M. CHAKRABARTY (Hrsg.): "Genetic Engineering", CRC-Press, West Palm Beach, Florida (1978).
A. I. BUKHARI et al. (Hrsg.): "DNA-Insertion Elements, Plasmids, and Episomes", Cold Spring Harbor Lab. (1977).
C. BRESCH und R. HAUSMANN: "Klassische und molekulare Genetik", 3. Auflage, Springer-Verlag, Berlin - Heidelberg - New York (1972).

6.3. PLANUNG VON SYNTHESEWEGEN IN VERBINDUNG MIT DER SCHRITT-ERMITTLUNG

6.3.1. ALLGEMEINES

Wenn man bei einem Syntheseproblem keine naheliegenden Schrittfolgen erkennen kann, ist man zu einer eingehenden Problemanalyse veranlaßt. Diese sollte möglichst logisch sein, d. h. die Erkenntnisse der Synthesechemie in der richtigen Kombination anwenden. Sie soll dazu führen, daß man das Planungsergebnis als gut und zweckmäßig bewerten kann. Als allgemeine Bewertungsmaßstäbe dienen vor allem Ausbeuten, Zeitbedarf, Aufwand an Stoffen 36), Apparaturen und notwendige Manipulationen, sowie die Problematik der Sicherheits- und Toxikologiefragen. Vieles davon kann man zusammen als Kostenfaktoren bewerten. Mit Begriffen wie elegant und ideal wird ein Syntheseweg charakterisiert, der auf kurzem Wege mit möglichst einfachen Mitteln (z. B. Eintopfverfahren), eventuell noch überraschend in der Art, ohne besondere Probleme zu hinterlassen gute Ausbeuten liefert.

Allerdings wird man in vielen Fällen schon zufrieden sein, wenn man eine Synthese überhaupt zustande bringt. Man wird sich nach seinen zugänglichen Ausgangsstoffen, Reagenzien und Apparaturen zu richten haben und auch zunächst Erfahrungen sammeln wollen. COREY nannte sinngemäß folgende Punkte für die systematische Planung der Synthese eines vorgegebenen Zielmoleküls 37):

1. Entwicklung eines Syntheseweges mit Alternativen (Synthesebaum) in retrosynthetischer Richtung vom Zielmolekül her.

2. Überlegungen hin zu möglichen Ausgangsverbindungen von bestimmten Vorstufenstrukturen her.

3. Entwicklung von Synthesewegen ausgehend von den als möglich erachteten Ausgangsverbindungen hin zu den bestimmten Vorstufenmolekülen (die damit zu Zwischenprodukten würden) in Richtung der tatsächlichen Synthese.

4. Zusammenführung der jeweils beiden aufeinander zustrebenden Synthesewegteile bei passenden Zwischenverbindungen.

5. Überprüfung der ermittelten durchgehenden Synthesewege in Richtung der auszuführenden Synthese und Optimierung derselben, vor allem was die Reihenfolge der Syntheseschritte und die Anwendung von "Kontrollvorgängen" 38) wie Aktivierung, Desaktivierung, Verbrückung, Berücksichtigung stereochemischer Faktoren usw. angeht.

Noch vor einer systematischen Planung und dann auch in deren Verlauf ergeben sich für den Planer bei der Gegenüberstellung von (möglichen oder vorgegebenen) Edukten und Produkten sehr schnell eine Reihe von Fragen:

Welche Unterschiede bestehen in den Molekülgerüsten, welche in funktionellen Gruppen und kleinen am Molekülgerüst befindlichen anhängenden Kettenstücken?

---

36) Damit verbunden sind die Gesamtumsätze, deren Bewertung von den Nebenprodukten mitbestimmt wird.

37) E. J. COREY, Quart. Rev. <u>25</u> (1971) 455.

38) d. h. Hinleitung der Reaktionen zu bestimmten Molekülstellen im Sinne von Regioselektivität und Stereoselektivität.

Welche Besonderheiten bestehen (Chiralitäten, Ringstrukturen, instabile Strukturteile)?

An welchen Stellen kann ein Molekülaufbau erfolgen - soweit Aufbau
vorgesehen -, welche funktionellen Gruppen oder Mehrfachbindungen
sind dabei notwendig, welche sollten dabei mitentstehen, welche
stören?

Welche Arten von Nebenreaktionen sind zu erwarten?

Wie könnte man die Nebenreaktionen vermeiden?

Bei Abbaureaktionen richten sich die Fragen nach den möglichen Bruchstellen im Molekül des Ausgangsstoffes. Schließlich wird man abzuschätzen versuchen, ob die Synthese wenige oder viele Stufen erfordern wird und welche Aufeinanderfolge diese haben werden. Dabei denkt
man in der Regel direkt an eine Reihe von eventuell möglichen Reaktionstypen.

Betrachten wir den Fall des Moleküls

$$CH_3-\overset{\overset{\displaystyle CH_3}{|}}{C}H-CH_2-CH_2-\overset{\overset{\displaystyle O}{\|}}{C}-CH_2-CH_2-CH_2-COOCH_3$$

Man wird sich sagen, daß eine solche Kette möglichst an der mittleren
funktionellen Gruppe aufgebaut wird. Man erhält dann zwei vergleichbar
große Teilstücke. Bei einer Synthon-Zerlegung links von der Ketogruppe
läßt sich z. B. an folgende chemischen Äquivalente als nächste Vorstufenmoleküle denken:

$$CH_3-\overset{\overset{\displaystyle CH_3}{|}}{C}H-CH_2-CH_2-Metall(halogenid) \ +$$

$$Carboxylfunktion \quad -CH_2-CH_2-CH_2-COOCH_3$$

die beide durch wenige Stufen aus einfachen Ausgangsstoffen zugänglich
sind. Damit in Vergleich setzt man andere Zerlegungen in Synthons.

Hinsichtlich funktioneller Gruppen am Ende einer Kohlenstoffkette
wird man auch daran denken, die Verlängerung einer kürzeren Kette mit
dem direkten Einbringen der funktionellen Gruppe zu kombinieren.

Zur Herstellung funktioneller Gruppen an beiden Enden einer Kohlenstoffkette ist eventuell eine Ringöffnung interessant.

Kleinere anhängende Alkylketten können mit der Bildung des Molekülgerüstes sogleich entstehen oder müssen nachträglich eingeführt werden
(zusätzliche Umwandlungen einbezogen). Man wird sich bei der Betrachtung eines entsprechenden Zielmoleküls die beiden Möglichkeiten vor
Auge halten, z. B.:

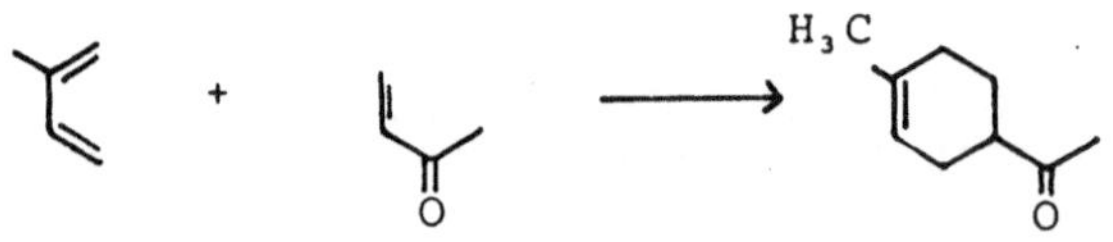

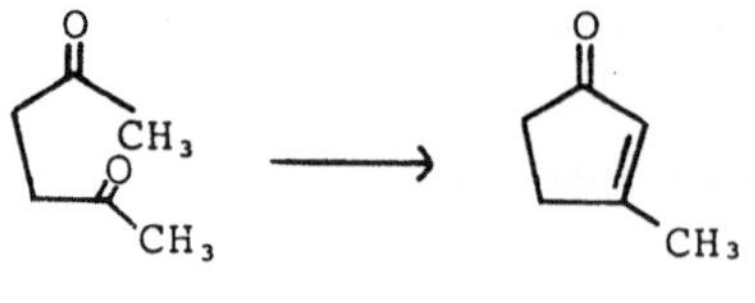

dagegen:

Sehr zu beachten ist die Herstellung oder Freisetzung von instabilen
Strukturteilen, insbesondere funktionellen Gruppen. Solche Reaktionen
wird man möglichst an das Ende eines Syntheseweges verlegen.

Stets muß gesehen werden, daß ein neues Syntheseprinzip oder eine
neue Reaktionsmethode bis dahin ungewöhnliche Substanzen zugänglich
machen kann. So macht die thermische oder photochemische Stickstoff-
abspaltung aus Azoalkanen eine Vielzahl von komplizierten Molekülen
zugänglich, in dem sich jeweils eine kritische Verknüpfung erreichen
läßt:

Die Lage eines solchen kritischen Schrittes mit seinen zugehörigen
Einleitungsschritten innerhalb eines Syntheseweges bestimmt sich
durch sich selbst weitgehend. Sie ist in den angeführten Fällen vorwiegend der letzte Verknüpfungsschritt 39).

Ein anderes Beispiel ist die Diels-Alder-Synthese, die ihrer Natur
nach - Bildung von wichtigen cyclischen Stammstrukturen - sich vorwiegend in der Anfangsphase eines Syntheseweges befindet. Derlei
prinzipielle Betrachtungen zur praktischen Synthesechemie werden uns
in Kapitel 7 anhand einiger Besonderheiten weiter beschäftigen.

Nun ermittelt man bei einer systematischen Planung in der Regel eine
ganze Menge von Synthesewegen. Mitunter kommen noch einige aus der
Praxis hinzu, die man schon näher kennt oder von denen man erfährt.

---

39) W. ADAM und O. De LUCCHI, Angew. Chem. 92 (1980) 815.

Wenn man bewertet, muß man dies also auch im Vergleich all der verschiedenen Möglichkeiten tun. Das setzt allerdings voraus, daß man alle einzelnen Synthesewege im ganzen Ausmaß übersieht. Es kann ja ein letzter Umsetzungsschritt oder eine notwendige Aufarbeitung des Endproduktes darüber entscheiden, ob der Weg überhaupt beschritten werden kann bzw. sollte. Selbst im Stadium der Planung ist es aber eine sehr große Arbeit, viele längere Synthesewege, deren Umsetzungsschritte vorab (zumindest weitgehend) unbekannt sind, völlig durchzukonstruieren und vergleichbar zu machen. Jeder neu ermittelte Schritt kann seine Rückwirkung auf die vorhergehenden haben und deren Einzelbewertung ändern. Es wird deshalb wieder sehr auf die Planungsverfahren ankommen, die man verwendet. Wir werden auf sie parallel zu ihrer Besprechung im Kapitel 5 noch eingehen.

Je mehr man bei allem den festen Boden vorausbestimmbarer Syntheseergebnisse verläßt, desto flexibler muß man sich auf möglich erscheinende einstellen. Vor allem aber muß das Planen mit dem Experiment rückgekoppelt sein. Beispielsweise möge man die Anwendungsbreite eines Syntheseverfahrens erweitern wollen. Auf der Basis von Analogieschlüssen oder tiefergehenden Theorien gelangt man zu Annahmen, deren Bestätigung oder Nichtbestätigung das Experiment bringt. Das führt zu neuen Überlegungen und anschließend zu neuen Experimenten.

Wurde ein Syntheseziel nicht im voraus fixiert, oder nur ungenau skizziert, so kann man sich ganz durch die Experimentalergebnisse leiten lassen. Das wird man tun, z. B. wenn

a) dieselben sich als neu erweisen,

b) neue Eigenschaften an ihnen festgestellt werden,

c) der Syntheseweg zu ihnen sich als neu erweist,

d) sich zumindest neue chemische Erkenntnisse aus der Synthese
   ergeben.

Überraschende Experimentalergebnisse können dabei echte Zufallstreffer werden oder wenigstens erwartete Nebenprodukte zu Hauptprodukten machen.

6.3.2. Synthesen von Zielmolekülen hoher Komplexität

Die Anforderungen an die Planung sind am größten, wenn Synthesen von Zielmolekülen hoher Komplexität   angestrebt werden. Deshalb soll dieses Thema ganz ausführlich behandelt werden:

Punkt 1:

Die Planung geht zweckmäßigerweise (zumindest zunächst) vom Zielmolekül aus. Das gilt umso mehr, je weniger man ähnliche Syntheseprobleme zum Vergleich heranziehen kann. Bei Naturstoffsynthesen empfiehlt sich jedoch in besonderem Maße die Beachtung des Beispiels der Natur, weil sich gegebenenfalls eine biomimetische Synthese ergeben kann:

Biomimetische Synthesen

bedeuten Planung und Durchführung von Synthesevorgängen auf eine besonders rationelle Weise, die sich nach dem Vorbild der Natursynthese richtet 40). So ist die Cyclisierung des Naturproduktes Squalen

---

40) Vgl. R. BRESLOW, Chem. Soc. Rev. 1 (1972) 553 - 580: "Biomimetic Chemistry".

als biomimetische Reaktion durch ihre erstaunliche Gezieltheit beeindruckend. Sie stützt sich darauf, daß in der Natur nach Protonierung über endständiges Epoxid in einem Zuge vier Ringe geschlossen und acht Chiralitätszentren gebildet werden. Man nimmt an, daß die Kohlenstoffkette des Squalens in Lösung eine solche Konformation bevorzugt, die die einzelnen Ringe des Steroid-Moleküls bereits vorbildet 41):

Hierzu analog gelingen eine Reihe von eleganten Steroidsynthesen.

<u>Punkt 2:</u>

Man differenziert zwischen Konstruktionsreaktionen von Molekülgerüsten (-skeletten) einerseits und reinen Refunktionalisierungsreaktionen andererseits. Letztere, also die Umwandlung, Einführung oder Eliminierung von funktionellen Gruppen zur Durchführung der Konstruktionsschritte wie auch zur Bildung der endgültig im Molekül erwarteten funktionellen Gruppen sind für die Planung weniger dramatisch. Man kann sie im Experiment relativ leicht anpassen. Hierzu gehören auch Maßnahmen zum Schützen oder Aktivieren. (Nach Meinung von HENDRICKSON ist ein Syntheseweg dann ideal, wenn er nur Konstruktionsschritte aufweist 42).) Die labileren funktionellen Gruppen des Zielmoleküls werden im Syntheseweg zuletzt eingeführt bzw. freigelegt.

<u>Punkt 3:</u>

Das Zielmolekül wird zunächst daraufhin untersucht, ob sich das Gerüst einer zugänglichen Ausgangsverbindung als Synthon in ihm erkennen läßt. Ist das der Fall, so ergibt sich ein Synthesewegproblem von letzterem zu dem Zielmolekül. Das stellt eine umso größere Vereinfachung des ursprünglichen Problems dar, je mehr schwierig herzustellende Strukturteile in der Ausgangsverbindung bereits enthalten sind, also vor allem schwierige Ringe und Ringkondensate, ferner Stereozentren, insbesondere isolierte.

---

41) W. S. JOHNSON Angew. Chem. <u>88</u> (1976) 33. –
W. S. JOHNSON, T. LI, C. A. HARBERT, W. R. BARTLETT, T. R. HERRIN, B. STASKUN und D. H. RICH, J. Am. Chem. Soc. <u>92</u> (1970) 4461.

42) J. B. HENDRICKSON, Top. Curr. Chem. <u>62</u> (1976) 49 – 172.

<u>Punkt 4:</u>

Beim Vorliegen mehrerer verwandter Zielmoleküle, d. h. wenn es gilt,
eine ganze Klasse von Verbindungen synthetisch zu erschließen, sollte
man nach einer Schlüsselverbindung 43) oder Schlüsselreaktion suchen.

DIE SCHLÜSSELVERBINDUNG

ist eine Substanz, deren Vorhandensein als entscheidend für einen
Syntheseweg anzusehen ist oder die den Zugang zu einer ganzen Klasse
von Verbindungen eröffnet bzw. zu eröffnen scheint. Sie wird deshalb
als erstes großes Syntheseziel geplant. Die Schlüsselverbindung
spielt dann zunächst die Rolle des Zielmoleküls, auf dessen Synthese
die bereits genannten Grundsätze anzuwenden wären. Liegt eine Schlüsselverbindung bereits vor - etwa auch als Naturprodukt oder Abbau-
produkt eines solchen -, so reduziert sich das Syntheseproblem entsprechend.(Das gilt selbstverständlich nur, soweit es sich nicht um
die Totalsynthese eines Naturstoffes handelt. Totalsynthese bedeutet
den synthetischen Zugang des Naturstoffes von einfachen Substanzen
der Synthesechemie her, also außerhalb der Naturvorgänge ganz aufgrund
menschlicher Planung und Manipulation.) Innerhalb eines Syntheseweges
kann es mehrere wesentliche Zwischenverbindungen geben, die den Rang
von Schlüsselverbindungen einnehmen.

Zu diesem so sehr wichtigen Thema der Schlüsselverbindung sei die
Planung und Erarbeitung einer Prostaglandin-Synthese aus dem Woodward
Research Institute in Basel - mit ihren zwischenzeitlichen Fehlschlägen
- besprochen, wie sie von ERNEST beschrieben wurde 44):

Gewünscht war ein Syntheseweg, der allgemein genug ist, um grundsätzlich die Herstellung der verschiedensten Prostaglandin-Varianten
zugänglich zu machen. Vorab stand dabei die Wahl einer Schlüsselverbindung. Man ging dazu von einem komplizierteren Glied der zu synthetisierenden Verbindungsklasse aus, dem PGF$_2\alpha$. In ihm vereinigen sich
die meisten der Strukturelemente, die in einer Prostaglandin-Synthese
berücksichtigt werden müssen. So mußte die Möglichkeit der Synthese
aller, an sich strukturell verwandter Prostaglandin-Varianten am besten
gewährleistet sein.

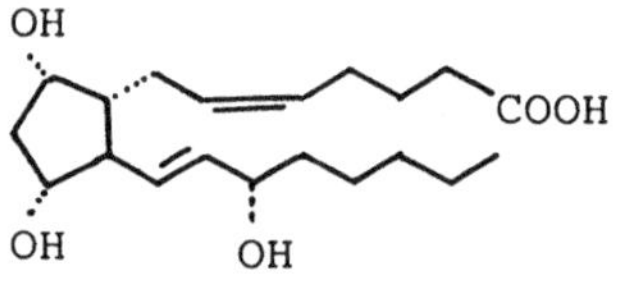

PGF$_2\alpha$ hat vier Chiralitätszentren im Cyclopentanring und ein Chiralitätszentrum in einem der beiden zu einander trans-orientierten Seitenketten. Die eine der Doppelbindungen ist cis-, die andere trans-disub-
stituiert. Die beiden OH-Gruppen am Ring sind in cis-Stellung. Spaltet
man das Molekül 1a an den beiden Doppelbindungen, so erhält man einen
Dialdehyd 2a, der noch vier der fünf Chiralitätszentren enthält, und
zwei Kettenreste, deren Verknüpfung mit dem Dialdehyd durch eine WITTIG-
Synthese denkbar war. Dieser Dialdehyd bzw. seine cyclischen Acetale
oder Enolether 2b, 2c, 2d und 2e boten sich als Schlüsselverbindungen an,

---

43) Vgl. B. FRANCK, Angew. Chem. <u>91</u> (1979) 453:   "Schlüsselbausteine der Natur-
    stoff-Biosynthese und ihre Bedeutung für Chemie und Medizin".

44) I. ERNEST, Angew. Chem. <u>88</u> (1976) 244. -
    R. B. WOODWARD et al., J. Am. Chem. Soc. <u>95</u> (1973) 6853.

da

- jedes dieser Derivate sowohl für alle Synthesen der Prostaglandin-
  varianten und darüber hinaus verwendbar schien,

- mit ihnen die meisten stereochemischen Syntheseprobleme gelöst
  wären,

- sie alle die für die Synthese benötigten Funktionen in der endgültigen oder leicht darin überführbaren Form enthielten,

- in den Acetalen bzw. Enolethern die funktionellen Gruppen sich
  gegenseitig schützen, es also keiner besonderen Schutzgruppe bedarf
  und damit auch eine stereochemische Kontrolle bei den Syntheseschritten gegeben ist.

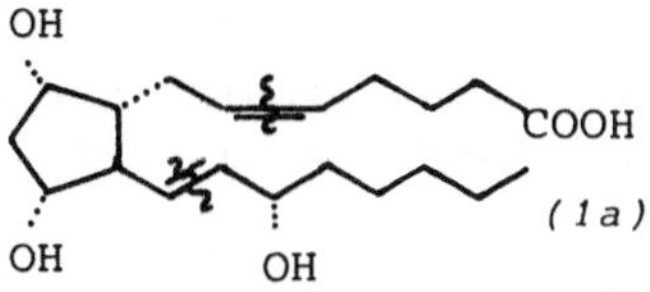

(1a)

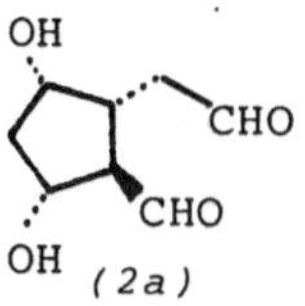

(2a)

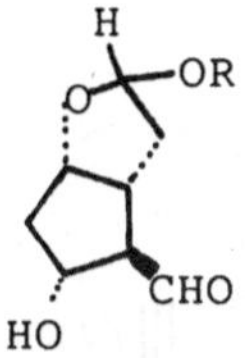

(2b), R = H, Alkyl

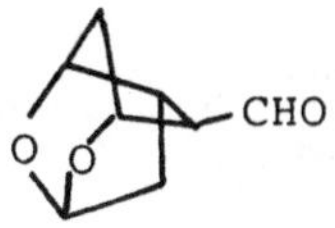

(2c)

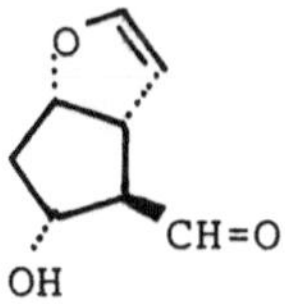

(2d)

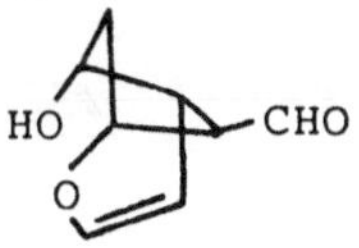

(2e)

Die weitere Beschreibung des Entwicklungsganges zeigt dann folgendes
als charakteristisch für solche größeren Syntheseunternehmungen auf:

1. Die Beachtung von Vorbildern, hier insbesondere die Prostaglandin-
   synthese von COREY 45), sowie allgemein der Literatur für Analogieschlüsse und auch teilweise Nacharbeitung.

2. Die erweiterte Anwendung von geläufigen Reaktionstypen verbunden
   mit theoretischen Überlegungen.

3. Die Diskussion von praktischen Erfordernissen und Gegebenheiten,
   vor allem hinsichtlich der zweckmäßigen Ausgangsstoffe und der
   Realisierbarkeit der Planungen.

---

45) E. J. COREY, N. M. WEINSHENKER, T. K. SCHAAF und W. HUBER, J. Am. Chem. Soc. 91
(1969) 5675. -
F. NÄF und G. OHLOFF, Helv. Chim. Acta 57 (1974) 1868. -
J. S. BINDRA: "Prostaglandin Synthesis", Academic Press, New York (1977).
A. MITRA: "The Synthesis of Prostaglandins", Wiley, New York (1977). Siehe auch
W. BARTMANN, Angew. Chem. 87 (1975) 143.

4. Die Wichtigkeit der eingehenden Analyse nach jedem Syntheseschritt.

5. Die ständige Neuorientierung der Planung an den erzielten Zwi-
   schenergebnissen.

Dabei wird deutlich gemacht, wie auch die fundiertesten Überlegungen
die Realität nur sehr bedingt vorhersehen können. Selbst wenn sich
ein Weg ergibt, der sich in einem gut aussehenden Formelschema nieder-
legen läßt, besagt dies noch nicht alles. So weiß man noch nicht, wie
groß die Schwierigkeiten der Stoffisolierung sind und wie sich die
Zwischenprodukte handhaben lassen, insbesondere wenn die Ausbeuten
gering sind. Andererseits ist die Planung notwendiger Wegweiser, der
nicht nur in Sackgassen führt - die mitunter anderes Interessantes
aufzeigen können -, sondern schließlich auch zum Erfolg.

Im vorliegenden Fall wurde, gestützt auf etwa einschlägige Literaturangaben, zunächst folgender Weg geplant, der aber in der Cycli-
sierungsstufe nicht gelang:

Darauf wurde der Ausgangsstoff modifiziert:

Nach einer Reihe von Fehlschlägen, die dazu zwangen, nach Auswegen
zu suchen, gelang die nucleophile Cyclisierung von 8 zu 17, einer
Verbindung, die der geplanten Schlüsselverbindung sehr nahe ist, mit
der aber dennoch nicht weiterzukommen war. Deshalb wurde auf einen
zweiten Weg folgender Planung übergegangen, der zur Schlüsselverbindung 2c führen sollte:

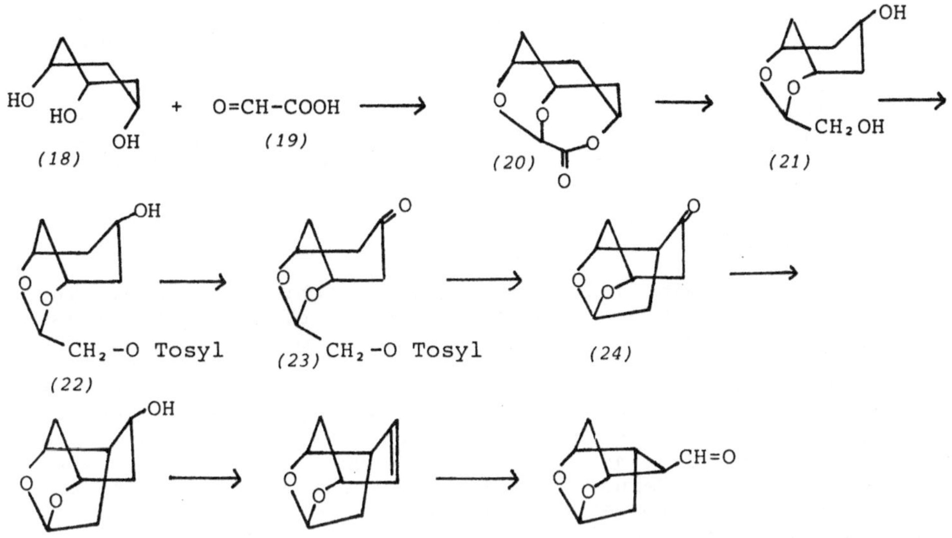

HO HO OH (18) + O=CH–COOH (19) ⟶ (20) ⟶ (21) ⟶

(22) CH$_2$–O Tosyl ⟶ (23) CH$_2$–O Tosyl ⟶ (24) ⟶

OH (25) ⟶ (26) ⟶ CH=O $(2c)$

Diesem Weg liegen günstige Ausgangsverbindungen zugrunde, nämlich
Glyoxylsäure und cis-1,3,5-Cyclohexantriol, das man leicht aus
Phloroglucin durch katalytische Hydrierung mit Raney-Nickel gewinnen
kann. Beide Verbindungen sollten mit Hilfe eines sauren Katalysators
zum tricyclischen Acetal-Lacton 20 vereinigt werden, danach Reduktion
zum Diol 21, Ringschluß mit der Seitenkette zu 24, und später Ringkontraktion zu 2c, wozu eine Reihe von Möglichkeiten erwogen wurden.
Plangemäß gelangte man aber nur bis 23. Deshalb ging man zurück zum
Diol 21 und schlug in Analogie zu Literaturergebnissen einen Weg über
das Dimesylat 28 und Olefin 29 zum Dioxa-protoadamantanol 25 ein, der
gelang. Das Racemat dieses chiralen Alkohols wurde aufgetrennt und die
Synthese sowohl mit racemischem als auch optisch aktivem Material
fortgesetzt. Eine versuchte Ringkontraktion des aus 25 gewonnenen
Olefins 26 war aber zunächst ebenfalls erfolglos.

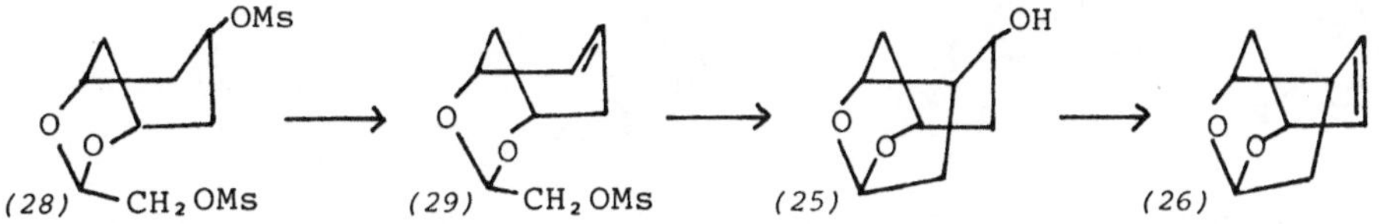

OMs (28) CH$_2$OMs ⟶ (29) CH$_2$OMs ⟶ OH (25) ⟶ (26)

Schließlich gelang dann folgender Weg:

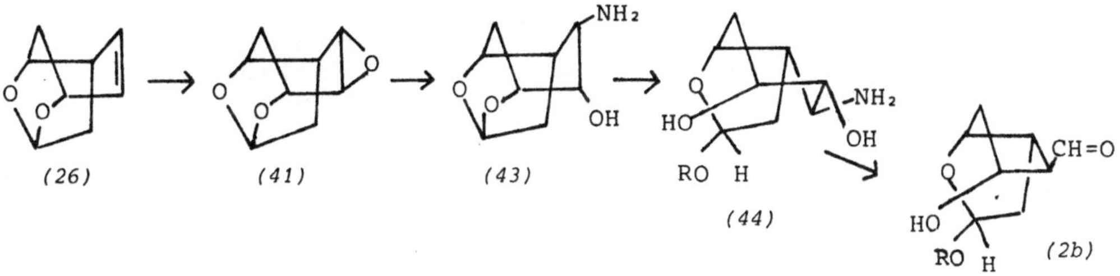

(26) ⟶ (41) ⟶ NH$_2$ (43) OH ⟶ HO NH$_2$ OH RO H (44) ⟶ CH=O HO RO H $(2b)$

Auch erfüllte die Schlüsselverbindung 2b die in sie gesetzten Erwartungen als nützliches Zwischenprodukt der Prostaglandin-Synthese. So konnten unter Übernahme von Verfahren anderer Autoren aus ihr das $PGF_{2\alpha}$ und entsprechend dann auch andere Prostaglandine endgültig gewonnen werden. Insgesamt zeichnet sich der Syntheseweg durch hohe Stereospezifität, geringe Zahl von Syntheseschritten, das Vermeiden von besonderen Schutzmaßnahmen, Verwendung leicht zugänglicher Ausgangsmaterialien und gut durchführbare Reaktionen aus.

DIE SCHLÜSSELREAKTION

Mitunter ist es nicht eine individuelle, vielleicht auf verschiedene Weise herstellbare Verbindung, die den Zugang zu einer Substanzklasse ermöglicht, sondern eine bestimmte Reaktion, mit der es gelingt, die Varianten einer Substanzklasse zu erschließen. Das ist eine Schlüsselreaktion (Schlüsselschritt). Dabei kann auch der Fall eintreten, daß erst mit einer solchen Reaktion eine geplante Schlüsselverbindung zugänglich wird, die damit zur Schlüsselreaktion für die Substanzklasse wird. Selbstverständlich kann es sich dabei auch um eine entscheidende Reaktionsfolge handeln. Ferner kann das Bemerkenswerte der Reaktion oder der Reaktionsfolge im Methodischen liegen, etwa im Katalysator, in Druck und Temperatur usw.

Die Bedeutung eines Schlüsselschrittes geht aus den folgenden Betrachtungen zu Alkaloidsynthesen hervor. Wiederum sollte eine Methode gefunden werden, die es erlaubt, eine ganze Klasse von Verbindungen synthetisch zugänglich zu machen 46). Da der kondensierte Pyrrolidinring in vielen Alkaloiden vorliegt, zielten die Autoren zunächst Δ^2-Pyrrolin an. Das sollte selbst (und passende Derivate davon) aufgrund der mit der endocyclischen Enamin-Struktur verbundenen Eigenschaften für die weiteren Schritte günstig sein. Die Planung konzentrierte sich deshalb zunächst auf eine praktische Synthese desselben. Dabei schien den Autoren ein Weg verlockend, der in Analogie zur eingehend untersuchten Vinyl-Cyclopropan-Umlagerung zum Cyclopenten stünde

nämlich die thermische Umlagerung des Cyclopropylimins:

Die hierzu angestellte Literatursuche förderte eine diesbezügliche ältere Publikation zu Tage, die zunächst nachgearbeitet wurde. Da dies nicht zufriedenstellend verlief, wurden methodische Änderungen vorgenommen, wonach auch ein Cyclopropylimin isoliert werden konnte. Die anschließende Umlagerung konnte zwar nicht thermisch, jedoch katalytisch erreicht werden. Darauf wurde dieser Befund eingehend studiert, zunächst nur mit dem Ziel der beiden einfachen Alkaloide Myosmin und Apoferrorosamin. Deren Synthese gelang nach folgendem Muster mit guter Ausbeute:

---

46) R. V. STEVENS: "Alkaloid Synthesis", S. 439 in J. APSIMON (Hrsg.): "The Total Synthesis of Natural Products", Vol. 3, Wiley, New York (1978).

Na_2SO_4 / 10 H_2O

BuLi −78°

HCL cat. 100°/15 min.

Myosmin

Apoferrorosamin

Bei der Herstellung von weiteren Derivaten ergaben sich Schwierigkeiten, die aber, zum Teil mit Hilfe zufällig gerade erscheinender passender Publikationen, überwunden werden konnten. Vor allem erfüllte sich die Hoffnung auf Anellierung des endocyclischen Enamins mit Methyl-vinyl-keton, wie die Synthese des Mesembrins zeigt:

[$LiAlH_4$; H_3O^+]

[CH_3NH_2 / $MgSO_4$ / Bz.]

[HBr cat. 148°, 20 min.]

[$(CH_2OH)_2$]

Mesembrin

Insgesamt bestätigte sich somit die Pyrrolinbildung aus Cyclopropylimin als Schlüsselschritt.

Punkt 5:

Liegt ein Zielmolekül (gegebenenfalls eine Schlüsselverbindung) endgültig fest, so beginnt also der Prozeß der retrosynthetischen Analyse des Syntheseproblems. Hierzu erfolgt die Öffnung von ausgewählten ("strategischen") Bindungen. Dabei werden Synthons erkannt. Vielleicht zeigt sich damit bereits eine diskutable Ausgangsverbindung. Ist das nicht der Fall, so entsteht nach dem Maßstab der Vereinfachung des Problems die Frage, ob das Zielmolekül gegebenenfalls aus zwei oder

mehr gleichen oder ähnlichen Vorstufenmolekülen hergestellt werden
kann 47). Wenn das nicht erreichbar ist oder wenn dieselben unzweck-
mäßig sind,   mögen die Synthons vielleicht doch noch zwei- oder
mehrfach große Teile des Zielmoleküls betreffen, wodurch eine konvergierende Synthese entstünde 48). So kann man schließlich eine
Vorstufe festhalten. Die Analyse setzt nun dort an und wiederholt
sich von Vorstufe zu Vorstufe. Wenn sich frühzeitig eine sinnvolle
Ausgangsverbindung ergibt, liegt die Planung in ihrer Richtung fest.
Sie erfolgt dann zweckmäßigerweise sowohl retrosynthetisch als auch
in Syntheserichtung vom Ausgangsstoff her aufeinander zu.

Die Struktur eines Zielmoleküls ist mitunter wenig geeignet, für eine
konvergierende Synthese. So ist der retrosynthetisch ermittelte
Syntheseweg zur Herstellung von (±)Porantherin typisch in seiner
linearen Gestalt (Abb. 18). Bereits einfache Bindungsöffnungen führten
jeweils zu entscheidenden Strukturvereinfachungen, während sich eine
vollkommene Molekülzerlegung in diesem Bereich nicht anbot 49).

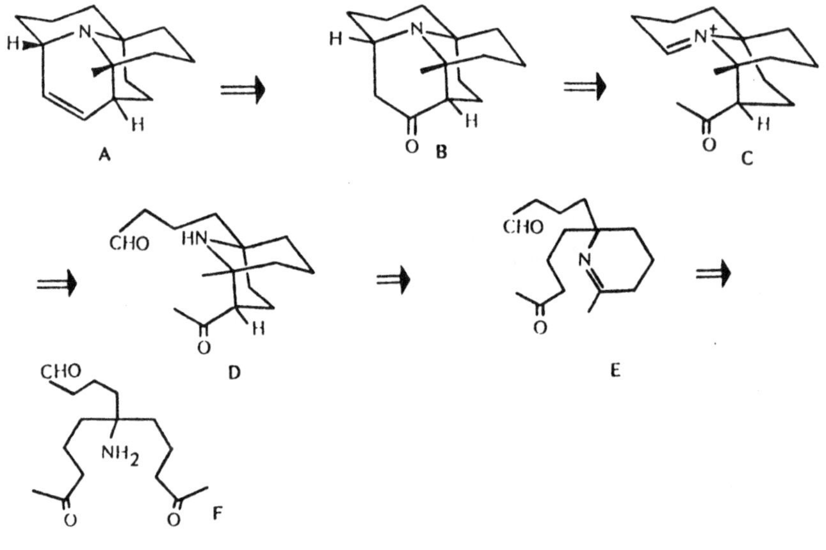

H N H A

H N O H B

N± O H C

CHO HN O H D

CHO N O E

CHO NH2 O O F

Abb. 18:

Wesentliche Zwischenstufen eines retrosynthetisch ermittelten Syntheseweges zum (±)Porantherin (in retrosynthetischer Darstellung,
d. h. die Doppelstrichpfeile weisen entgegen der Syntheserichtung) 49).

<u>Punkt 6:</u>

Von mehr formaler Natur ist die Feststellung und Vermeidung von
"Schleifen" in einem Syntheseweg. Schleifen sind Wiederholungsphasen,
die keinen echten Synthesefortschritt bringen. Besonders drastisch in
diesem Sinne ist die mehrfache Rückverwandlung von funktionellen

47) Vgl. S. 67.
48) Vgl. S. 71.
49) E. J. COREY und R. D. BALANSON, J. Am. Chem. Soc. <u>96</u> (1974) 6516. Nach
    Angaben der Autoren wurde dieselbe Analyse auch unter Benutzung des Computer-
    programmsystems LHASA erhalten, vgl. S. 154.

Gruppen (z.B. -OH in -Cl, das wieder in -OH usw.). So etwas kann vor allem
bei Computerverfahren auftreten. Schleifen können auch verschleiert
sein, indem sich zwar nichts spezifisch wiederholt, im gleichen
Rhythmus jedoch sehr ähnliche Reaktionsfolgen auftreten.

Punkt 7:

Es entspricht der Flexibilität menschlichen Denkens und Handelns,
aber auch den zeitlichen Schwankungen in Konzentration, Einfallsreich-
tum und Urteilskraft, wenn Planungen einer ständigen Überarbeitung
unterliegen. De facto pflegt der Planer zwischen seinen Planungs-
elementen hin- und herzu"springen", also keineswegs nur systematisch
und richtungsgebunden einen Fall abzuarbeiten (vgl. insbesondere die
beschriebene Prostaglandinsynthese). Dabei werden auch die Rückwir-
kungen von Änderungen der einen Stelle auf die andere berücksichtigt.
Ferner ist der Austausch von Synthesewegabschnitten zwischen geplanten alternativen Synthesewegen möglich. Von diesen sollten dann noch
mehrere bereitgehalten und nach Möglichkeit auch experimentell begonnen
werden, bis sich ein größerer Aufschluß über ihre Zweckmäßigkeit gewinnen läßt.

Je aufwendiger ein Syntheseweg ist, desto mehr sollte man prüfen, ob
nicht eventuell eine andere Konzeption zu einem einfacheren Weg
führen kann.

Punkt 8:
MODELLSYNTHESEN

Bei der Planung eines Syntheseweges zu einem Zielstoff kann es zweckmäßig sein, wichtige Abschnitte des vorgesehenen Syntheseweges zunächst
unter vereinfachten Strukturbedingungen zu untersuchen. Auf solche
Weise können z. B. Schlüsselreaktionen und auch Schlüsselverbindungen
ermittelt werden. Diese Synthese stellt einen Modellvorgang für die
eigentlich geplante Synthese dar. Andere Modellsynthesen dienen zur
Aufklärung einer bereits erfolgten Synthese. Modelluntersuchungen
können auch an Verbindungen oder unter Bedingungen vorgenommen werden,
die nur entfernt analog sind, jedoch Rückschlüsse erlauben.

In diesem Zusammenhang folge nun die Besprechung einer der bisher
spektakulärsten Totalsynthesen, nämlich der des corrinoiden Naturstoffes Vitamin B_{12} (Abb. 19) 50).

Zentrales Problem ist die Synthese des inneren Kohlenstoffgerüstes,
der Corbyrsäure, von der aus ersichtliche Synthesewege über Verknüpfungen an Heteroatomen zu Vitamin B_{12} führen. Abb. 20 zeigt einen Problemkatalog der Corbyrsäuresynthese auf.

Zur Corbyrsäuresynthese wurden intensive Modellstudien ausgeführt. Da
ein Modell aber wesentliche Vereinfachungen enthält - hier lag sie in
den Seitenketten - können daran gewonnene Erfahrungen den eigentlichen
Erfolg noch nicht garantieren, wie sich denn auch hier zeigte. Corbyrsäure ist mit 9 Chiralitätszentren eines von 2^9 = 512 Stereoisomeren.
Das Molekül weist vier offensichtliche Untereinheiten ähnlicher Struktur auf, woraus sich die Chance einer gemeinsamen Synthese ergibt.
Diese Untereinheiten werden im wesentlichen von den Ringen dargestellt.
Damit besteht der weitere Zusammenbau in der Verknüpfung dieser Ringe,
mit dem Problem, in welcher Weise und Reihenfolge dies erfolgen soll.

---

50) Siehe A. ESCHENMOSER, Naturwissensch. <u>61</u> (1974) 513.

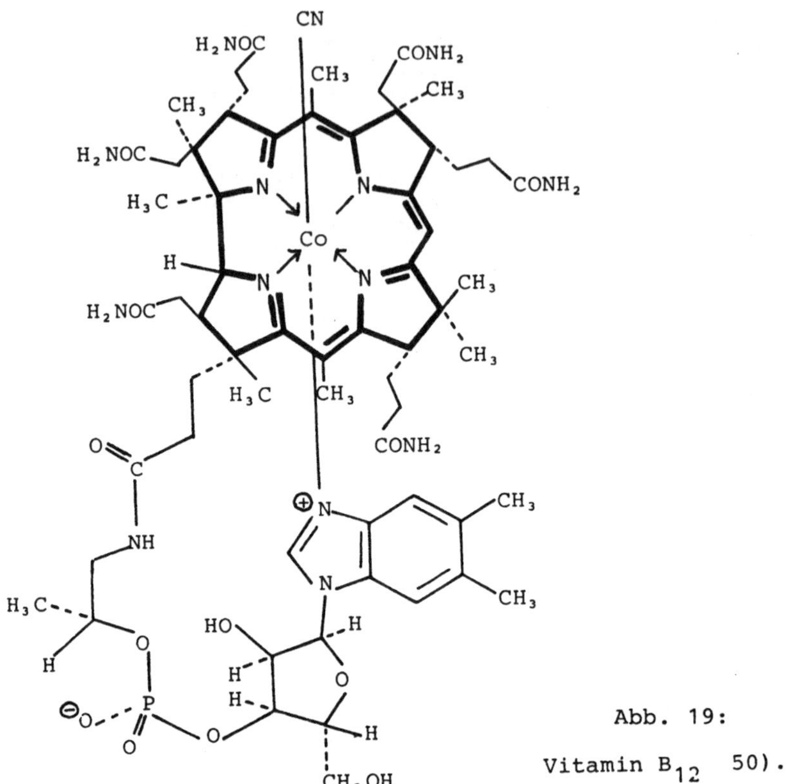

Abb. 19:

Vitamin B_{12} 50).

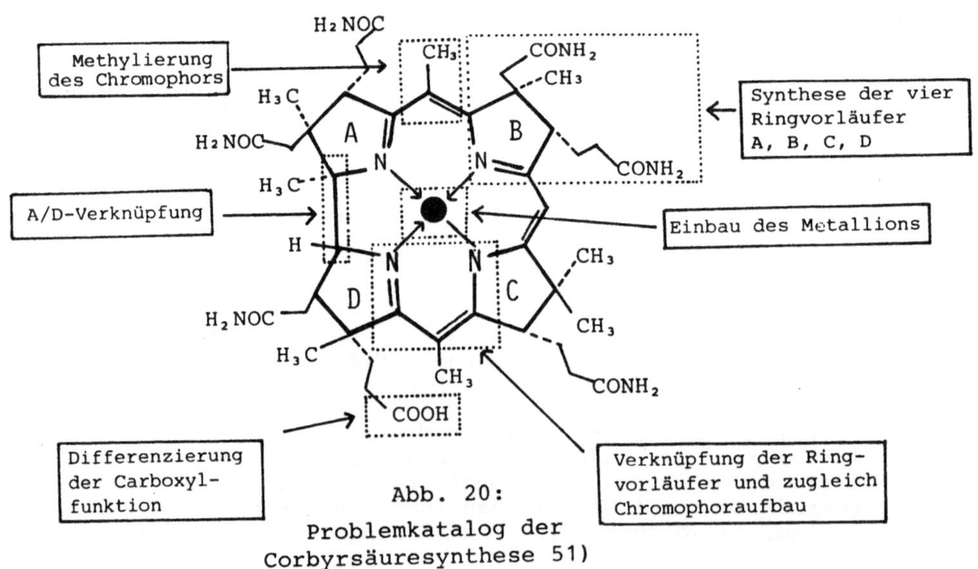

Abb. 20:

Problemkatalog der Corbyrsäuresynthese 51)

51) R. B. WOODWARD, J. Chem. Soc. (London), Spec. Publ. Nr. 21 (1967) 217. - dito, Pure Appl. Chem. 38 (1973) 145.

Da die stereoselektive Verknüpfung der Ringe A und D besonders
schwierig sein mußte, wurde sie zuerst angestrebt. Ferner wurden
B und C verknüpft und beide Einheiten zunächst zwischen D und C, danach
zwischen A und B verbunden.

Diese Arbeiten waren von einem außergewöhnlichen Ereignis begleitet,
nämlich der Entdeckung der Woodward-Hoffmann-Regeln am Problem der Verknüpfung des A-Ringes mit dem D-Ring, der damit überraschend einsichtig wurde
51). Hierdurch erschloß sich der Syntheseweg über die zunächst erfol-
gende Verknüpfung der Ringe A-B-C-D und dem nachgeschalteten Schluß des
Makrocyclus zwischen A und D durch lichtinduzierte Cycloisomerisierung
secocorrinoider Metallkomplexe, siehe Abb. 21, intensiv vorab in
Modellsystemen untersucht 52).

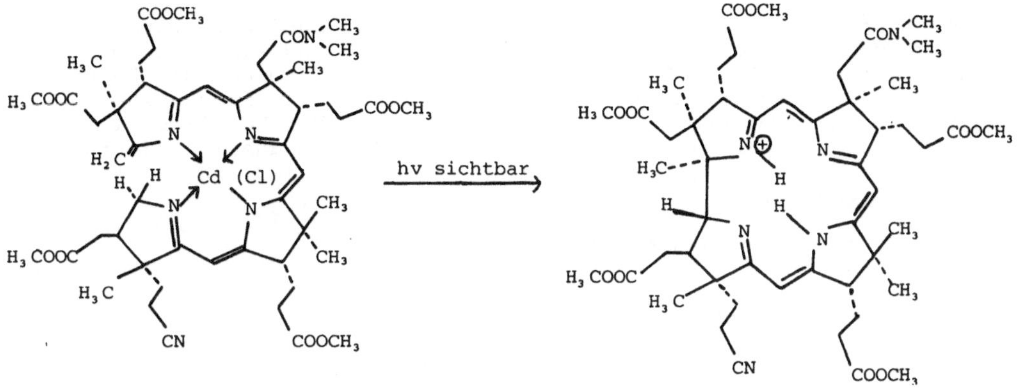

Abb. 21:

**Lichtinduzierte Cycloisomerisierung
eines secocorrinoiden Cd-Komplexes 52).**

Die Verknüpfung der Ringe A mit B, B mit C, C mit D bedurfte dabei
einer Maßnahme, und zwar der Herstellung einer Sulfid-Hilfsverbindung
("Sulfidkontraktionsmethode"), die die Ringverbindung zu einem intramolekularen, damit befriedigend lösbaren Problem machte und selbst
anschließend wieder beseitigt wurde. Es handelt sich hier um ein dem
Verbrückungsprinzip ähnliches Verfahren.

<u>Punkt 9:</u>

RELAISVERBINDUNGEN

Im Zuge der Totalsynthese eines Naturstoffes können Zwischenprodukte
durchlaufen werden, die ebenfalls mit Naturprodukten identisch sind.
Letztere können mitverwendet werden und eröffnen als "Relaisverbindungen" die Möglichkeit, mit größeren Produktmengen weiterzuarbeiten.

6.3.3. PLANUNGSVERFAHREN

Im Kapitel 5 wurden die Planungsverfahren eingehend im Zusammenhang
mit der Ermittlung von einstufigen Prozessen besprochen. Jetzt wollen
wir parallel dazu die Ermittlung von Synthesewegen behandeln.

---

52) A. ESCHENMOSER, Quart. Rev. <u>24</u> (1970) 366.

6.3.3.1. Recherche nach geeigneten Synthesewegen im direkten Retrieval

Zunächst geht es uns also wiederum darum, in vorhandenen Quellen nach
einschlägiger Information zu suchen 53). Interessiert uns ein bestimmter Stoff, so werden wir diesen häufig im Zusammenhang mit der Beschreibung längerer Synthesewege finden. Dort wird er die Rolle eines
Ausgangsstoffes oder eines Zwischenproduktes oder eines Endproduktes
spielen. Einzelne gesuchte Reaktionsschritte können ebenfalls Bestandteile von längeren Synthesewegen sein. Solche aufgefundenen Synthesewege oder auch nur Teile davon sind im allgemeinen eine solide Basis
für die Planung. Mitunter begnügt man sich bereits damit und arbeitet
sie nach. In anderen Fällen wird man sie zum Ausgangspunkt für die
Planung neuer Wege machen oder als Vergleich bei deren Bewertung verwenden.

Es besteht natürlich keine Gewähr dafür, überhaupt fündig zu werden,
vor allem nicht, wenn man eine Recherche delegiert und sie sehr spezifisch durchführen läßt. Wird man nicht fündig oder können die Fundstellen nicht interessieren, so kann man seine Fragestellung weiter
fassen bzw. echt verallgemeinern. Je nach dem Grad der Verallgemeinerung können gegebenenfalls zum eigentlichen Problem ähnliche Synthesewege aufgefunden werden, die danach zu beurteilen sind, ob man sie
analog übertragen kann.

Schaffen wir uns dazu ein sehr einfaches Beispiel:

1. Gesucht wird ein Syntheseweg zu

I

2. Die spezifische Recherche nach der Verbindung ergäbe - so angenommen - keine interessierende Fundstelle.

3. Darauf erfolgt teilweise Verallgemeinerung der Fragestellung,
   die jetzt auf

II $X = H, \quad -\overset{\shortmid}{\underset{\shortmid}{C}}-$ abgestellt sei (d.h.
   also: Gesucht ist eine Struktur, die genauso allgemein wie oder
   spezifischer als II ist.

4. U. a. wird jetzt folgender Syntheseweg gefunden 54) (da III auf
   die Frage nach II anspricht):

III

---

53) Vgl. S. 57
54) B. M. TROST und J. M. BOGDANOWICZ, J. Am. Chem. Soc. 95 (1973) 289.

5. Auf dieser Basis nunmehr Planung des folgenden Syntheseweges:

Ph$_2$S⊲ → ... (CH$_3$)$_3$SiCl → ... OSi(CH$_3$)$_3$

O-Si(CH$_3$)$_3$

H$_3$C ... O ... O

I

Es sei darauf hingewiesen, daß bei teilweiser Verallgemeinerung eines
Suchzieles mit unterschiedlichen Fundstellen gerechnet werden muß, je
nachdem, was man verallgemeinert. Wäre z. B. von I nur der Cyclopentanon-
ring verallgemeinert worden, hätte die so entstehende Fragestellung
nicht auf III ansprechen können. Man hat also auf diesem Wege nie die
Gewähr, alle analog übertragbaren Synthesen zu finden.(Andererseits
hätte es aber auch keinen Zweck, total zu verallgemeinern, denn dann
würde man von der Fülle an - meistens unverwertbarer - Information
zugedeckt.) Hierzu vergleiche man die Ausführungen zum Umkehrretrieval
im nächsten Abschnitt.

Die Bedeutung der analogen Übertragungen von Synthesewegen - vor
allem den spektakulären, beispielhaften der Chemiegeschichte - zeigt
sich auch darin, daß immer mehr Sammlungen "großer" Synthesen, insbesondere von Naturstoffen, auf dem Markt als Bücher erscheinen 55).
Ob die Analogie nun näher- oder fernerliegend ist, in der Regel wird
ein Anhaltspunkt gegeben, der vieles vereinfacht. Das gilt auch dann,
wenn eine direkte Analogie nicht zum Ziel führt. Immerhin ist auch
ein negatives Ergebnis ein Ergebnis von einigem Wert, weil man dadurch
diese Fälle ausschließen kann. Statt nun aber einen negativ beurteilten
Syntheseweg gänzlich auszuschließen, kann man seine Optimierung versuchen:

Man geht zunächst davon aus, daß der auf das eigene Problem analog
übertragene Syntheseweg doch gangbar sei. Dann versucht man ihn
stückweise zu verbessern, also z. B. Synthesestufe für Synthesestufe,
bis er tatsächlich verwendbar ist. Darauf kommen wir im Abschnitt 6.4.
noch zurück.

Nun mag es aber sein, daß man keine passenden oder analog übertragbaren ganzen Synthesewege in der Literatur bzw. in angelegten Sammlungen findet. Jetzt kann man versuchen, ihn aus aufgefundenen einzelnen Reaktionsschritten oder kürzeren Synthesewegen zusammenzubauen.
Das Verfahren ist im Prinzip sehr mühsam, erfordert es doch eine immer
erneute Suche nach der Ermittlung eines Syntheseschrittes zur Fortsetzung desselben, indem die jeweiligen Edukte bzw. Produkte zum Such-
ziel werden. Die Methode läßt sich aber maschinell unterstützen. Sehen
wir uns das näher an:

---

55) I. FLEMING: "Selected Organic Syntheses", Wiley, New York (1972). -
    N. ANAND, J. S. BINDRA und S. RANGANATHAN: "Art in Organic Synthesis", Holden-
    Day, San Francisco (1970). -
    J. S. BINDRA und R. BINDRA: "Creativity in Organic Synthesis. Vol. 1",
    Academic Press, New York (1975).

Man legt zuvor einen Speicher von bekannten Syntheseschritten oder Synthesewegabschnitten an, z. B. A→B, A→C, B→D, E→F, G→I, D→K, K→H, I→Z usw. (jeder Buchstabe steht für eine Substanz). Diese hat man aus der Literatur entnommen (z. B. aus bekannten Synthesewegen "herausgeschnitten"). Steht irgendeine Zielsubstanz für eine Synthese zur Diskussion, beispielsweise H, und wird sie in dem angelegten Speicher aufgefunden, so kann per Programm eine Kombination aller im Speicher zugänglichen Syntheseschritte vorgenommen werden. Mit den genannten Schritten würde sich der Syntheseweg A→B→D→K→H kombinieren, weil von H auf deren Edukt K, von diesem als Produkt zum Edukt D, von diesem wieder zu B und über B zu A hingeleitet würde. Genauso kann es umgekehrt gehen. Da die Syntheseschritte ursprünglich aus ganz verschiedenen Quellen stammen (können), sind die so erhältlichen Synthesewege insgesamt gegebenenfalls durchaus "neu". Berechnungen sind dazu besonders leicht durchführbar, weil zu den einzelnen Schritten feste Daten, wie z. B. Ausbeuten, vorliegen können.

6.3.3.2. RECHERCHE NACH GEEIGNETEN SYNTHESEWEGEN IM UMKEHRRETRIEVAL

Auch die Ergebnisse im Umkehrretrieval 56) müssen nicht nur einstufige Umsetzungsmöglichkeiten sein, sondern können sich unmittelbar auf mehrere Synthesestufen beziehen. Um das leicht verstehen zu können, sehen wir uns einen Syntheseweg an, der die Tieffeneau-Reaktion beschreibt 57):

$$\text{(Cyclohexanon)} \xrightarrow[\text{2. AcOH}]{\text{1. } H_3C\text{-}NO_2 / NaOC_2H_5} \text{(1-(Nitromethyl)cyclohexanol)} \xrightarrow{H_2 / \text{Raney-Ni}} \text{(1-(Aminomethyl)cyclohexanol)} \xrightarrow{HNO_2} \text{(Cycloheptanon)} \quad 40 - 42\%$$

Wenn man diesen Syntheseweg vertretbar verallgemeinert, kommt z. B. folgendes heraus:

$$\text{Nr. 427} \longrightarrow \text{Nr. 428} \longrightarrow \text{Nr. 429}$$

Nr. 427   Nr. 428   Nr. 429

$$\xrightarrow{\text{Ringerweiterung}} \text{Nr. 430}$$

Nr. 430

---

56) Vgl. S. 59.

57) Siehe C. D. GUTSCHE und D. REDMORE: "Carbocyclic Ring-Expansion Reactions", Academic Press, New York (1968).

Jede der verallgemeinerten Verbindungen hat eine Nummer erhalten.
Dieses sind die Nummern der zugehörigen Frageformulierungen für das
Umkehrretrieval. Die Fragen bilden zusammen ein Fragenrepertoire für
eine maschinelle Recherche. Wird auch nur eine der Strukturen dieses
Syntheseweges in einer eingespeicherten Verschlüsselung eines Problem-
moleküls fündig, so gerät der ganze Syntheseweg - unter Hinweis auf
seine ausführliche Beschreibung - in Vorschlag. So könnte vielleicht
Nr. 428 fündig werden. Damit ist vorgeschlagen, das Problemmolekül aus
einem cyclischen Keton herzustellen und nachfolgend die Ringerweiterung
herbeizuführen.

Bei einem entsprechend vorbereiteten Fragenrepertoire wird die Maschine
zu einer und derselben Problemstruktur in der Regel auf eine ganze
Reihe von Reaktionen und Synthesewegen verweisen - so wie dem Chemiker
eine ganze Reihe von Reaktionen einfallen. Beispielsweise mögen zu
einer Zielstruktur eine Reihe von gerüstbildenden Reaktionsschritten
wie auch verschiedene Umsetzungen zur Einführung und Umwandlung von
funktionellen Gruppen vorgeschlagen werden. Teilweise schließen solche
Reaktionen sich gegenseitig aus, d. h. man muß sich für eine davon entscheiden, teilweise sind sie aber relativ unabhängig voneinander, wie
z. B. Reaktionen, die verschiedene Teile eines Moleküls betreffen. Im
letzteren Fall ergeben sich auch aus der zu wählenden Reihenfolge der Reaktionen
bestimmte Synthesewege. Zum Beispiel werden zu einem Problemmolekül
P folgende voneinander unabhängige Reaktionsschritte gleichzeitig vorgeschlagen:

$$\xrightarrow{Ra} P\ ,\quad \xrightarrow{Rb} P\ ,\quad \xrightarrow{Rc} P\ ,\quad P \xrightarrow{Rd}$$

Daraus könnte sich nachstehender Syntheseweg ergeben:

$$\xrightarrow{Rb}\quad \xrightarrow{Rc}\quad \xrightarrow{Ra}\quad p \xrightarrow{Rd}$$

oder eine andere Reihenfolge der Stufen.

Wir können also bis jetzt feststellen: Man kann einen oder mehrere
Synthesewege direkt als Vorschläge für ein Problemmolekül ermitteln.
Man kann aber auch einzelne Reaktionsschritte ermitteln, die sich zu
einem Syntheseweg oder mehreren alternativen Synthesewegen zusammen-
setzen lassen. Das Spiel geht aber noch weiter: Jeder ermittelte Syntheseweg endet ja zunächst an mindestens einem Vorstufenmolekül und
mindestens einem Produkt. Von diesen aus kann die Suche nach Herstel-
lungs- und Umsetzungsmöglichkeiten natürlich fortgesetzt werden. Sie
werden dann ihrerseits als Problemmoleküle eingespeichert. Wiederum
gelangen Reaktionen und Synthesewege in Vorschlag, mit denen die
bereits geplanten Synthesewege verlängert werden. So kann das wiederholt geschehen. Man wird sich zufrieden geben können, wenn man wenigstens einen vernünftigen Weg von einer zugänglichen Ausgangsverbindung
bis hin zu dem gewünschten oder einem ansprechenden Produkt gefunden
hat.

Wir wollen uns den speziellen Fall der Ermittlung eines Syntheseweges
für ein Zielmolekül noch etwas näher ansehen. Hier geht es sehr darum,
einen guten Ausgangsstoff (bzw. mehrere davon) möglichst schnell und
geschickt zu finden. Auch dazu kann man ein Fragenrepertoire für das
Umkehrretrieval anlegen. Voraussetzung ist, daß man von den Ausgangsstoffen, die man zur Verfügung hat, ausgeht. Man wird vor allem ihre
Grundgerüste ins Auge fassen, alle anderen Strukturteile dagegen in
der Strukturformel entfernen. Zu diesen verbliebenen Grundgerüsten

formuliert man nun wieder Fragestellungen. Beim Umkehrretrieval können
solche Fragestellungen in den eingespeicherten Problemmolekülen fündig
werden und damit nichts weniger als folgendes aussagen: "Nimm den oder
jenen Ausgangsstoff. Er enthält bereits ein Grundgerüst, das auch im
Problemmolekül vorliegt". Für die weitere Planung besteht dann natürlich noch die Aufgabe, den Syntheseweg im Detail zu ermitteln. Immerhin
ist der bereits auf bestimmte Ausgangsstoffe fixiert und damit viel
leichter zu planen. Trotzdem können sich noch eine ganze Reihe von
Zwischenstufen ergeben.

Fassen wir das alles in einem Schema für die Planung in Rückwärtsstrategie zusammen:

Von einem Zielmolekül Z aus werden Einzelschritte und Synthesewege direkt ermittelt (V_n = Vorstufenmolekül):

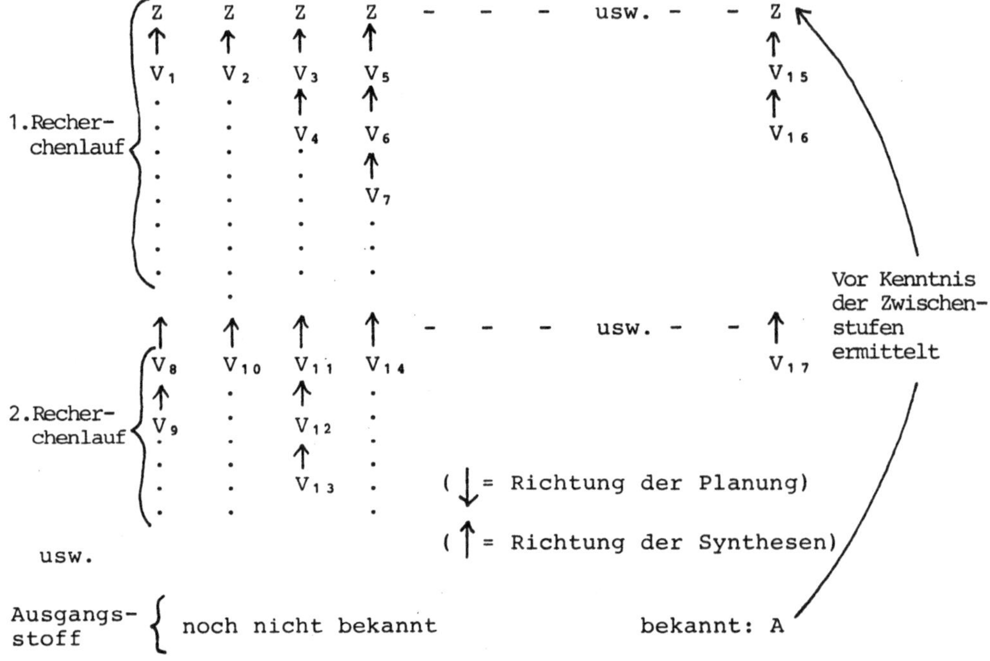

Entsprechend ließe sich ein Schema für die Vorwärtsstrategie erstellen,
sowie für gemischte Strategien.

6.3.3.3. Syntheseplanung auf Retrievalbasis mit erweiterter Computer-Verwendung

Wir sprachen von Computer-Verfahren, die nach dem Auffinden einer Umsetzung zu einem Syntheseproblem (d. h. einer z. B. über ein Graphic-
Terminal topologisch eingespeicherten Verbindung) die entsprechenden
Vorstufenmoleküle (bei der Rückwärtsplanung) oder Folgeprodukte (bei
der Vorwärtsplanung) strukturell vollständig generieren 58). Es liegt
dann also auch eine vollständige topologische Verknüpfungstafel vor, wie wenn

---

58) Vgl. S. 61.

das generierte Molekül direkt eingespeichert worden wäre. Von da aus läßt sich wie gehabt weiter planen, zum Beispiel zum nächsten Vorstufenmolekül, dem im Syntheseweg früherliegenden. Dadurch entstehen maschinell generierte Synthesewege. Da Computerverfahren sehr schnell sehr viele Informationen ermitteln, werden in der Regel auch sehr viele Synthesewege zusammengestellt, mehr, als sie der Mensch in tragbarer Zeit überprüfen kann. Daraus ergibt sich die Notwendigkeit, mit Hilfe von programmierten Bewertungen vernünftige Beschränkungen sowie Rangfolgen zu erreichen. Eine weitere Maßnahme ist der Vergleich von Vorstufen desselben Syntheseganges untereinander zur Vermeidung von Schleifen, also sich wiederholenden gleichen Synthesewegabschnitten 59).

Bei den Dialogverfahren nach COREY und WIPKE 60) werden die Synthesewege als Synthese-"Bäume" ganz schematisch mit Strichen auf Bildschirmen dargestellt. Der Planer kann sich danach richten und z. B. die Rangfolgen derselben ändern. Bei den automatischen Verfahren geht das nicht 61). Hier ist es denn auch besonders wichtig, möglichst bald den Anschluß an einen zugänglichen Ausgangsstoff zu finden. Dort kann die Planung ja auf jeden Fall beendet werden. Damit werden ansonsten uferlose Planungsläufe begrenzt.

Bei der Rückwärtsplanung ist das Prinzip der ständigen Vereinfachung der Vorstufenmoleküle eine weitere, wenn auch nicht grundsätzlich richtige Möglichkeit, die Generierung von Synthesewegen zu steuern. Wird dann ein bestimmter Vereinfachungsgrad einer generierten Vorstufe erreicht - was entsprechend definiert und programmiert werden muß - so sollte der Syntheseweg (automatisch) beendet werden können. Es kann dann nämlich angenommen werden, daß sich ein entsprechender (zumindest ein ähnlicher) Ausgangsstoff finden lassen wird. Andere Mittel zur Begrenzung der Synthesewege sind die Einrichtung und Auswahl von speziellen Strategien oder Prioritätsklassen der Reaktionen, in deren Rahmen sich alles zu bewegen hat. Bei dem System LHASA sind spezielle Strategien darauf gerichtet, nur Synthesewege zu ermitteln, die zu bestimmten Schlüsselreaktionen hinführen. Werden in den Problemmolekülen diejenigen Bindungen ("strategische Bindungen") gekennzeichnet, die Umsetzungen ausgesetzt sein sollen (d. h. die anderen Bindungen also nicht), so schränkt das weiter ein. Eine Begrenzung der Planung ergibt sich auch aus den Speicherkapazitäten der Computer und kann ohnehin programmiert werden, beispielsweise hinsichtlich der Zahl von maximal zu ermittelnden Stufen eines Syntheseweges, der Zahl der Synthesewege insgesamt usw. Soweit die Maschine immer nur eine Generation von nächsten Stufen ermittelt und zur übernächsten erst nach erneutem Befehl übergeht, hat der Benutzer die Länge der zu planenden Synthesewege jeweils zu bestimmen 62). In vielen Fällen wird er ohnehin auf bestimmte Vor- oder Folgestufen irgendwie bereits fixiert sein.

Die bis heute bekanntgewordenen Systeme zur computerunterstützten Syntheseplanung sind vornehmlich auf die Rückwärtsplanung eingestellt, gehen also von einem Zielmolekül aus, dessen Herstellung gewünscht wird 63). Das entspricht der üblicherweise gegebenen Problemsituation bei komplizierten Verbindungen. Die streng systematische Arbeitsweise der Maschine erlaubt - jedenfalls derzeit - keine so flexible Arbeitsweise, wie sie dem Menschen eigen ist, kann aber bei Dialogverfahren teilweise ausgeglichen werden.

---

59) Vgl. S. 104.   60) Siehe S. 154.   61) Siehe S. 168.
62) Siehe SECS-System S. 162.
63) Zur Einführung der Vorwärts-Planungsstrategie in das SECS-Programmsystem
    siehe S. 166.   Siehe ferner System SYNCHEM S. 168.

Bleiben wir bei den Dialogverfahren und nehmen wir uns einen ermittelten einstufigen Synthese"baum" vor. Obenan steht das Zielmolekül (Z):

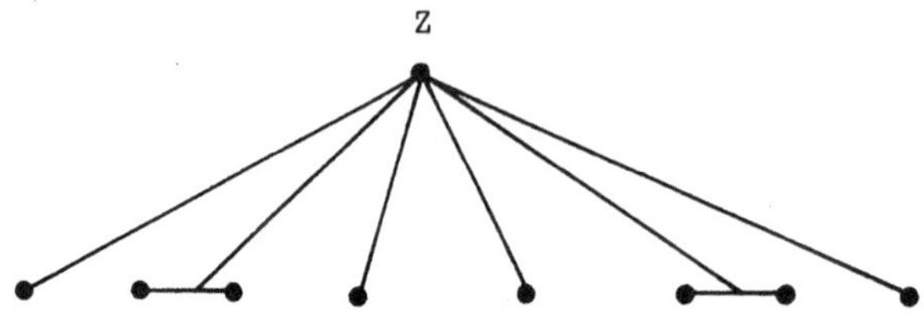

Jeder Punkt am unteren Ende eines Striches ist ein vorgeschlagenes
(durch Strukturbild außerdem noch dargestelltes) Vorstufenmolekül;
jeder Strich ist ein alternativer Syntheseschritt.(Erläuterungen zur
Reaktion müssen natürlich zugänglich sein, z. B. per Befehl auf dem
Bildschirm.) Querstriche deuten auf zwei Vorstufenmoleküle (zwei
Reaktanden) pro Schritt hin, repräsentiert durch die Punkte an ihren
Enden. In vielen Fällen weist der Computer große Synthesebäume aus,
die der Benutzer dann durch seine Beurteilung (per Befehl, etwa
durch Druck der passenden Taste am Bildschirm) reduzieren kann. Aber
selbst dann, wenn sich die Zahl der möglichen alternativen Schritte
sehr vermindert, besteht die Gefahr, daß man die Übersicht verliert.
Das gilt vor allem, wenn die Planung zu nächsten Vorstufen weiterge-
führt wird. Es ist deshalb empfehlenswert, daß man sich zunächst auf
einen Syntheseschritt festlegt - aufgrund einer Bewertung, mitunter
auch willkürlich - und diesen "in die Tiefe" weiterplant, bis man zu
einem akzeptablen Ausgangsstoff (A) gelangt:

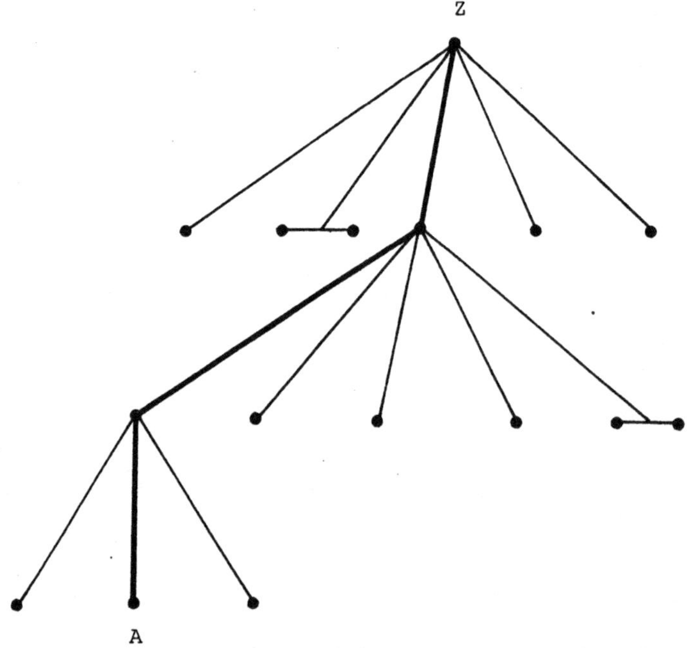

Hernach fängt man wieder beim obersten Vorstufenniveau an und plant
einen nächsten Syntheseweg ganz nach unten durch. Diesen setzt man
in Vergleich zu seinem erstermittelten. Fährt man so fort, so erhält
man nach einiger Zeit eine Reihe von Wegen in einer Bewertungs-Reihen-
folge. Es wird sich dabei ein günstig erscheinender Weg herausbilden
(der einen meistens bei der Auswahl weiterer Wege beeinflussen wird).
Schließlich wird man im allgemeinen einen Syntheseweg aufgefunden
haben, der die experimentelle Prüfung lohnt.

In der Praxis werden vergleichbare oder unmittelbar zutreffende
Synthesewege aufgrund von Literaturrecherchen oder anderen Verfahren
hinzukommen, die ebenfalls die Bewertung der neuermittelten beeinflussen können. Optimierungen schließen sich an. Doch darauf kommen
wir noch zurück.

6.3.3.4. DEDUKTIVE PLANUNGSVERFAHREN

Bei der deduktiven Ableitung von Synthesewegen geht es letztlich um
Skizzen eines prinzipiellen Syntheseverlaufes, deren Detaillierung
erst hernach vorgenommen wird. Der Wert eines solchen Verfahrens hängt
davon ab, ob man so tatsächlich die wesentlichen Leitlinien eines
sinnvollen Syntheseweges erfassen und abwägen kann. Immerhin ist all
das wiederum alte Praxis des Chemikers und insofern bewährt. Bei den
bisherigen Ausführungen haben wir schon mehrfach in dieser Weise
schematisch Synthesewege dargestellt, so durch Buchstaben, die jeweils
für Molekülreste standen, verbunden durch Bindungsstriche. Der Polymer-
chemiker ist besonders an solche Darstellungsweisen gewöhnt.

Selbstverständlich müssen wir in diesem Zusammenhang auch noch einmal
auf die bei der Betrachtung von einstufigen Synthesen besprochenen
deduktiven Verfahren verweisen 64). Wieder kommt es darauf an, die
dortigen einstufigen Planungen zu Synthesewegen zu kombinieren. Entscheidend ist bei allem die Auswahl einzelner Wege, denn gerade die
deduktiven Verfahren erzeugen alternative Synthesewege in meist un-
überschaubarer Anzahl. Das gilt umso mehr, je stärker die Stufen in
mechanistische Schritte zerlegt werden. Im einzelnen wird letzteres
in Kapitel 11 behandelt.

Deduktive Planungsweisen können auch von Planungsverfahren vorgenommen werden, die sich im Grunde auf unmittelbare Erfahrungswerte
(Reaktionsbibliotheken, Substanzbibliotheken) stützen, indem sie
diese Erfahrungswerte verallgemeinern. Damit wird dem Argument begeg-
net, daß ein zu enges Halten an Erfahrungswerte zu wenig Innovation
bei der Planung ermögliche. Bei der heutigen Menge von vorliegenden
Erfahrungen ist in der Tat anzunehmen, daß auf dem Wege der sukzes-
siven Verallgemeinerung letztlich auch alle formalen Reaktionsmöglichkeiten prinzipiell abgedeckt werden können, was natürlich noch
lange nicht deren detaillierte Entdeckung bedeutet. Schließlich sind
alle Ansätze der deduktiven Verfahren verallgemeinerte Ableitungen
aus Erfahrungswerten.

So wird bei dem SECS-Verfahren von WIPKE ein besonderes "ab-initio-
Niveau" der Reaktionenbibliothek vorgesehen, aus dem heraus die Reaktionen im mechanistischem Sinne verallgemeinert zur Prüfung gelangen
65). Ferner vergleiche man die Ausführungen zum Umkehrretrieval 66).

---

64) Siehe S. 61.
65) Siehe S. 163.
66) Siehe S. 110 ff.

6.4. ALLGEMEINE SYNTHESE-OPTIMIERUNG

Die Ermittlung eines Syntheseverfahrens wird in den seltensten Fällen
direkt ein bestmögliches Verfahren ergeben. Oft wird man sich damit
zufrieden geben, sein Syntheseziel überhaupt erreicht zu haben, insbesondere, wenn es problemreich ist. In anderen Fällen ist man eben
einfach nicht in der Lage, alle sich anbietenden Synthesemöglichkeiten
systematisch durchzuprüfen. Man entschließt sich, zunächst einen ausgewählten Syntheseweg aufzubauen, diesen dann aber in einzelnen
Schritten, einzelnen Abschnitten oder insgesamt zu optimieren. Siehe
dazu auch weiter unten.

Interessant ist der Fall der Totalsynthese des Geissoschizins (1). Im
Zuge einer Schlüsselreaktion wurden zwei unter Reaktionsbedingungen
stabile E- und Z-Stereoisomere (2) bzw. (3) erhalten, die eine auf-
wendige Trennung erforderlich machten. Zur Optimierung des Verfahrens
wurden später die Möglichkeiten der E-Z-Isomerisierung untersucht.
Nach einer Konformationsänderung durch Verbrückung findet die Isomerisierung in der Tat statt. Daraufhin wurde die Totalsynthese so
abgeändert, daß das ganze Isomerengemisch über die neue Zwischenstufe
läuft, der Anteil von Z-Isomeren isomerisiert wird und die Synthese
damit stereokonvergent verläuft 67).

Im genannten Beispiel war der neuralgische Punkt der Synthese offensichtlich. Auf ihn konnte sich die Optimierungs-Planung konzentrieren.
Von da aus ergaben sich auch die dann noch zusätzlich notwendigen Veränderungen des Syntheseweges.

Viele Optimierungen verlaufen dergestalt, daß man systematische oder
zufallsgestreute Abwandlungen plant. Die darauf ausgeführten Experimente bringen Ergebnisse, die man weiter inter- und extrapolieren
kann. Schließlich gelangt man zu einem Optimum. Lassen sich exakte
Gesetzmäßigkeiten ermitteln, so können sich Berechnungsmöglichkeiten
ergeben, jedenfalls so lange die Dinge nicht zu kompliziert werden.
Bewährte Methoden sind kinetische Untersuchungen und thermodynamische
Berechnungen. Beispielsweise wird der Syntheseweg

$$CO + Cl_2 = COCl_2 \quad ; \quad 2\ COCl_2 = CCl_4 + CO_2$$

von zwei Gleichgewichten bestimmt. Die Phosgendismutation erfordert
besondere Katalysatoren. Mit $MoCl_5$ oder WCl_6 erhält man beträchtliche
Umsetzungsgeschwindigkeiten 68). Die Dismutation läßt sich beim
Durchströmen einer heißen Reaktionszone (z. B. 430 °C) mit Phosgen

67) W. BENSON und E. WINTERFELDT, Angew. Chem. 91 (1979) 921.
68) O. GLEMSER, G. PEUSCHEL und R. FLÜGEL, DBP 1 092 895.

erreichen. Der Katalysator ist dabei auf Aktivkohle adsorbiert. Die
Optimierung konzentriert sich allerdings hier auf verfahrenstechnische Bedingungen, da einerseits die beiden Produkte abgetrennt,
andererseits nicht umgesetztes Phosgen und mitgerissener Katalysator
zurückgeführt werden müssen 69). In geschlossenen Gefäßen läßt sich
der Reaktionsverlauf kinetisch gut untersuchen 70). Optimale Bedingungen ergeben sich aus Diagrammen und Funktionen. Systematische Optimierungen sind also wesentlicher Bestandteil von Planungen und
Experimenten. Gehen wir jetzt noch etwas auf Optimierungen nach dem
Zufallsprinzip ein (vgl. Evolutionsstrategie 71)). Der Gedanke ist
der, daß man einzelne Schritte oder Abschnitte eines Syntheseweges
im Prinzip willkürlich (wenn auch gewiß chemisch sinnvoll) verändert.
Die relative Willkür kann z. B. dadurch herbeigeführt werden, daß man
aus einer möglichst umfangreichen Reaktionensammlung herausgegriffene
Fälle darauf prüft, ob sie im vorliegenden Syntheseweg zu gebrauchen
sind. Die Gesamtbewertung des abgeänderten Syntheseweges wird in Vergleich zum Ausgangsweg und zu anderen bereits abgeänderten Wegen gesetzt. Die besseren rücken nach vorn und werden weiter verändert, die
schlechteren werden schließlich verworfen. Es entwickelt sich also
das weiter, was bereits besser ist als anderes, eine typische Evolution. Schließlich wird sich ein Optimum einstellen, d. h. weitere
Veränderungen führen zu nichts Besserem mehr (oder man hält den erzielten Entwicklungsstand für ausreichend).

Das beschriebene Verfahren kann allerdings auch in "Sackgassen"
führen, d. h. man gelangt nur zu einem Nebenoptimum und nicht zum
eigentlichen Optimum. Durch gelegentliche drastische Veränderungen,
die aus einer eventuellen Sackgasse herausführen, läßt sich das vermeiden.

Optimierungen sind mit den Motiven 72) zu einer Synthese eng verbunden, weil hieraus die Bewertungsmaßstäbe erwachsen. Kleinere Optimierungen machen in der Regel einen erheblichen Teil der Laboratori-
umsarbeit aus. Sie bedeuten Anpassung, wenn die Kriterien sich ändern,
z. B. bei der Überführung von Laboratoriumsergebnissen in die halbtechnischen und technischen Maßstäbe der Industrie. Hierbei pflegen
verfahrenstechnische Aspekte die rein chemischen an Bedeutung zu
übertreffen 73).

---

69) E. DÖNGES, R. KOHLHAAS, A. SCHLEGEL und G. LANGHANS, Chem. Ing. Techn. 38
    (1966) 65.
70) J. H. WINTER, Z. physik. Chem., N. F., 51 (1966) 136.
71) Siehe S. 8.
72) Vgl. S. 9 ff.
73) Siehe z. B. "Modellierung und Optimierung verfahrenstechnischer Systeme",
    Akademie-Verlag, Berlin (1978) - "Papers presented at 12th Symposium on
    Computer Applications in Chemical Engineering", Vol. 1 und 2, European
    Federation of Chemical Engineering 1980, sowie zu früheren Symposien; siehe
    auch S. 135.

7. BESONDERE PROBLEME

Ein ganz wesentliches Mittel bei der Syntheseplanung ist die verallgemeinerte Betrachtung eines Problems. Das wurde bei der Besprechung
der deduktiven Planungsverfahren hervorgehoben 1). Man kann dieses
Thema im Hinblick auf besondere Syntheseprobleme weiterverfolgen. Es
gäbe dazu viele Möglichkeiten. Wir wollen das hier kurz hinsichtlich
der wichtigen polaren Substitution tun, etwas ausführlicher zum
Problem der Ringbildung und abschließend zum Thema der Gewinnung
optisch aktiver Substanzen. Dabei kommen Prinzipien und praktische
Tricks zur Sprache, wie sie die Arbeit des Synthetikers bestimmen.

7.1. DIE POLARE SUBSTITUTION

Ein interessanter Gesichtspunkt dahingehend ist die Veränderung der
Partialladungen an einem Molekül durch Austausch von Substituenten.
Unter dem Begriff "Allopolarisierung" werden solche Maßnahmen ver-
standen, die die Stärke der Partialladungen verändern 2). Bei einer
"Umpolung" kehrt sich der Ladungssinn um 3). Die Umpolung sei wie
folgt erläutert:

Am Kohlenstoffgerüst einer Verbindung bewirken die Heteroatome Stickstoff, Sauerstoff und die Halogene aufgrund ihrer höheren Elektronegativität normalerweise ein Reaktivitätsmuster (1) mit alter-
nierenden Acceptor- und Donorzentren, während die Heteroatome selbst
Donorzentren sind.

(Donorzentren: "d", Acceptorzentren: "a")

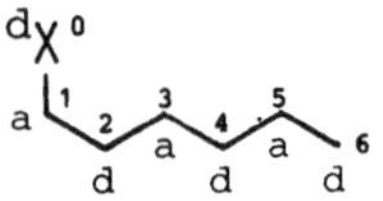

$$a^{1,3,5\cdots} - \text{ und } d^{0,2,4,6} - \text{Reaktivität}$$

$$X = O, N$$

(1)

Im Zuge einer Reaktion greift am Acceptor-Zentrum ein Donor, am
Donor-Zentrum ein Acceptor an.

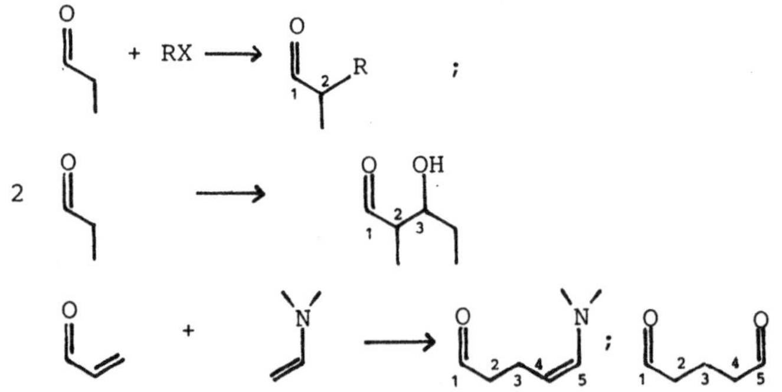

Alkylierung einer
Carbonylverbindung
durch Halogenid

Aldolreaktion

Addition von Enamin
an α,β-ungesättigte
Carbonylverbindung

---

1) Siehe S. 115.
2) Siehe R. GOMPPER und H.-U. WAGNER, Angew. Chem. 88 (1976) 389.
3) Siehe D. SEEBACH, Angew. Chem. 91 (1979) 259.-
   B.-T. GRÖBEL und D. SEEBACH, Synthesis (1977) 357.-
   Ferner V. GUTMANN: "The Donor-Acceptor Approach to Molecular Interactions",
   Plenum Press, New York (1978).

Wenn die Acceptor- und Donor-Zentren vertauscht sind, liegt "umgepolte" Reaktivität, d. h. das Reaktivitätsmuster (2) vor:

$$\qquad (2) \qquad a^{0,2,4\cdots}\text{- und } d^{1,3\cdots}\text{-Reaktivität}$$

Ferner besteht Umpolung, wenn die Alternanz der Reaktivitäten durchbrochen ist. Falls eine Umpolung im Molekül nicht per se bereits gegeben ist, kann sie hervorgerufen werden.

Die einfachste Art der Reaktivitätsumpolung ist die Elektronenaufnahme eines zunächst elektrophilen und die Elektronenabgabe eines zunächst nucleophilen Systems, die damit die jeweils andere "Philie" annehmen, beispielsweise bei elektrochemischen Prozessen. Auf diese Weise kann ein ursprünglich elektrophiles Carbonyl-Kohlenstoffatom nucleophil werden und mit einem noch nicht umgepolten Carbonyl-Kohlenstoffatom kuppeln, wie bei der Reduktion von Ketonen und Aldehyden zu Pinakolen. Ein bewährter Weg zur Reaktivitätsumpolung von N- oder O-funktionalisierten Molekülen ist der vorübergehende Austausch dieser Heteroatome gegen andere, die eine umgekehrte Reaktivität bewirken. Beim Stickstoff kann seine Befähigung, in mehreren Oxidationsstufen aufzutreten, dazu benutzt werden, zwischen den Reaktivitätsmustern hin- und herzuspringen.

Umpolung liegt bei den Grignardverbindungen im Vergleich mit ihren Halogen-Ausgangsverbindungen vor. Die Reaktivität von Aldehyden kann z. B. auf folgende Weise umgepolt werden 4):

Durch Beherrschung der Umpolungsproblematik entstehen Möglichkeiten bei der Syntheseplanung, insbesondere durch die Erkennung notwendiger Umpolungen, der Auswahl zweckmäßiger und auch der Konzeption neuer Reagenzien. Gerade die Konstruktion kleiner Reagenzmoleküle mit eventuell umgepolter Reaktivität ist der Umpolung komplizierter Moleküle, mit denen sie reagieren, vorzuziehen. Die funktionellen Gruppen der komplizierten Moleküle müssen schließlich alle die für die Umpolung erforderlichen Operationen überstehen, die deshalb am besten ganz vermieden werden oder nur milde sein dürfen. Dagegen sind bei der Herrichtung geeigneter Reagenzien schärfere Bedingungen der Umpolungsreaktionen anwendbar.

7.2. ASPEKTE DER RINGBILDUNG

Als allgemeine Grundsätze muß man sich folgendes vor Augen halten:
Von großer Bedeutung für die Bildung und Stabilität eines Ringes ist die Ringspannung, die durch eine eventuelle Verzerrung der Valenzwinkel im Ringsystem entsteht. Die Valenzwinkel können verengt oder aufgeweitet sein. Eine Winkelverengung tritt bei drei- und viergliedrigen Ringen ein. Während dann fünf-, sechs- und siebengliedrige

---

4) S. HÜNIG und G. WEHNER, Chem. Ber. __113__ (1980) 324.

Ringe wenig Ringspannung aufweisen, tritt diese wiederum bei acht-
bis elfgliedrigen Ringen durch Ringaufweitung in Erscheinung. Größere
Ringe sind spannungsfrei. Ungesättigtheiten im Ring tun ein Übriges.
Bei kleinen Ringen muß an Doppelbindungen cis-Konfiguration herrschen.
Weitere Effekte werden durch Pitzer-Spannungen ausgelöst, also der
Spannung, die entsteht, wenn die H-Substituenten benachbarter Ring-C-
Atome nicht gestaffelt stehen, abgesehen von grundsätzlichen steri-
schen Effekten voluminöser Substituenten. Schließlich können im
Ring gegenüberliegende Substituenten aufeinander wirken. Bei konden-
sierten, insbesondere stark dreidimensionalen   Ringsystemen wirken
die Ringe in unterschiedlicher Weise aufeinander, z. B. auch ver-
drillend.

Intramolekulare Ringschlüsse von Kettenmolekülen stehen in Konkurrenz
zur intermolekularen Bildung oligomerer Ringe und von Polymeren,
z. B.

Wenn sich allerdings fünf- und sechsgliedrige Ringe bilden können,
findet dies bevorzugt statt. Außerdem kann die Bildung des jeweils
kleinstmöglichen Ringes dann bevorzugt sein, wenn das durch die
Struktur eines Ausgangsstoffes begünstigt ist. Das ist in folgendem
Beispiel einer Ringbildung mit zwei verschiedenen Reaktionspartnern
der Fall. Das eine Edukt ist relativ starr und bevorzugt einen Ring
aus je einem Edukt 5):

Will man die Bildung des kleinstmöglichen Ringes grundsätzlich begünstigen, so wendet man das Verdünnungsprinzip an. Wenn nämlich die
einzelnen Edukte bei geringer   Konzentration in einem Lösungsmittel
weit voneinander entfernt vorliegen, tendieren sie verstärkt zur
direkten Cyclisierung. Das gilt auch für Ringbildungen aus zwei und
mehr Edukten, weil diese zunächst offenkettige Zwischenprodukte
bilden können, die dann wie ein isoliertes Einzeledukt cyclisieren 6):

---

5) P. RUGGLI, Liebigs Ann. Chem. 412   (1917) 1
6) A. LÜTTRINGHAUS und K. ZIEGLER, Liebigs Ann. Chem. 528 (1937) 155. -
   Siehe ferner F. VÖGTLE, Chem. Ztg. 96 (1972) 396: "Verdünnungsprinzip-
   Reaktionen - Einteilung und Durchführung".

oder bei der Herstellung von rein anorganischen Ringgerüsten, z. B. 7):

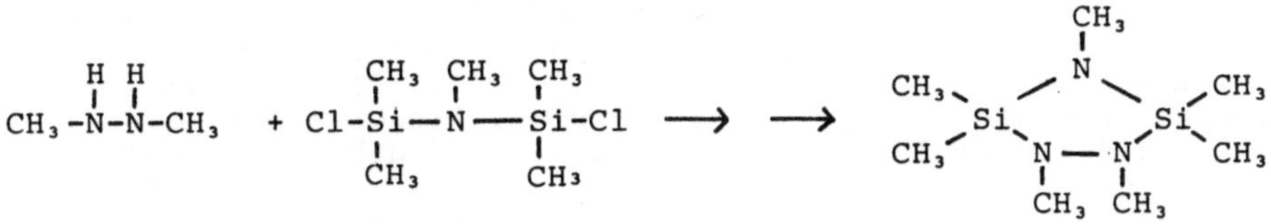

Ist eine Ringbildung keineswegs durch eine (zumindest relativ) starre
Molekülstruktur begünstigt, so kann sich unter bestimmten Bedingungen
eine günstige Konformation einstellen, die denselben Effekt hat 8).

Befinden sich in einem bereits bestehenden Ring zwei benachbarte
reaktionsfähige Ringglieder, so begünstigt dies die Anellierung
von Kettenstücken, die in 1,4-Stellung zu reagieren vermögen, zum
Sechsring. So erfolgt im folgenden Beispiel zunächst Michael-Addi-
tion, darauf die cyclisierende Aldolkondensation ("Robinson-Anel-
lierung"). Elimination von Benzol-sulphinsäure ermöglicht Aromatisierung 9):

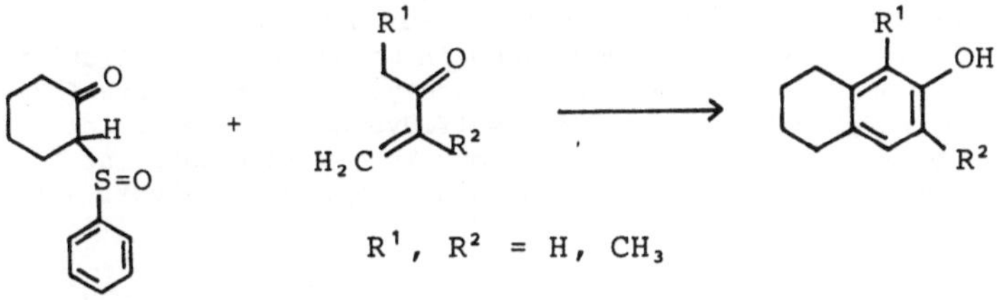

$$R^1, R^2 = H, CH_3$$

Der folgende Fall ergibt im Zuge einer vorgeschalteten Ringöffnung
einen anellierten Fünfring 10):

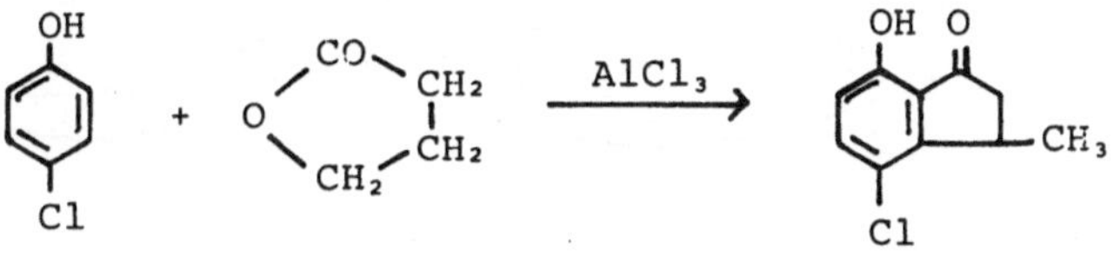

Besonders einfach ist naturgemäß ein Ringschluß, der durch die
erreichte Struktur fest angelegt ist. Dies zeigt die folgende End-
stufe der Synthese eines "Vogelkäfig"-Moleküls (Rückfluß-Kochen in
Pyridin) 11):

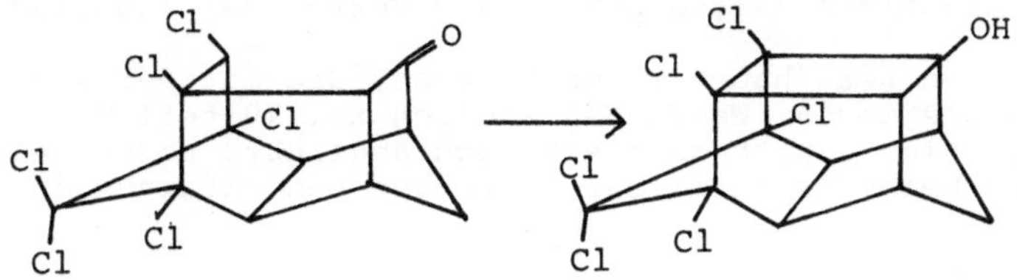

---

7) U. WANNAGAT, M. SCHLINGMANN und H. AUTZEN, Z. Naturforsch. 31 b (1976) 621.
   Siehe auch H. W. ROESKY, ibid. 31 b (1976) 680.
8) Siehe S. 97 beim Squalen.
9) D. L. BOGER und M. D. MULLICAN, J. Org. Chem. 45 (1980) 5002.
10) N. F. HAYES und R. H. THOMSON, J. Chem. Soc. (1956) 1585.
11) P. CARTER, R. HOWE und S. WINSTEIN, J. Am. Chem. Soc. 87 (1965) 914.

Bei der Herstellung eines polycyclischen Ringsystems wird man deshalb
zunächst die leichter zu bewerkstelligenden Ringe herstellen und erst
zuletzt den schwierigsten, sofern sich dieser in der gezeigten Weise
vorbilden läßt. Mitunter erzwingt man ihn durch Hilfsringe, die dann
wieder beseitigt werden (Verbrückungsprinzip) 12). Das gilt denn auch
ganz allgemein für die Herstellung schwieriger Ringe, selbst bei
Polymeren. Ein Beispiel für letztere bietet die Synthese des Insulins:

Nach der Herstellung der Insulin A- und B-Ketten galt es noch, die richtige
Knüpfung der Disulfidbrücken zwischen beiden Ketten zu erreichen. Zunächst lagen
die Mercaptogruppen in den einzelnen Ketten als Sulfonate vor. Versuche an natür-
lichem Insulin hatten ergeben, daß nach Öffnung der Disulfidbrücken, deren Sulfonierung und schließlich der Rückgewinnung der Disulfidbrücken sich biologisch
aktives Insulin in geringer Ausbeute regenerieren läßt 13). Wenn aber ein Pro-
insulin, in dem die A- und B-Ketten durch ein C-Fragment verbunden sind, diesem
Prozeß unterworfen wird, erhält man 70% des Ausgangsstoffes 14). Offensichtlich
müssen also beide Insulin-Ketten zweckmäßig vor der Disulfidbildung derart
verbrückt sein, daß sich ihre Konformation und relative Lage richtig einstellt.
Allerdings muß diese Verbrückung wieder so rückgängig gemacht werden können, daß
das Hormon nicht geschädigt wird. Unter Berücksichtigung von Untersuchungen anderer
Autoren gelang GEIGER und OBERMEIER 15) folgender Weg: Sie verknüpften die A- und
die B-Kette mit N,N'-Bis-(tert-butyloxycarbonyl)-2.7-diaminosuberinsäure zum
Diamid (siehe Abb. 22a). Die Mercaptogruppen sind in beiden Ketten sulfoniert,
die B-Kette ist außerdem am anderen Ende trifluor-acetyliert (Tfa). Darauf konnte
zwischen beiden Ketten in bekannter Weise die Disulfidvernetzung hergestellt
werden (Abb. 22 b). Hernach wurde die Diamid-Verbrückung wieder entfernt
(Abb. 22 c). Im Ergebnis lag - bei Ausbeuten zwischen 20 und 40% - voll aktives
$N^{\alpha}B1$-Tfa-Insulin vor.

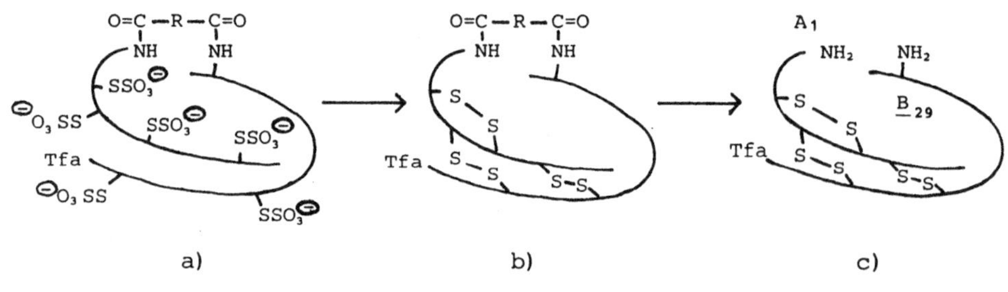

a)   b)   c)

Abb. 22:

Vereinfachtes Schema der synthetischen Disulfid-
Vernetzung von A- und $N^{\alpha}B1$-Tfa-B-Ketten des Insulins 15).

Einen besonderen Reiz haben Ringbildungen, die mit der Auflage versehen sind, in bestimmter Weise den anderen Molekülteil zu umfassen. Wird
der gebildete Ring danach chemisch noch abgelöst, so können sich die
interessanten Molekülsysteme der Cantenane und Rotaxane ergeben
(Abb. 23).

---

12) Siehe auch S. 107.
13) K. LÜBKE und H. KLOSTERMEYER, Adv. Enzymol. 33 (1970) 445.
14) D. F. STEINER et al., Recent Progr. Hormone Res. 25 (1969) 207.
15) R. GEIGER und R. OBERMEIER, Biochem. Biophys. Res. Comm. 55 (1973) 60.

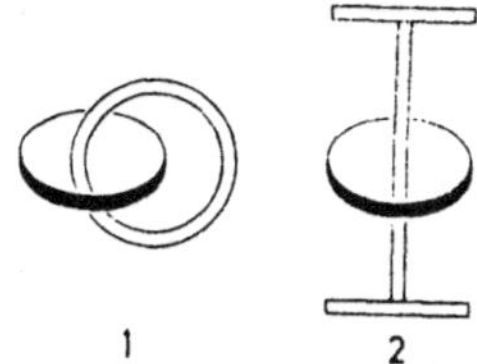

Abb. 23:

Schematische Strukturwiedergabe 16) von
1=Catenan und 2=Rotaxan

Für z. B. ein carbocyclisches Catenan sind zwei Ringe mit mindestens
20 CH_2-Gliedern erforderlich. Selbstverständlich können sich solche
ineinanderhängende Ringe bei jeder Synthese von Makrocyclen rein
zufällig ergeben. Ihre gezielte Synthese erfordert aber einen Trick.
Dieser besteht darin, daß man eine entsprechend an einem bereits
bestehenden Ring angebrachte Kette cyclisiert. Dabei muß die Gesamtstruktur so sein, daß der sich neu bildende Ring zwangsläufig um den
ersten Ring herum erfolgt. Die nächste Bedingung ist die, daß sich
die Brücke zwischen beiden Ringen lösen läßt. In Abb. 24 ist eine
solche gezielte Catenan-Bildung wiedergegeben.

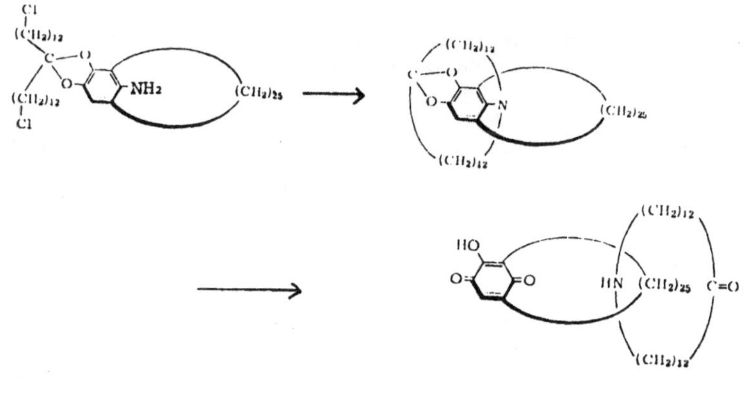

Abb. 24:

Gezielte Catenanbildung 16).

Zu den effektivsten Ringbildungen gehören die entsprechenden orbital-
kontrollierten konzertierten Reaktionen. Nach den Regeln der Einhaltung der Orbitalsymmetrie über den gesamten Reaktionsverlauf hinweg erfolgt die Ring-
schließung stereospezifisch 17). Dazu gehören die elektrocyclischen
Ringschlüsse als intramolekulare Reaktionen, z. B.

---

16) G. SCHILL und C. ZÜRCHER, Naturwiss. <u>58</u> (1971) 40.

17) R. B. WOODWARD und R. HOFFMANN: "Die Erhaltung der Orbitalsymmetrie"
Chemie, Weinheim (1970). - Siehe auch S. 195.

dann viele Dimerisationen von Olefinen 17a):

Ganz wesentlich sind die Cycloadditionen des Diels-Alder-Typs (Diensynthesen), die sowohl inter- (a) als auch intramolekular (b) verlaufen können 18):

Ferner zählen die meisten 1,3-dipolaren $[3 + 2]$ -Cycloadditionen dazu 19), z. B.

Den Diensynthesen verwandt sind die En-Synthesen 20). Sie führen zur Ringbildung, wenn sie intramolekular verlaufen:

Typ I, z. B.:   Lit. 20)

Typ II, z. B.:   Lit. 21)

Typ III, z. B.:   Lit. 22)

Weiter ist zu sagen: Neue Ringe können sich aus bestehenden im Zuge einer Ringerweiterung bzw. -verengung bilden, und zwar

1. durch Öffnen oder Schließen von Zwischenbindungen oder Verbrückungen:

17a) Vgl. dazu auch A. H. SCHMIDT und W. RIED, Synthesis (1978) 869.
18) L. A. PAQUETTE und M. J. WYVRATT, J. Am. Chem. Soc. 96 (1974) 4671.
19) R.HUISGEN, Angew. Chem. 75 (1963) 604, 742.
20) W. OPPOLZER und V. SNIECKUS, ibid. 90 (1978) 506.
21) F. J. McQUILLIN und D. G. PARKER, J. Chem. Soc. Perkin Trans. I, 1974, 809.
22) J. B. LAMBERT und J. J. NAPOLI, J. Am. Chem. Soc. 95 (1973) 294.

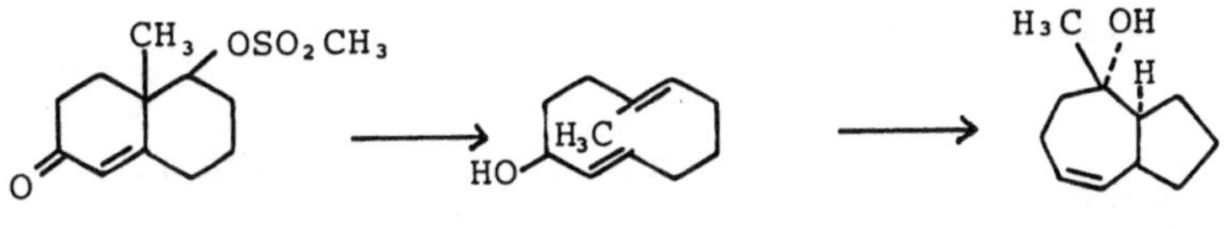

2. durch Umlagerung, z. B. ringerweiternd (nach HUISGEN)

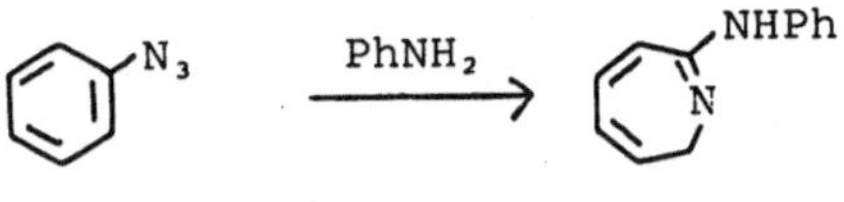

Lit. 23)

Lit. 24)

ringverengend (nach FAVORSKII)

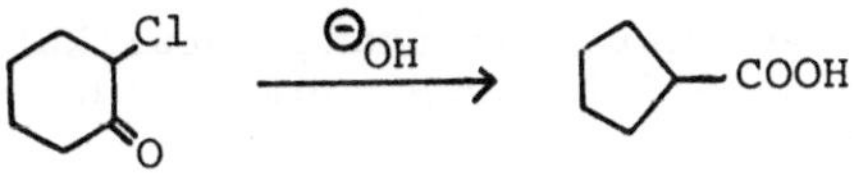

Lit. 25)

Ein durch Umlagerung hervorgerufener Einschub einer Seitenkette in den Ring kann auch fortgesetzt stufenweise erfolgen (Abb. 25).

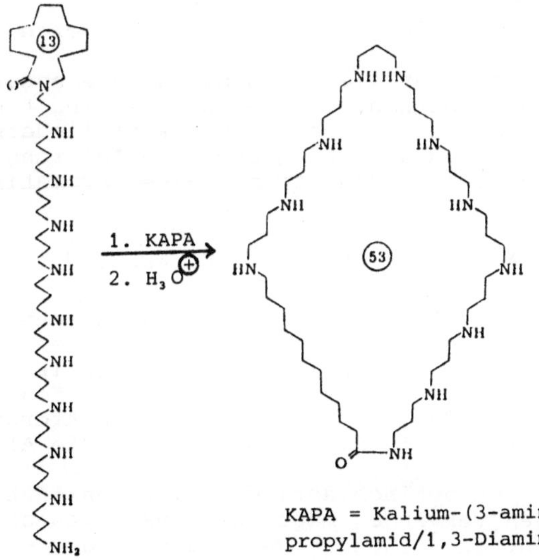

KAPA = Kalium-(3-amino)-propylamid/1,3-Diaminopropan

Abb. 25:

Bildung eines Makrocyclus durch fortgesetzte ringerweiternde Umamidierung 26).

23) J. A. MARSHALL und W. F. HUFFMAN, J. Am. Chem. Soc. 92 (1970) 6358.
24) R. HUISGEN, D. VOSSIUS und M. APPL, Chem. Ber. 91 (1958) 1, 12.
25) A. FAVORSKII et al., J. prakt. Chem. 88 (1913) 658.
26) U. KRAMER, A. GUGGISBERG, M. HESSE und H. SCHMID, Angew. Chem. 90 (1978) 210.

3. durch Insertion bzw. Extrusion:

Lit. 27)

Lit. 28)

4. durch Metathese: Diese vierzentren, durch Übergangsmetallkatalyse
zugänglichen Reaktionen erlauben vielfältige Ringumwandlungen.
Dabei gilt generell folgendes Schema:

Lit. 29)

Es erfolgt auch Bildung von höheren Oligomeren.

Abschließend sei noch auf die Ringsynthese aus anderen Ringen ohne
Änderung der Ringgliederzahl verwiesen. Das findet bei entsprechenden Umlagerungen und beim Austausch von Ringgliedern statt. Zu erwähnen ist in diesem Zusammenhang auch die Änderung des Sättigungs-
grades eines Ringes, insbesondere bei einer Aromatisierung.

7.3. GEWINNUNG VON OPTISCH AKTIVEN VERBINDUNGEN

Strebt man die Synthese eines Zielmoleküls an, das Chiralitätszentren
enthält, so stellt sich zunächst die Frage, ob es in optisch reiner
Form gewonnen werden soll. Falls mehrere Chiralitätszentren vorliegen,
lauten die nächsten Fragen: Ist deren relative Konfiguration wichtig,
sind sie benachbart oder weiter voneinander entfernt? Ferner: gibt es
spezielle Chiralitäten wie die Biphenyl- und die Allenisomerie?

Für die Synthese von optisch aktiven Molekülen läßt sich folgendes
empfehlen 30): Man verwende möglichst Ausgangsstoffe, die bereits
die Asymmetriezentren - auch in verborgener Form - enthalten, wenigstens aber eines davon in der gewünschten absoluten Konfiguration.
Liegen im gewünschten Zielmolekül mehrere Asymmetriezentren benachbart
vor, so sollte man stereoselektive Synthese durch asymmetrische Induktion versuchen. Eine solche kann extern durch chirale Reagenzien,
chirale Katalysatoren und chirale Lösungsmittel ausgelöst werden,
intern von Zentrum zu Zentrum. Enzymatisch stereoselektive Synthesen

27) D. SEYFERTH, T. F. O. LIM und D. P. DUNCAN, J. Am. Chem. Soc. 100 (1978) 1626.
28) B. P. STARK und A. DUKE: "Extrusion Reactions", Pergamon Press, Oxford (1967).
29) R. WOLOVSKY und Z. NIR, Synthesis 1972, 134.
30) Vgl. E. L. ELIEL, Tetrahedron 30 (1974) 1503. -
    J. W. SCOTT und D. VALENTINE, Science 184 (1974) 943. -
    S. TURNER: "The Design of Organic Synthesis", Elsevier, Amsterdam (1976).

sind, wenn möglich, wegen ihrer hohen Wirkungs- und Substratspezifität vorzuziehen.

Ein Beispiel für die asymmetrische Induktion mit einem optisch aktiven Hydrierungsreagenz zur Herstellung von optisch aktivem Alkohol aus inaktivem Keton ist das folgende 31):

Bei Polymerisationsreaktionen kann mit einem Kettenstart durch ein optisch aktives System eine asymmetrische Induktion eintreten, die sich dann von einem sich bildenden Asymmetriezentrum zum nächsten fortführt. Es entsteht optisch aktives Polymer. Leitet man durch ein inaktives System einen Kettenstart ein und führt der zur Ausbildung eines ersten Asymmetriezentrums, so induziert das nun die folgenden sich bildenden Asymmetriezentren. Damit entstehen Racemate von optisch aktiven Polymeren 32).

Ein wirksames Mittel zur Herstellung bestimmter Konfigurationen ist häufig eine intermediäre Bildung kleinerer Ringe durch Verbrückung. Dafür bietet die besprochene Prostaglandinsynthese ein gutes Beispiel 33):

Die sterische Kontrolle durch Verbrückung zeigt sich nicht nur in der unmittelbaren Festlegung einer bestimmten Konfiguration. Sie zeigt sich auch darin, daß sie mittelbar die Stabilität von Konformeren zugunsten eines bestimmten Konformeren verändern kann, was dann eventuell mögliche unterschiedliche Konfigurationen beeinflußt.

So wurde bei der Totalsynthese von Reserpin (1) durch WOODWARD et al. 34)

31) S. R. LANDOR, B. J. MILLER und A. R. TATCHELL, J. Chem. Soc. (C) (1967) 197.
32) Vgl. J. H. WINTER: "Die Synthese von einheitlichen Polymeren", Springer-Verlag, Berlin - Heidelberg - New York (1967).
33) Siehe S. 98.
34) R. B. WOODWARD, F. E. BADER, H. BICKEL, A. J. FREY und R. W. KIERSTEAD, Tetrahedron 2 (1958) 1.

zunächst mittels Diels-Alder-Synthese aus p-Chinon und Vinyl-acrylsäure das
Addukt (2) erhalten. Dasselbe enthält bereits drei von den fünf im gleichen
Ring anzustrebenden Asymmetriezentren richtig.

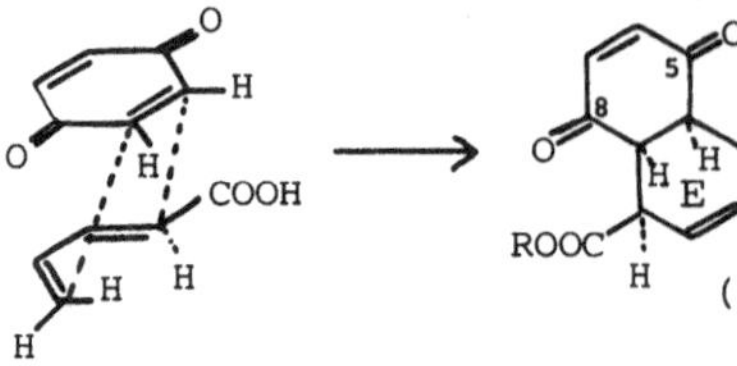

Nachdem die Synthese bis (3) gelangt war und alle fünf Stereoisomeriezentren
richtig positioniert vorlagen, verblieb noch das sechste Asymmetriezentrum mit
äquatorialem H herzustellen. Durch Hydrierung von (3) wurde der Wasserstoff aber
am C/D-Ringskelett in die axiale Position geleitet, während sich die begünstigte
Konformation (4 b) einstellte. Es war aber bekannt, daß durch die Behandlung mit
Säure eine Inversion an einem so lokalisierten Asymmetriezentrum möglich sein
sollte, allerdings nicht unter den vorliegenden Gegebenheiten dieser stabilen
Konformation. Wenn man dagegen das Molekül in die entgegengesetzte Konformation
(5) zwingen könnte, sollte die Inversion möglich werden. Durch Verbrückung nach
Lactonbildung (6) ergab sich diese entgegengesetzte Konformation und die Inversion gelang darauf tatsächlich. Somit war der Weg zum Reserpin (1) endgültig
frei.

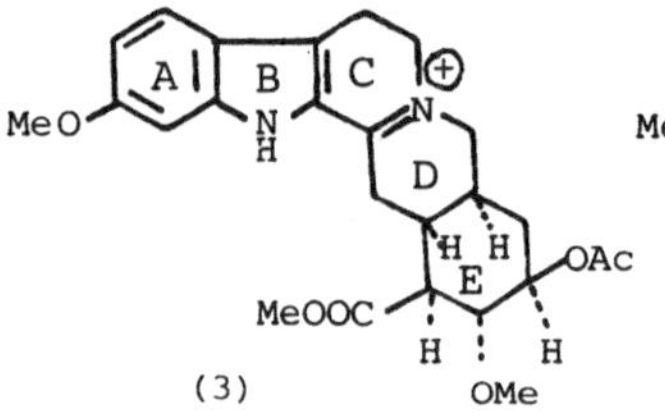

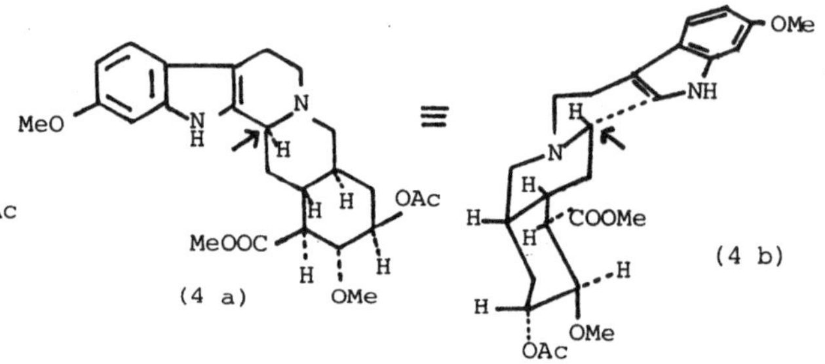

Häufig entstehen bei einer Synthese Racemate oder liegen dieselben
als Ausgangsmaterial vor. Dabei ergibt sich die Frage, wann im Verlaufe
des Syntheseganges eine Auftrennung - wenn überhaupt - vorgenommen
werden soll, möglichst frühzeitig oder zuletzt. An sich sollte man
der Notwendigkeit einer Racemattrennung ausweichen, da dies mühevoll
und teuer ist. Wenn es nicht möglich ist, bereits mit optisch aktivem
Ausgangsmaterial die Synthese zu beginnen, so kann man vielleicht
solches racemisches verwenden, in dem wenigstens einige der Asymmetriezentren in der richtigen relativen Konfiguration vorliegen.

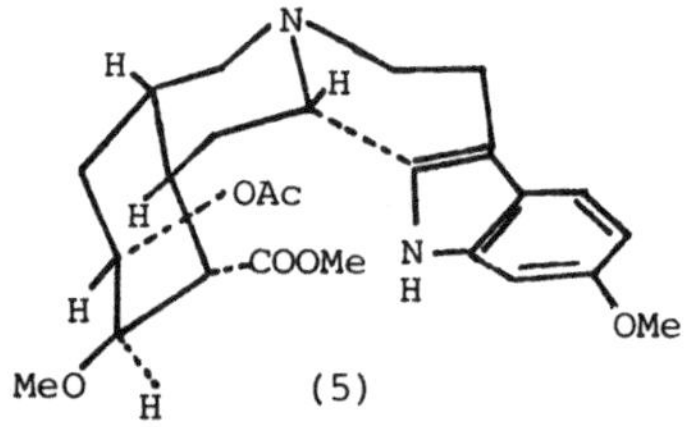

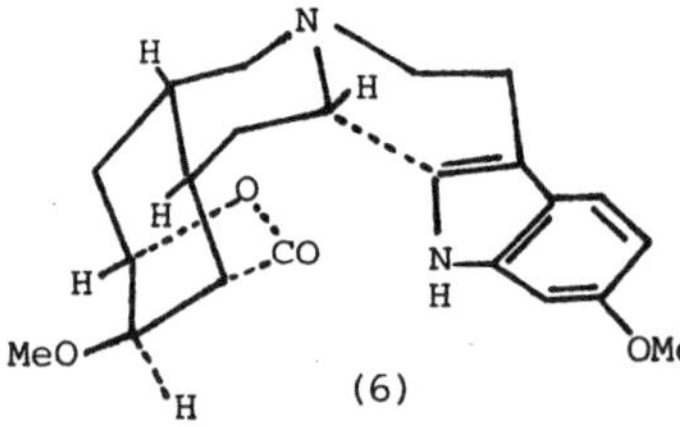

Chemische Auftrennungen von Racematen - neben den physikalischen
nach Umsetzung mit optisch aktiven Verbindungen und Rückgewinnung-

können z. B. durch selektive enzymatische bzw. fermentative Umsetzung,
durch Photolyse in Gegenwart eines optisch aktiven Sensibilisators
oder auch wie im folgenden Beispiel bewirkt werden. Hier wurde ein
Racemat durch einen optisch aktiven Reaktionspartner in eine optisch
aktive Verbindung, also ein bestimmtes Enantiomeres (vorzugsweise)
umgewandelt:

Es ist die asymmetrische Synthese von (+)-Mesembrin (3) mit dem Schlüsselschritt
der Umwandlung des racemischen Aldehydes (1) mit L-Prolin-pyrrolidid zum Enamin,
Alkylierung desselben mit Methyl-vinyl-keton und anschließender Cyclisierung zum
optisch aktiven (+)-Cyclohexenon (2). Das wurde dann in (+)-Mesembrin übergeführt
34).

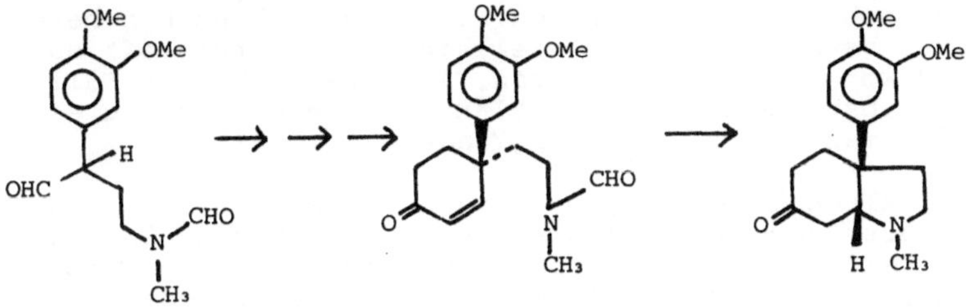

(1)   (2)   (3)

Inzwischen gewinnen Molekülverbindungen, bei denen das Wirtsmolekül
sehr spezifisch Strukturen eines Gastmoleküls erkennt, an Bedeutung
35). Sie gehen allmählich so weit, daß ein optisch aktives Wirtsmolekül das Gastmolekül bestimmter Chiralität auswählt und damit eine
Racemattrennung ermöglicht. Ein Beispiel ist dafür das folgende
Molekül:

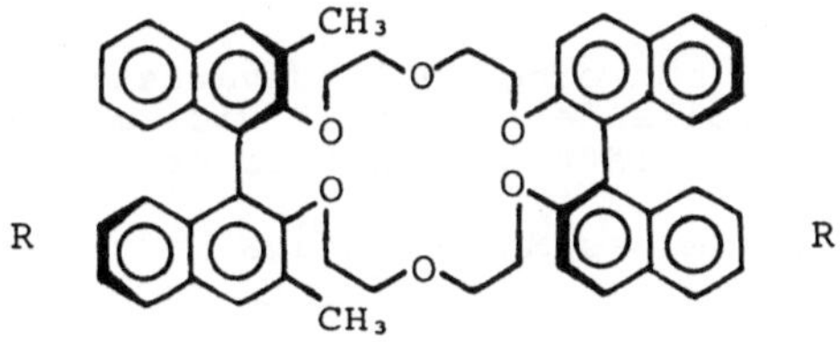

34) G. OTANI und S. YAMADA, Chem. Pharm. Bull. (Japan) 21 (1973) 2130.
35) D. J. CRAM und J. M. CRAM, Acc. Chem. Res. 11 (1978) 8:
   "Design of Complexes between Synthetic Hosts and Organic Guests".

8. ERWEITERTE SYNTHESEPLANUNG

Im erweiterten Sinne gehören zur Syntheseplanung auch die Stoffplanung,
die Planung zur Verfahrenstechnik (in Labor und Betrieb) sowie die
Analytik.

8.1. STOFFPLANUNG

In den meisten Fällen hat man bei der Planung einer Synthese einen
angezielten Stoff vor Augen. Dieses Zielmolekül - gegebenenfalls
handelt es sich auch um ein System von Molekülen - kann nun bereits
in seiner Struktur bekannt sein und vielleicht als Naturstoff oder
als Syntheseprodukt irgendwo existieren. Ist das nicht der Fall, so
wird der Stoff selbst Gegenstand der Planung. Die Anlässe zu einer
Stoffplanung kann man wie folgt untergliedern 1):

1. Die Struktur als solche kann von Interesse sein. So mag man in
   einer Struktursystematik Lücken erkennen, die man schließen
   möchte. Vielleicht ist es eine bestimmte Konstitution, Konfiguration oder Konformation, die man aus den verschiedensten
   Gründen ins Auge gefaßt hat, z. B. aus Symmetriegründen, aus
   Erwägungen, die mit einer Theorie verbunden sind und dergleichen.

2. Die erwarteten Eigenschaften eines Stoffes können Anlaß sein. Das
   können Reaktivitäten sein, physikalische und anwendungstechnische
   Eigenschaften. Mit der Stoffplanung im Hinblick auf erwartete
   Eigenschaften werden wir uns ausführlicher beschäftigen.

3. Schließlich kann der Anlaß vom Syntheseverfahren herrühren.
   Bestimmte Syntheseprinzipien können eine Stoffplanung regelrecht
   stimulieren 2).

Durch eine Stoffplanung nimmt man eine "Molekülvariation" vor. Das
gilt im weiteren Sinne (nachfolgender Punkt 1) wie im engeren (nachfolgende Punkte 2 bis 4). Dabei läßt sich unterscheiden:

1. Effektive Neukonstruktion eines Moleküls aus bestimmten Atomen
   und Atomgruppen.

2. Isomerisierung eines bekannten Moleküls, also Beibehaltung der
   Atome aber Änderung von Bindungen innerhalb des Moleküls.

3. Analogisierung eines bekannten Moleküls, also Austausch von
   einzelnen Strukturteilen unter Erhalt des Molekül-Grundmusters.

4. Homologisierung eines bekannten Moleküls, somit wiederholte
   Einführung von einzelnen Strukturteilen in derselben prinzipiellen
   Anordnung.

Über die Variation des Einzelmoleküls geht man bereits hinaus in
Richtung auf Molekülsysteme, wenn man nämlich

5. Moleküle eigenen Typs hauptvalenzmäßig geringfügig miteinander
   verknüpft. (Man denke z. B. an die an synthetische Polymere gebun-

---

1) Vgl. Motive einer Syntheseplanung S. 9.

2) Das geht aus den bisherigen Ausführungen zur Syntheseplanung in diesem Buch
   vielfach hervor.

denen nieder- und hochmolekularen Stoffe zur Steuerung von
Synthesen, in der Katalyse 3), zur besseren Abtrennung und
Reinigung usw.).

Schließlich folgt

6. der Entwurf von Molekülsystemen (Molekülverbindungen, Einschlußverbindungen, Catenanen usw., aber auch organisierte oder nicht-
organisierte Gemenge und Mischungen) aus bereits existierenden
oder nach den Punkten 1. bis 4. zweckmäßig zu planenden Molekülen.

Zu unterscheiden ist noch die exakte Planung eines reinen Stoffes,
bei dem Molekül für Molekül gleich sein sollen, und die statistische
Planung. Im letzteren Falle werden die angezielten Strukturen und
Molekülgrößen nur im Mittel über alle Moleküle erwartet. Man will in
Kauf nehmen oder wünscht sogar, daß also die Moleküle untereinander
keineswegs identisch sind. Der Unterschied zwischen exakter und
statistischer Stoffplanung wird umso bemerkenswerter, je höher die
Molekulargewichte der Zielstoffe werden, also insbesondere bei
hochmolekularen Stoffen 4).

In der angewandten Chemie richtet sich die Stoffplanung sehr nach
erwarteten Eigenschaften der Stoffe. Sucht man z. B. bestimmte Wirkstoffe oder Additive, so pflegt man in folgender Weise vorzugehen:

Man prüft willkürlich herausgegriffene oder gerade zur Verfügung
stehende Substanzen auf ihre Wirksamkeit im gewünschten Sinne
("Screening-Verfahren"). Bei den "Treffern" wird weiter angesetzt
und durch Molekülvariation das strukturelle "Umfeld" planerisch angegangen. Gleichzeitig pflegen Theorien über die Wirkungsmechanismen
zu entstehen (Struktur-Wirkungsbeziehungen). Speziell bei Arznei-
mitteln werden die Stoffplanungen häufig an Naturstoffen orientiert,
deren biologische Wirkung bekannt ist, wie auch an bekannten Pharmaka
der reinen Synthesechemie. Ferner kann man davon ausgehen, daß Stoffe,
die natürlichen Metaboliten ähnlich sind, auch eine gewisse biologische Aktivität aufweisen. Zeigt eine aktive Substanz negative
Nebenwirkungen, so lassen sich diese mitunter durch gezielte Struk-
turänderungen zur positiven Hauptwirkung optimieren. Ein weiteres
Kapitel ist das Zusammenspiel von Wirkstoffen, das synergistisch
sein kann, d. h. die Gesamtwirkung kombinierter Wirkstoffe ist
größer als die Summe ihrer Einzelwirkungen. Hierzu sind Kombinations-
planungen möglich.

Bei der Aufklärung von Struktur-Wirkungsbeziehungen von Pharmaka
ergeben sich Schwierigkeiten z. B. dadurch, daß es nicht der Stoff
selbst zu sein braucht, der wirkt, sondern ein Umwandlungsprodukt im
Organismus. Unterschiede in der Wirkung von nahe verwandten Stoffen
können qualitativer und quantitativer Art sein. Die Wirkung kann auf
Oberflächeneffekten beruhen oder definiert durch Konstitution, Konfiguration und Konformation, durch den betreffenden Stoff allein oder
im Zusammenwirken bzw. im Verbund mit einem anderen bedingt sein.

Mit Regressionsverfahren 5) wird versucht, die Struktur-Wirkungsbeziehungen zu klären. Vielfältig bemüht man sich, die Beziehungen zu
quantifizieren und damit berechenbar zu machen (quantitative Struktur-

---

3) Siehe auch S. 195.

4) Siehe S. 70.   Vgl. J. H. WINTER: "Die Synthese von einheitlichen Polymeren",
Springer-Verlag, Berlin - Heidelberg - New York (1967).

5) Vgl. Zitat S. 8.

Wirkungs-Analyse QSWA). Hierzu bedarf es geeigneter Modellvorstellungen über den Wirkungsmechanismus, der sich nicht nur auf den Ort
des Geschehens beschränkt, sondern auch den Weg des Wirkstoffes dort-
hin einbezieht. Bei Pharmaka wird deshalb der pharmazeutische, der
pharmakokinetische und der pharmakodynamische Prozeß unterschieden.
Der pharmazeutische Prozeß betrifft dabei die Auswirkungen der gale-
nischen Zubereitung, der pharmakokinetische die Wechselwirkung mit
dem gesamten Organismus, insbesondere auf dem Wege zum Wirkungsort,
der pharmakodynamische die endliche Reaktion am Wirkungsort einschließlich der Komplexierung mit dem Rezeptor.

(Bei völlig anderen Systemen, wie z. B. Stabilisatoren in Kunststoffen
ist die Situation trotz aller tiefgreifenden Unterschiede dennoch vergleichbar: Zubereitung, Einarbeitbarkeit, vorzeitige Wechselwirkung,
Verträglichkeit, der eigentliche stabilisierende Effekt usw. sind
analoge Vorgänge).

Die Wirkung eines Stoffes muß durch Aktivitätsparameter zugänglich
sein, die mit der eigentlich angestrebten Gesamtwirkung korreliert
werden. Wichtige Korrelationsverfahren sind:

Das LFE-bezogene Modell nach HANSCH, eine lineare freie Enthalpie-
Beziehung der Aktivität des Wirkstoffes 6). Es geht davon aus, daß die
biologische Aktivität einer homologen (congeneren) Wirkstoff-Reihe
durch Substituenten-Einflüsse variiert wird und durch verschiedene
Liganden-Parameter beschrieben werden kann 7).

Das de novo-Modell von FREE und WILSON 8); es arbeitet mit parameter-
freien Eingangsgrößen.

Das DARC-PELCO-Verfahren von DUBOIS et al 9).

Verfahren aufgrund quantenchemischer Modelle.

Statistische Verfahren der Diskriminanten-Analyse, Faktor-Analyse
und Muster-Erkennung (pattern recognition) 10).

Die sogenannte "Stufen- Simplex-Methode" von DARVAS ist für Verbin-
dungsreihen anwendbar, von denen zwei strukturbezogene Aktivitäts-
Parameterwerte (HANSCH-Parameter) bekannt sind und als ebene Koordinaten eingetragen werden. Wenn die biologische Gesamtwirkung von
drei Verbindungen A, B und C vorliegt, werden deren Koordinatenwerte
miteinander verbunden, wodurch sich ein Dreieck ergibt (siehe Abb. 26).
Von der wenigst aktiven Verbindung, etwa C, aus wird eine Gerade über
den Mittelpunkt der Verbindungslinie der beiden anderen Verbindungen
A und B hinweggeführt. Die danach nächstliegende weitere Verbindung,
etwa E (nächstliegend hinsichtlich der strukturbezogenen Parameter-
Koordinaten), wird in Bezug auf Gesamtwirkung geprüft. Ein neues
Dreieck wird dann zwischen A, B und E gebildet während C ausscheidet
(sofern E aktiver als C ist). Hier wird nun wie vorstehend verfahren
und somit eine nächste Verbindung F angezielt usw. Das Optimum ergibt
sich dadurch, daß es auf Dauer nicht ausgetauscht wird. Die verbleibenden, nicht einbezogenen Verbindungen brauchen dann nicht auf Gesamtwirkung getestet zu werden 11).

---

6) Vgl. S. 193.
7) C. HANSCH, Acc. Chem. Res. 2 (1969) 232.
   A. LEO, C. HANSCH und C. CHURCH, J. Med. Chem. 12 (1969) 766.
   C. HANSCH, Seite 271 in E. J. ARIËNS (Hrsg.), "Drug Design", Vol. I, s. unten. -
   An das HANSCH-Modell schließt sich das Diagramm-Verfahren von CRAIG an:
   P. N. CRAIG, J. Med. Chem. 14 (1971) 680.
8) S. M. FREE jr. und J. W. WILSON, J. Med. Chem. 7 (1964) 395.
9) Siehe S. 194.
10) Vgl. S. 13.
11) F. DARVAS, J. Med. Chem. 17 (1974) 799.

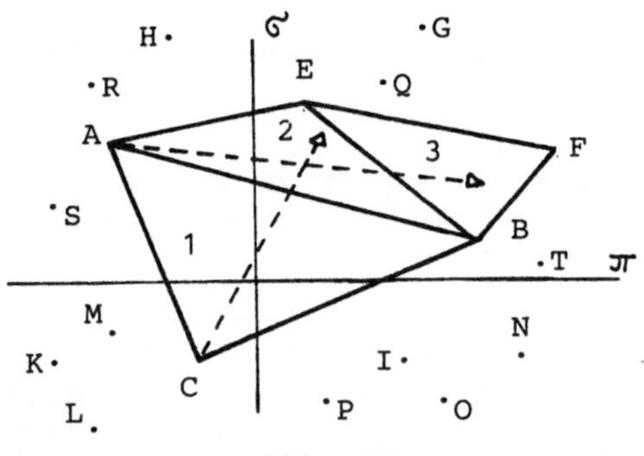

Abb. 26:

"Stufen-Simplex-Methode" nach DARVAS zur Ermittlung des
aktivsten Derivates aus einer Verbindungsreihe A, B ...
Die Verbindungen wurden nach strukturbezogenen Parameter-
werten σ und π (HANSCH-Parameter) im Koordinatensystem eingetragen 11). (Erläuterung s. Text.)

Für die geplanten Derivate eines Leitmoleküls lassen sich Fließsche-
mata entwerfen, die je nach gemessener Aktivität die Reihenfolge
ihrer Synthese bestimmen. Beispielsweise kann man festlegen, daß

"wenn der Substituent a in Position alpha eine Verbesserung der
Aktivität des Leitmoleküls hervorbringt, als nächstes der Substituent b in beta-Position eingeführt wird, wenn er jedoch eine Ver-
schlechterung bedingt, er durch den Substituenten c ersetzt wird .."
usw..

Nach TOPLISS kann ein solches Fließschema wie in Abb. 27 aussehen 12).

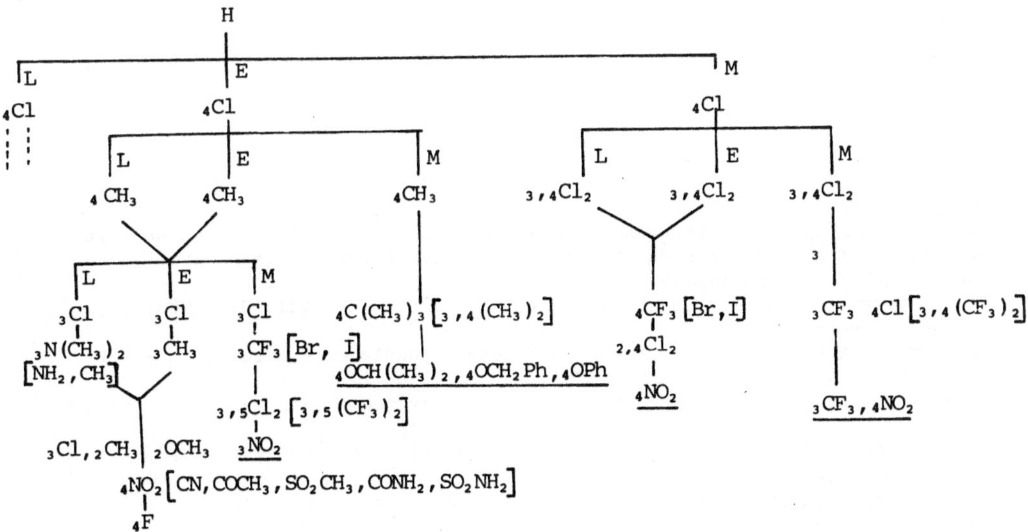

Abb. 27:

Arbeitsschema zur Planung einer Aromatensubstitution zwecks Wirkungs-
optimierung. M = more, höhere, E = equal, gleichbleibende, L = less,
geringere Aktivität. ($_4OCH_3$ bedeutet z. B. para-substituierendes
Methoxyl) 12).

12) J. G. TOPLISS, J. Med. Chem. 15 (1972) 1006.

In der Praxis soll von der Leitsubstanz aus das Derivat höchster
Aktivität möglichst rasch erreicht werden. Nach BUSTARD wird aus
einer Serie alkylsubstituierter Verbindungen mit verschieden langer
Alkylkette sehr schnell das Optimum gefunden. Dazu wird zunächst
ein Intervall aus dem Teil der homologen Verbindungsreihe aufgesucht,
in dem das Optimum zu erwarten ist; zwei Moleküle daraus werden hergestellt und getestet, wonach sich ein kleineres Intervall mit dem
Optimum finden läßt usw. 13).

Nun noch einige Worte zur Stoffoptimierung im Sinne der Evolutionsstrategie 14). Diese sieht wie folgt aus:

Ein Molekül(system) soll beispielsweise unter tropischen Bedingungen
bestimmte Pflanzen gegenüber bestimmten Schädlingen besonders gut
schützen. Man wird eine Reihe von unterschiedlichen Präparationen
planen, herstellen und auf ihre Wirkung prüfen. Von diesen verwirft
man eine bestimmte Anzahl der schlechteren. An den verbliebenen
Präparationen (der 1. Generation) nimmt man willkürliche Änderungen 15)
vor und prüft erneut (2. Generation). Die verbliebenen Präparationen
der 1. Generation und die Präparationen der 2. Generation werden ver-
eint verglichen, wie gehabt selektiert und verändert. Das wird fortgesetzt, bis daß sich keine Wirkungsverbesserungen mehr erzielen
lassen. Die beste Präparation wird dann verwendet.

Allerdings ist eine dergestalt zufallsbedingte Weiterentwicklung im
allgemeinen sehr langsam. Zur Beschleunigung lassen sich ebenfalls
biologische Vorgänge zum Vorbild nehmen, so die sexuelle Fortpflan-
zung und Züchtung. Hierzu erfolgt zunächst die getrennte Verbesserung
zweier (oder mehrerer) bereits vorliegender Objekte derselben Art.
Diese werden (als "Eltern") derartig miteinander kombiniert, daß
aus beiden die Ursachen verbesserter Eigenschaften entnommen werden,
wodurch ein gleichsam höhergezüchtetes ("Kind-") Objekt entsteht 16).

---

13) T. M. BUSTARD, J. Med. Chem. 17 (1974) 777.

14) Siehe S. 8.

15) Sind die Veränderungen nicht mehr willkürlich, so geht man allmählich zur
Optimierung aufgrund erkannter Gesetzmäßigkeiten über.

16) Weitere Literatur:
J. K. SEYDEL und K. J. SCHAPER: "Chemische Struktur und biologische Aktivität
von Wirkstoffen. Methoden der Quantitativen Struktur-Wirkungs-Analyse",
Verlag Chemie, Weinheim (1979). -
E. J. ARIËNS (Hrsg.): "Drug Design", Vol. 1: 1971 bis Vol. 9: 1980,
Academic Press, New York. -
E. KUTTER (Hrsg.): "Arzneimittelentwicklung, Grundlagen - Strategien - Per-
spektiven", Thieme, Stuttgart (1978). -
H. KÖNIG, Angew. Chem. 92 (1980) 802:   "Pharmachemie im Wandel - Probleme
und Chancen". -
D. LEDNICER und L. A. MITSCHER: "Organic Chemistry of Drug Synthesis",
Wiley, New York (1977). -
Siehe auch "Computer-Assisted Drug Design", ACS Somposium Series No. 112,
Washington (1979).

8.2. Planung zu physikalisch-technischen Verfahren

Zur Beurteilung einer Synthese dürfen die rein chemischen Aspekte
nicht isoliert gesehen werden. Abhängig vom Motiv der Synthese
spielen die verfahrenstechnischen Gesichtspunkte eine oft große
Rolle. Will man eine chemisch geklärte Synthese realisieren, so
können sich schwerwiegende Probleme hinsichtlich Aggressivität der
beteiligten Stoffe gegenüber Anlagenmaterialien, hinsichtlich Druck-
und/oder Temperaturforderungen, hinsichtlich des Stofftransportes,
der Stoffreinigung bzw. allgemein der Aufarbeitung von Produkten
usw. ergeben 17).

8.2.1. Physikalische Laboratoriumsmethoden

Bereits im Laboratorium können durch die Technologie einer Synthese-
methode mitunter erhebliche Einflüsse auf den Syntheseverlauf ausge-
übt werden 18). Vor allem aber müssen die Trenn- und Aufarbeitungs-
möglichkeiten der Produkte bei der Syntheseplanung in vielen Fällen
sorgfältig mitbedacht werden, da sie mitunter über die Zweckmäßigkeit
eines chemischen Verfahrens entscheiden. Sie gewinnen besonderen Rang
bei Racemattrennungen 19).

Umfassende Überblicke zu physikalischen Laboratoriumsmethoden bieten
die Handbücher:

"Techniques of Chemistry" 20),

Houben-Weyl "Methoden der Organischen Chemie" 21),

"Methodicum Chimicum" 22).

8.2.2. Chemische Verfahrenstechnik

Die Reaktionschemie im Glasgefäß mit Labormaßstab ist grundsätzlich
nicht anders als im Rührkessel eines Technikums oder eines Produk-
tionsbetriebes. Dennoch gibt es im allgemeinen markante Unterschiede,
die vor allem durch das üblicherweise andere Verhältnis von Sub-
stanzvolumen zu Oberfläche bedingt ist:

---

17) Hierbei pflegen numerische Daten zu Stoffeigenschaften wichtig zu sein; siehe
hierzu "International Compendium of Numerical Data Projects, A Survey and
Analysis", Produced by CODATA, The Committee on Data for Science and Technology of the International Council of Scientific Unions, Springer-Verlag, Berlin
- Heidelberg - New York (1969). Das Buch gibt umfassenden Überblick über einschlägige Sammelwerke und Organisationen in der Welt. Ferner wird das "CODATA
Bulletin" herausgegeben: CODATA Secretariat, 51 Boulevard de Montmorency,
75016 Paris, France. Siehe weiter: "Data Handling for Science and Technology,
an Overview and Sourcebook", S. A. ROSSMASSLER und D. G. WATSON (Hrsg.),
North-Holland Publ., Amsterdam (1980).

18) So kann man z. B. durch Elektrosynthese das Produktspektrum erheblich steuern
und Coprodukte vermeiden, siehe F. BECK: "Elektroorganische Chemie", Verlag
Chemie, Weinheim (1974).

19) Siehe z. B. S. H. WILEN, A. COLLET und J. JACQUES, Tetrahedron 33 (1977) 2725:

20) Siehe S. 210.   "Strategies in Optical Resolution"

21) Siehe S. 201.

22) Siehe S. 202.   Ferner N. N. LI et al. (Hrsg.): "Recent Developments in
Separation Science", Vol. 1: 1972 bis Vol. 5: 1979   RCR-Press, Cleveland,
Ohio. -
E. S. PERRY, C. J. van OSS und E. GRUSHKA (Hrsg.): "Separation and Purification
Methods", Marcel Dekker, New York.

Wegen der relativ geringeren Oberfläche im großen Rührkessel hat man
es mit wesentlich ungünstigeren Wärmeaustauschvorgängen zu tun, oft
verstärkt durch Belagbildungen. Die Durchmischungsvorgänge sind
schwieriger, Anfahr- und Abkühlungszeiten verlängern sich. All das
verändert Umsätze und Ausbeuten. Ferner treten Materialprobleme auf.
Das chemisch so resistente Glas muß im allgemeinen durch Metalle
ersetzt werden. Fragen der Korrosion sind wesentlich. Ventile, Pumpen,
Rohrleitungen, Aufarbeitungseinrichtungen wie Filter und Destillier-
anlagen, der Transport der Gase, Flüssigkeiten und Feststoffe schaffen
andere Probleme als sie im Labor bestehen. Bei allem schlagen die
Kosten viel stärker durch. Ferner werden Verfahren entwickelt, die
im Labor unüblich sind, sich aber unter technischen Bedingungen
bewähren 23). Entsprechend bestehen besondere Planungs- und Opti-
mierungsaufgaben. Große Bedeutung kommt der Meß- und Regeltechnik
zu, neuerdings gekennzeichnet durch die Einführung von Mikroprozes-
soren, verbunden mit weiterer Automatisierung.

Zur Syntheseplanung gesellt sich somit vor allem verfahrenstechnische
Anlagenplanung, wozu eine enge Zusammenarbeit von Chemikern, Ver-
fahrenstechnikern, Maschinenbau- und Elektroingenieuren notwendig
ist. Dabei sind zu unterscheiden 24):

- Neukonstruktion von Anlagen,

- Anpassungskonstruktion bei veränderter Verwendung einer vorliegenden Anlage und

- Variantenkonstruktion, d. h. das Variieren in Größe und Art von
  üblichen Anlagen.

Inzwischen sind Methoden der computerunterstützten Planung von Anlagen
(Computer Aided Design = CAD) ebenso aktuell wie die der computerunterstützten Syntheseplanung 25).

---

23) Literaturrecherchen zur Verfahrenstechnik z. B. über IDC, Siehe S. 21.
    sowie direkt bei DECHEMA Deutsche Gesellschaft für chemisches Apparatewesen
    e. V., D-6000 Frankfurt am Main 97, Theodor-Heuss-Allee 25, zu den Themen
    Chemische Technik, Stoffdaten, Werkstoffe und Korrosion, Bezugsquellen. Die
    Informationsdienste der DECHEMA liefern einschlägige Literaturhinweise.

24) O. REICHERT: "Systematische Planung von Anlagen der Verfahrenstechnik",
    HANSER Verlag, München (1979).

25) P. BENEDEK et al.: "SIMUL, ein Programm für die mathematische Simulation von
    verfahrenstechnischen Systemen", Akademie-Verlag, Berlin (1977). -
    E. M. ROSEN und A. C. PAULS, Comput. Chem. Engng. 1 (1977) 11: "Computer Aided
    Chemical Process Design: The FLOWTRAN System". -
    E. FUTTERER, Chemie-Technik 5 (1976) 245:   "Computergestützte Netzplan-
    technik bei der Planung und Überwachung des Baues chemischer Anlagen". -
    Siehe auch R. KLAUS und D. W. T. RIPPIN, Chimia 34 (1980) 286.
    Siehe auch Fußnote S. 148. Weitere Literatur zur Verfahrenstechnik:
    K. DIALER und A. LÖWE: "Chemische Reaktionstechnik", Hanser Verlag, München
    (1975). -
    E. FITZER und W. FRITZ: "Technische Chemie - Eine Einführung in die chemische
    Reaktionstechnik", Springer-Verlag, Berlin - Heidelberg - New York (1975). -
    K. G. KENBIGH und J. C. R. TURNER: "Einführung in die chemische Reaktions-
    technik", Verlag Chemie, Weinheim (1973). -
    B. KÖGL, F. MOSER und H. POINTNER: "Grundlagen der Verfahrenstechnik", Springer-
    Verlag, Wien - New York (1980). -
    U. HOFFMANN und H. HOFMANN: "Einführung in die Optimierung", Verlag Chemie,
    Weinheim (1971). -
    Siehe weiter S. 146.

8.3. Analytik

8.3.1. Leistungen und Entwicklungen

Die chemischen Methoden der Analytik (incl. Elementaranalyse oder pyrolytischer Abbau z. B. bei Naturstoffen) wurden frühzeitig durch physikalische Methoden ergänzt und werden in zunehmendem Maße durch solche verdrängt 26). Gleichzeitig steigen der apparative Aufwand und die Kosten. Zur Strukturaufklärung dienen u. a. Massenspektroskopie 27), NMR-Spektroskopie 28), ESR-Spektroskopie 29), UV-Spektroskopie 30), IR-Spektroskopie 31),

---

26) Allgemeinere analytische Literatur:

F. EHRENBERGER und S. GORBACH: "Methoden der organischen Elementar- und Spurenanalyse", Verlag Chemie, Weinheim (1973). -
W. D. OLLIS: "Structure Determination in Organic Chemistry", Butterworths, London (1973). -
J. B. LAMBERT, H. F. SHURVELL, L. VERBIT, R. G. COOKS und G. H. STOUT: "Organic Structural Analysis", Macmillan, New York (1976). -
"Determination of Organic Structures by Physical Methods", Vol. 1: 1955 bis Vol. 6: 1976 , Academic Press, New York. -
I. M. KOLTHOFF et al. (Hrsg.): "Treatise on Analytical Chemistry", Pt. 1, Vol. 1: 1959 bis Vol. 11: 1975 , Vol. 12: 1976 (Index): "Theory and Practice"; Pt. 2, Vol. 1: 1961 bis Vol. 16: 1980 , Vol. 17: 1980 (Index): "Analytical Chemistry of Inorganic and Organic Compounds"; Pt. 3, Vol. 1: 1967 bis Vol. 4: 1977: "Analytical Chemistry in Industry", Wiley, New York.
D. H. WILLIAMS und I. FLEMING: "Spektroskopische Methoden zur Strukturaufklärung", Thieme, Stuttgart (1979). -
E. FAHR und M. MITSCHKE: "Spektren und Strukturen organischer Verbindungen. Strukturaufklärung durch kombinierte Auswertung von Elementaranalyse, NMR-, IR-, UV- und Massenspektrum", Verlag Chemie, Weinheim (1979). -
Siehe ferner Handbücher im Anhang S. 199 ff.

27) J. SEIBL: "Strukturaufklärung organischer Verbindungen. Massenspektrometrie", Akademische Verlagsgesellschaft, Frankfurt am Main (1979). -
H. BUDZIKIEWICZ, C. DJERASSI und D. H. WILLIAMS: "Mass Spektrometry of Organic Compounds", Holden-Day, San Francisco (1967). -

28) T. CLERC und E. PRETSCH: "Strukturaufklärung organischer Verbindungen. Kernresonanzspektroskopie", Akademische Verlagsgesellschaft, Frankfurt am Main (1970).-
L. M. JACKMANN und S. STERNHELL: "NMR-Spectroscopy in Organic Chemistry", Pergamon Press, Oxford (1969). -
H. SUHR: "Anwendung der kernmagnetischen Resonanz in der Organischen Chemie", Springer-Verlag, Berlin - Heidelberg - New York (1965). -
J. S. WAUGH (Hrsg.): "Advances in Magnetic Resonance", Vol. 8: 1976 , Academic Press, New York.

29) K. SCHEFFLER und H. B. STEGMANN: "Elektronenspinresonanz", Springer-Verlag, Berlin - Heidelberg - New York (1970). -
N. M. ATHERTON: "Electron Spin Resonance", Wiley, New York (1973).

30) A. I. SCOTT: "Interpretation of the Ultraviolet Spectra of Natural Products", Pergamon Press, Oxford (1964). -
Siehe ferner Handbücher

31) H. J. HEDIGER: "Strukturaufklärung organischer Verbindungen. Infrarotspektroskopie", Akademische Verlagsgesellschaft, Frankfurt am Main (1970). -
G. KEMMNER: "Infrarot-Spektroskopie, Grundlagen, Anwendungen, Methoden", Frank'sche Verlagshandlung, Stuttgart (1969).

Raman-Spektroskopie 32), Photoelektronen-Spektroskopie 33), mit zunehmender Bedeutung die Röntgen-Diffraktion 34). Vielfach ausgeführt werden Messungen von Dissoziationskonstanten 35), der optischen Rotationsdispersion und des Cirkulardichroismus 36), Messungen von Radioaktivitäten im Zuge der Tracermethoden. Wichtige Vorteile der physikalisch-chemischen Verfahren: Meist zerstörungsfrei, sodaß die Proben mehrfach verwendet werden können, geringe notwendige Probenmengen, geringer Zeitaufwand. Durch Kopplung mit geeigneten Trennverfahren, insbesondere der Chromatographie 37), werden rationelle Geräteausnutzungen erreicht. Fortschreitende Automatisierung mit Computer-Steuerung und -Auswertung sind jüngste Trends. Hierdurch steigen Genauigkeit und Zuverlässigkeit der Ergebnisse 38).

Den Methoden zur computerunterstützten Syntheseplanung sind die Computer-Methoden zur Strukturaufklärung anhand von Analysenergebnissen sehr verwandt. Letztere können in zwei Arten unterteilt werden: Eine ist die Retrieval-Methode, bei der die Analysenergebnisse einer unbekannten Substanz mit solchen bekannter und entsprechend gespeicherter Substanzen verglichen werden 39). Aus festgestellten Übereinstimmungen wird auf die wahrscheinlichste Struktur der unbekannten Substanz geschlossen. Bei der anderen werden mit Hilfe von Regeln die wahrscheinlichsten Strukturen der aufzuklärenden Verbindungen durch eine automatische Datenanalyse, beispielsweise der Spektren, anhand von Partialstrukturen generiert 40). Die Retrieval-Methode leidet darunter, daß es einerseits notwendig ist, sehr viele Vergleichssubstanzen zu speichern - bei der Vielzahl der bekannten und der ständig neu auftretenden Verbindungen mit ihren Spektraldaten eine

---

32) N. B. COLTHUP, L. H. DALY und S. E. WIBERLEY: "Introduction to Infrared and Raman Spectroscopy", Academic Press, New York (1964). -
M. A. SZYMANKY (Hrsg.): "Raman-Spectroscopy, Theory and Practice", Plenum Press, New York (1967).

33) Siehe Handbücher Seite 201 etc.

34) G. H. STOUT und L. H. JENSEN: "X-Ray Structure Determination", Macmillan, New York (1968).

35) Siehe Handbücher

36) P. CRABBÉ: "Optical Rotatory Dispersion and Circular Dichroism in Organic Chemistry", Holden-Day, San Francisco (1965). -
G. SNATZKE: "Optical Rotatory Dispersion and Circular Dichroism in Organic Chemistry", Heyden, London (1967).

37) Siehe "Advances in Chromatography" und Handbücher. -
R. L. GROB: "Modern Practice of Gas Chromatography", Wiley, New York (1977).

38) "Automation in Analytical Chemistry", Top. Curr. Chem. 29 (1972), Springer-Verlag, Berlin - Heidelberg - New York. -

Weitere Literatur:

H. T. CLARKE: "A Handbook for Organic Analysis", Arnold, London (1975). -
F. SEEL: "Grundlagen der analytischen Chemie", Verlag Chemie, Weinheim (1979). -
H. U. BERGMEYER: "Methoden der enzymatischen Analyse", Bd. 1 und 2, Verlag Chemie, Weinheim (1974). -
D. GLICK (Hrsg.): "Methods of Biochemical Analysis", Vol 1: 1967 , Vol. 26: 1980 , Wiley, New York.

39) S. R. HELLER, G. W. A. MILNE und R. J. FELDMANN, J. Chem. Inf. Comput. Sci. 16 (1976) 232.

unabsehbare Arbeit -, andererseits bei großen Datenbanken der Ballast-
anfall zum Problem wird. Die Strukturgenerierung neigt bislang dazu,
sehr viele mögliche Strukturen alternativ zu erzeugen. Die Kombination
beider Methoden wird desbalb ebenfalls versucht 41).

Bei dem interaktiven Verfahren CONGEN 42) der Stanford University in
Californien werden ermittelte Partialstrukturen zusammen mit noch
nicht spezifisch strukturell festgelegten Atomen (als partielle
Summenformel) eingegeben 43). Zusätzlich können wahrscheinliche
Partialstrukturen genannt und andere Partialstrukturen ausgeschlossen
werden. Das Programm generiert dann eine Reihe von auf dieser Basis
möglichen Gesamtstrukturen. Die Autoren verweisen darauf, daß dies
von der Maschine im Gegensatz zum Menschen vollständig geschieht.
Sie gehen davon aus, daß viele in der Literatur angegebene Strukturen, die noch nicht durch Röntgenstrukturanalyse, chemische Überführung in bekannte Substanzen oder Totalsynthese zweifelsfrei
bestätigt wurden, keineswegs schon richtig sein müssen, weil eben
der Mensch selten alle möglichen Strukturenvarianten 44) durchdenkt.
Ein Beispiel für eine solche Strukturgenerierung ist in Abb. 28
wiedergegeben.

Diese Art Strukturgenerierung kann man auch dazu verwenden, unter
Annahme bestimmter Reaktionen, z. B. Oxidationen von Hydroxylgruppen
zu Ketogruppen oder Abspaltungen von Hydroxylgruppen unter Ausbil-
dungen von C,C-Doppelbindungen, aus einer Reihe von möglichen Strukturen des zu analysierenden Stoffes die Umsetzungsprodukte zu ermitteln. Durch zusätzliche Argumente können die wahrscheinlichen
Strukturen daraus ausgewählt werden, die dann mit vorliegenden

---

40) S. SASAKI: "Automated Chemical Structure Analysis Systems", in
    F. C. NACHOD und J. J. ZUCKERMAN (Hrsg.): "Determination of Organic Structure
    by Physical Methods", Vol. 5, Academic Press, New York (1973). -
    R. E. CARHART, D. H. SMITH, H. BROWN und C. DJERASSI, J. Am. Chem. Soc. 97
    (1975) 5755. -
    C. A. SHELLEY, H. B. WOODRUFF, C. R. SNELLING und M. E. MUNK: "Interactive
    Structure Elucidation" in ACS Symposium Series No. 54, Washington. -
    D. H. SMITH (Hrsg.): "Computer-Assisted Structure Elucidation", Am. Chem. Soc.,
    Washington (1977). -
    Siehe auch:
    D. B. NELSON und M. E. MUNK, J. Org. Chem. 35 (1970) 3852. -
    F. J. ANTOSZ, D. B. NELSON, D. L. HERALD jr. und M. E. MUNK, J. Am. Chem. Soc.
    92 (1970) 4933.

41) S. SASAKI et al., J. Chem. Inf. Comput. Sci. 18 (1978) 211.

42) CONGEN = Constrained structure generation.

43) R. E. CARHART, D. H. SMITH, H. BROWN und C. DJERASSI, loc. cit. -
    L. M. MASINTER et al., J. Am. Chem. Soc. 96 (1974) 7702, 7714. -
    D. H. SMITH, J. Chem. Inf. Comput. Sci. 15 (1975) 203. -
    D. H. SMITH, Anal. Chem. 47 (1975) 1176. -
    R. E. CARHART et al., in P. LYKOS (Hrsg.): "Computer Networking and Chemistry",
    ACS Symposium Series No. 18, Washington (1975). -
    D. H. SMITH, J. P. KONOPELSKI und C. DJERASSI, Org. Mass. Spectrom. 11 (1976)
    86. -
    R. E. CARHART und D. H. SMITH, Comput. Chem. 1 (1976) 79. -
    C. CHEER et al., Tetrahedron 32 (1976) 1807.

44) Siehe in diesem Zusammenhang auch Programme zur vollständigen Generierung von
    Isomeren derselben Summenformel:
    L. M. MASINTER et al., loc. cit.

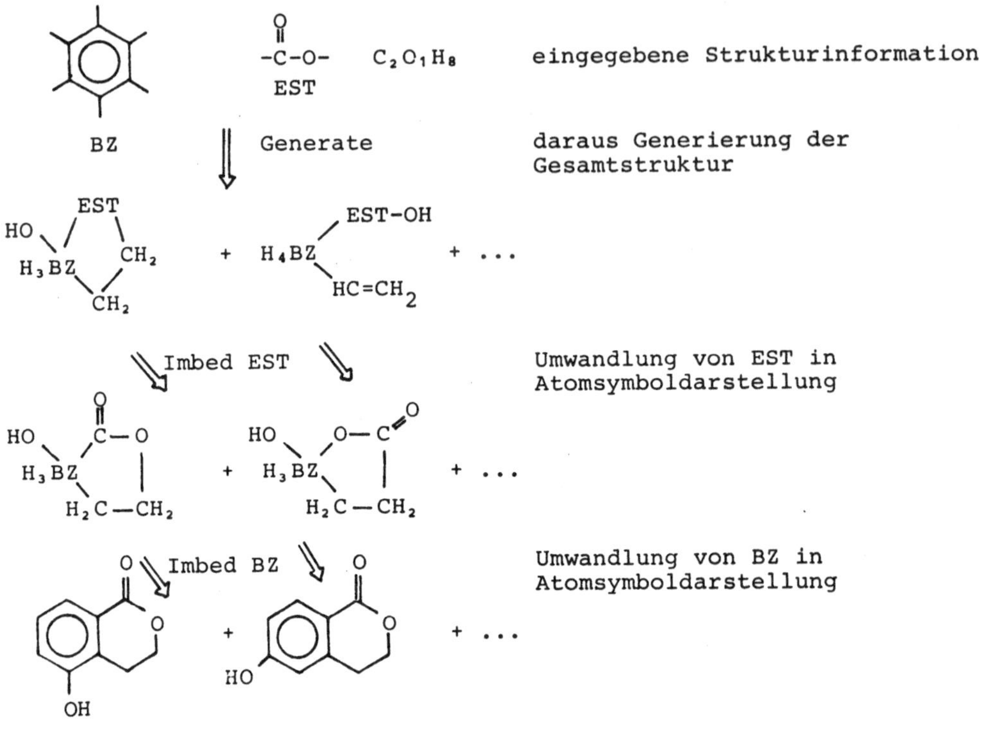

eingegebene Strukturinformation

$-C-O-$ $C_2O_1H_8$
EST

BZ   Generate   daraus Generierung der Gesamtstruktur

Umwandlung von EST in Atomsymboldarstellung

Imbed EST

Umwandlung von BZ in Atomsymboldarstellung

Imbed BZ

Abb. 28:

Beispiel für eine stufenweise Ausbildung von Strukturformeln durch CONGEN. (Die vorgegebenen Strukturteile werden zunächst mit sprachlichen Kurzbezeichnungen verwendet, dann in Atomsymboldarstellungen umgesetzt) 45).

Analysenergebnissen verglichen werden 46). Das Verfahren ist noch keine Syntheseplanung zum Zwecke der Lösung analytischer Probleme, ähnelt dem aber bereits in gewisser Weise. Aus einer dergestalteten Ermittlung der Produkte zu nunmehr bekannten Ausgangsstoffen kann ferner geschlossen werden, welche der damit zusammenhängenden Reaktionen diejenigen in der Realität sein können, wenn es darüber offene Fragen gibt. Man kann dadurch analytische Studien zum Mechanismus einer Reaktion treiben, z. B. hinsichtlich möglicher Umlagerungen. Isomerisierungsreaktionen ergeben sich aus der Generierung aller möglichen Isomeren zu einem Molekül, z. B. ausgeführt beim Adamantan 47).

---

45) C. DJERASSI, D. H. SMITH und T. H. VARKONY, Naturwiss. __66__ (1979) 9.

46) T. H. VARKONY, R. E. CARHART und D. H. SMITH: "Computer Assisted Structure Elucidation: Modelling Chemical Reaction Sequences Used in Molecular Structure Problems", Seite 188 bis 216 in W. T. WIPKE und W. J. HOWE (Hrsg.): "Computer-Assisted Organic Synthesis", ACS Symposium Series No. __61__, Washington (1977).

8.3.2. Syntheseplanung zur Lösung analytischer Probleme

Die chemische Analytik ist in der Regel auf bestimmte Umsetzungs-
methoden eingestellt. Aufgrund einer vorgegebenen Reaktion läßt sich
unter der Annahme (mindestens) einer möglichen Struktur des unbekannten Stoffes planerisch vorausbestimmen, welche Analysenprodukte sich
ergeben dürften, womit die weitere analytische Untersuchung entscheidend begünstigt wird (vgl. CONGEN im vorstehenden Abschnitt).
Ist dem Analytiker bekannt, aus welchem Ausgangsstoff sein unbe-
kannter Stoff gewonnen wurde, so hat er wichtige Anhaltspunkte. Diese
verstärken sich, wenn er auch noch die Reaktionsbedingungen erfährt.
Nunmehr läßt sich·syntheseplanerisch untersuchen, wie die Stoffsyn-
these wahrscheinlich verlaufen ist. Die dabei herauskommenden möglichen Produkte werden mit den tatsächlichen analytischen Unter-
suchungsbefunden verglichen.

Bei Naturprodukten sind die Ausgangsstoffe in der Regel nicht bekannt,
doch kann man davon ausgehen, daß bestimmte Strukturtypen zugrunde
liegen. Andererseits sind die biosynthetischen Reaktionen typenmäßig
überschaubar. Simuliert man biosynthetische Reaktionen an ausgewählten möglichen natürlichen Ausgangsstoffen, so ergeben sich planerisch
Produkte, die analytische Anhaltspunkte bedeuten. In diesem Sinne
wurde mit einem Computerverfahren (REACT 48) der Stanford University
in Californien) vorgegangen. Hat man ein bestimmtes unbekanntes
Produkt vorliegen und besteht bereits eine analytische Gewißheit über
eine bestimmte Grundstruktur, so läßt sich mit Hilfe des Computer-
programmes STRUCC 49) desselben Stanford-Arbeitskreises bestimmen,
welche der mit REACT erhaltenen möglichen Produkte dieser Grundstruktur am nächsten kommt 45).

8.3.3. Berücksichtigung der Analytik bei der Syntheseplanung

Jeder zu entwickelnde Schritt in einem Syntheseweg bedarf der analytischen Bestätigung. Wenn ein geeignetes analytisches Verfahren
nicht zur Verfügung steht oder zu aufwendig ist oder eine zu aufwen-
dige Aufarbeitung des Produktes verlangt, kann der geplante Syntheseweg gegenüber anderen an Wert verlieren. Es ist deshalb für eine optimale Syntheseplanung notwendig, den analytischen Aspekt mitzuberück-
sichtigen. Man kann spezielle Bibliotheken von analytischen Verfahren
anlegen und sie in Beziehung setzen zu möglichen hergestellten Strukturen. Auf diese Weise ist z. B. mit Hilfe des Umkehrretrievals 50)
auch eine maschinelle Zuordnung eines gegebenenfalls besonders geeigneten analytischen Verfahrens zu einem möglicherweise erhaltenen
Stoff bzw. einem anzuwendenden chemischen oder physikalisch-tech-
nischen Verfahrens herstellbar.

---

47) Vgl. auch
H. W. WHITLOCK und M. W. SIEFKEN, J. Am. Chem. Soc. 90 (1968) 4929. -
E. M. ENGLER, M. FARCASIN, A. SEVIN, J. M. CENSE und P. v. R. SCHLEYER,
J. Am. Chem. Soc. 95 (1973) 5769. -
R. E. CARHART, D. H. SMITH, H. BROWN und N. S. SRIDHARAN, J. Chem. Inf. Comput.
Sci. 15 (1975) 124. -   Ferner J. G. NOURSE und D. H. SMITH, Match 6 (1979)
259.
48) REACT = simulation of reaction sequences
49) STRUCC = structure checker to evaluate candidate structures.
50) Vgl. S. 110.

9. INDUSTRIELLE SYNTHESEPLANUNG

Die industrielle Chemie unterliegt naturgemäß kommerziellen Gesichtspunkten. Sie bedarf somit eines betriebswirtschaftlichen Planungs-
rahmens. Technisch steht die Produktion im Mittelpunkt. Planungen
sind notwendig, neben den finanziellen zur Kapitalbeschaffung für
Investitionen vor allem zur Marktbeobachtung und -analyse, zur
Forschung und Entwicklung, zur Produktion, zum Absatz der Produkte,
wobei alles in einer sehr engen, dabei sehr unübersichtlichen Inter-
dependenz steht. Diese starke gegenseitige Abhängigkeit der Variablen
bei den verschiedenen Planungsbereichen in einem unerhört komplexen
Gesamtsystem erschwert alle Planungen ungemein, zumal es außerordentlich viele Einflußgrößen gibt. Viele davon machen sich trotz Statistik
und Prognose als unvorhersehbare Störfaktoren bemerkbar. Das erfordert
flexibles Reagieren und neben langfristigen vor allem auch mittel- und
kurzfristige Planungsziele.

Die Syntheseplanung speziell findet in der Industrie innerhalb von
Forschung und Entwicklung sowie als Produktionsplanung statt. In den
Laboratorien entsprechen die Probleme in vielem denen in der Wissen-
schaft, erfahren aber ihre Prägung durch die industriellen Motive.
Sie entstehen häufig aus den Anforderungen der Produktion und werden
z. B. durch Rohstoffänderungen, aufgetretene verfahrenstechnische
Probleme, auf dem Markt befindlichen Konkurrenzprodukte, Kundenrekla-
mationen usw. ausgelöst. Solche Fragen müssen in der industriellen
Forschung Vorrang haben.

Die Suche nach neuen bzw. verbesserten Produkten und Verfahren
gestaltet sich bei Großunternehmen in der Regel innerhalb von speziellen Aufgabengebieten. Daraus erwächst aber auch das Problem der
bereichsübergreifenden Anregungen. Zentrale Einrichtungen sollen das
begünstigen. Im Einzelfall kommt es auf persönliche Initiativen an.
Bei der Ideengenerierung zur angewandten Forschung dominiert in
besonderem Maße der nahe Analogieschluß. Manche Ideen oder auch schon
Entwicklungen bleiben allerdings gelegentlich stecken, wenn sie den
Anforderungen zu sehr vorauseilen.

Die verfahrenstechnische Problematik schlägt in der industriellen
Forschung - von der gelegentlich reinen Grundlagenforschung abgesehen - naturgemäß immer durch. Es ist zwecklos, Verfahren zu planen
und auszuarbeiten, die zwar im Laboratorium ausgezeichnet ablaufen,
den Betrieb aber überfordern. Es kann nicht für jede Synthese ein
Spezialbetrieb gebaut werden, sie muß sich vielmehr in der Regel mit
vorhandenen Einrichtungen bewältigen lassen. So ist es für den jungen
Chemiker oft überraschend, wie gering seine verfahrenstechnischen
Anforderungen sein müssen, wenn er seine Synthesen in den Technikumsmaßstab überführen will. Das andere Handicap sind die Fragen des
Patentrechtes. Viele Probleme erwachsen daraus und pflegen zu umfangreichen Versuchen zu führen, fremde Patentrechte zu umgehen und
eigene zu etablieren. Eigene Ansprüche müssen abgerundet, ausreichend
untermauert und verteidigt werden.

Die industrielle Forschung zeigt aber auch ihr besonderes Gewicht,
wenn es um Entwicklungen geht, die unvermeidlich erheblichen Aufwand
bedingen. Beleg dafür ist die Entwicklung der Hochdruck- und Hoch-
temperaturverfahren großtechnischen Ausmaßes. Viel Anregung geht in
der industriellen Forschung vom Rohstoff aus. Ein daraus gewinnbares
Massenprodukt als ein billig zur Verfügung stehender Stoff soll nach
Möglichkeit umfassende Verwendung finden. Umgekehrt fördert eine
große Anwendungsmöglichkeit für einen bereits günstigen Ausgangsstoff

auch dessen Gewinnung. Neue Verfahren dazu werden erarbeitet, wodurch
er erneut billiger wird. Hierdurch legen sich weitere Einsatzmöglich-
keiten nahe. Der Rohstoff selbst kann sich aus einer ganz anderen
Technologie und aus einer allgemeinen Entwicklung der Volkswirtschaft
heraus anbieten.

Bei den organischen Grundchemikalien standen so zunächst die Teer-
produkte im Vordergrund. Auf Basis von Carbid entstand die Acetylen-
chemie. Schließlich machte der steigende Bedarf an Fahrbenzin Crack-
prozesse notwendig, bei denen Olefine anfielen; die Petrochemie war
damit eingeleitet 1). Hierbei sind als die beiden charakteristischen
Entwicklungstendenzen zu erkennen:

1. Von den Grundchemikalien ausgehend wird ein Netzwerk von Synthesen
   zu verschiedensten Umwandlungsprodukten erarbeitet (Abb. 29).

2. Zu den wichtigsten Produkten werden die verschiedensten Herstel-
   lungsverfahren angestrebt (Abb. 30).

Motive dabei sind: Rationellere Verfahren, patentrechtlich unabhängige
Verfahren, Verfahren, die in die eigene Rohstoff- und Produktpalette
besser passen. Vom Produkt her sind Motive: Gewünschte Produkte überhaupt rationeller und/oder in größeren Mengen herzustellen. Die
grundsätzliche Syntheseplanung ist in diesem Rahmen zunächst einfach..
Es macht keine Schwierigkeiten sich vorzustellen, daß man aus Ethylen
und Sauerstoff zu Ethylenoxid, Acetaldehyd und Vinylacetat oder aus
Benzol und Sauerstoff zu Phenol, Maleinsäureanhydrid etc. gelangen
kann. Die entscheidende Frage dazu ist aber das "Wie?". In der Regel
liegen dann die Hauptprobleme bei den Katalysatoren und in der Verfahrenstechnik. Vielfach wird in Reihenversuchen alles an katalytisch
möglicherweise wirksamen Stoffen durchgeprüft, wobei sich mit der
sich sammelnden Erfahrung im Laufe der Zeit treffendere Analogieschlüsse
ziehen lassen, die gegebenenfalls in feste Theorien übergehen. Gleichzeitig oder anschließend ergänzen verfahrenstechnische Modifikationen
das Verfahren, wenn nicht umgekehrt eine neue Verfahrensweise Ausgangspunkt chemischer Modifikationen ist.

Die industrielle Forschung kann sich zur Bewältigung von Synthese-
problemen auf umfangreiche, recherchierbare Informationsspeicher
stützen. Darin können bekannte Synthesen und analog übertragbare
aufgefunden werden. Soweit die Möglichkeit des Umkehrretrievals an
entsprechenden und genügend großen Fragenrepertoiren besteht 2), kann
eine dergestalt computerunterstützte Syntheseplanung begonnen werden.
Die beschriebenen interaktiven Systeme zur Syntheseplanung mit er-
weiterter Computerverwendung 3) können inzwischen als wertvolle Ergänzungen dazu angesehen werden, wenn ihre Reaktionenbibliotheken
genügend ausgebaut sind. Im Einzelfall sind sinnvolle Synthesevorschläge mit praktischem Effekt bereits zu erwarten, zumindest aber
tritt ein wertvoller Anregungseffekt ein.

---

1) Vgl. K. WEISSERMEL und H. J. ARPE: "Industrielle Organische Chemie", Verlag
   Chemie, Weinheim (1976).
   Siehe auch F. ASINGER: "Die petrolchemische Industrie", Teil 1 und 2, Akademie-
   Verlag, Berlin (1971).
2) Siehe S. 59 und 110.
3) Siehe S. 61 und 112.

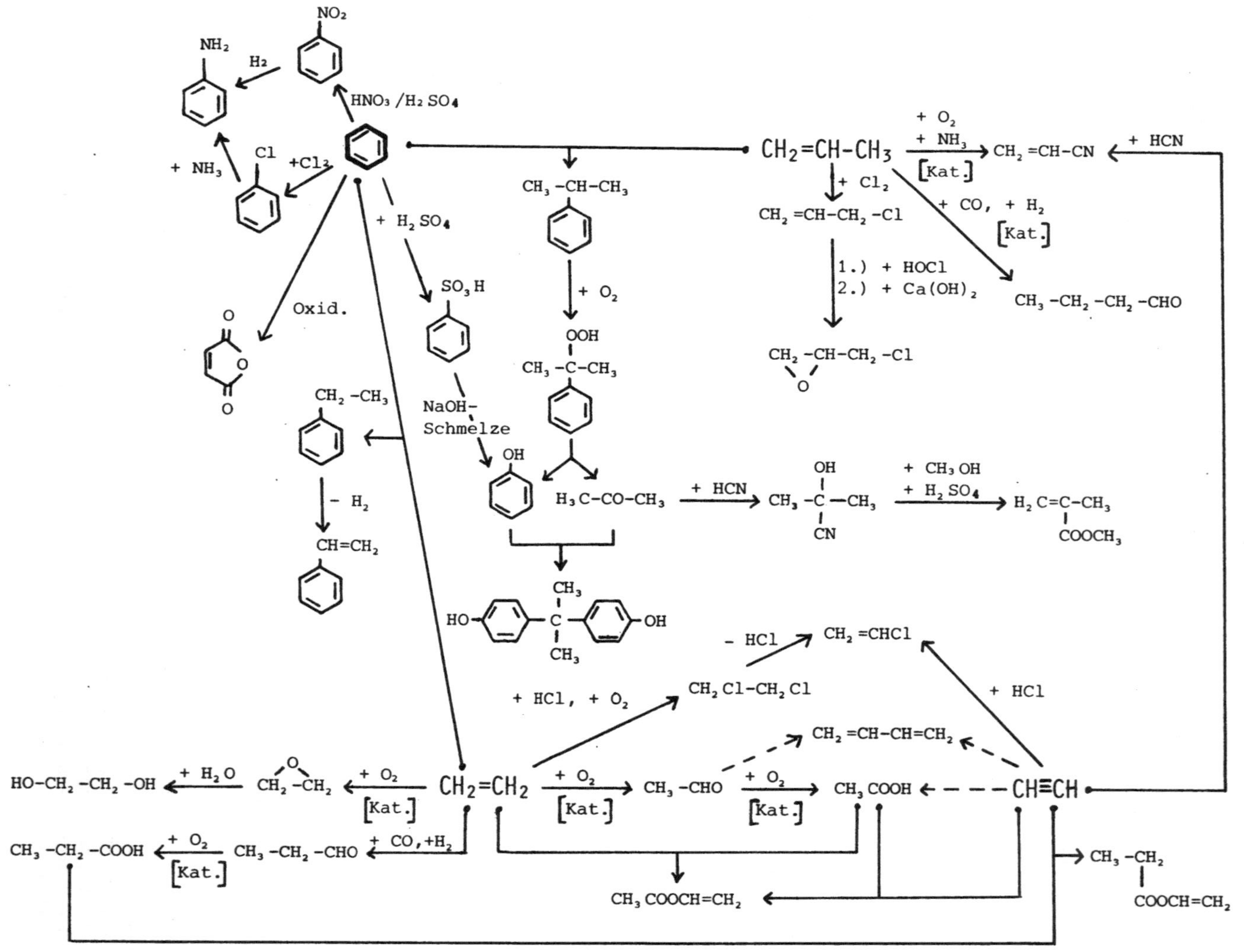

Abb. 29:
Schema eines Netzwerkes von technischen Synthesen auf Basis einfacher Grundchemikalien

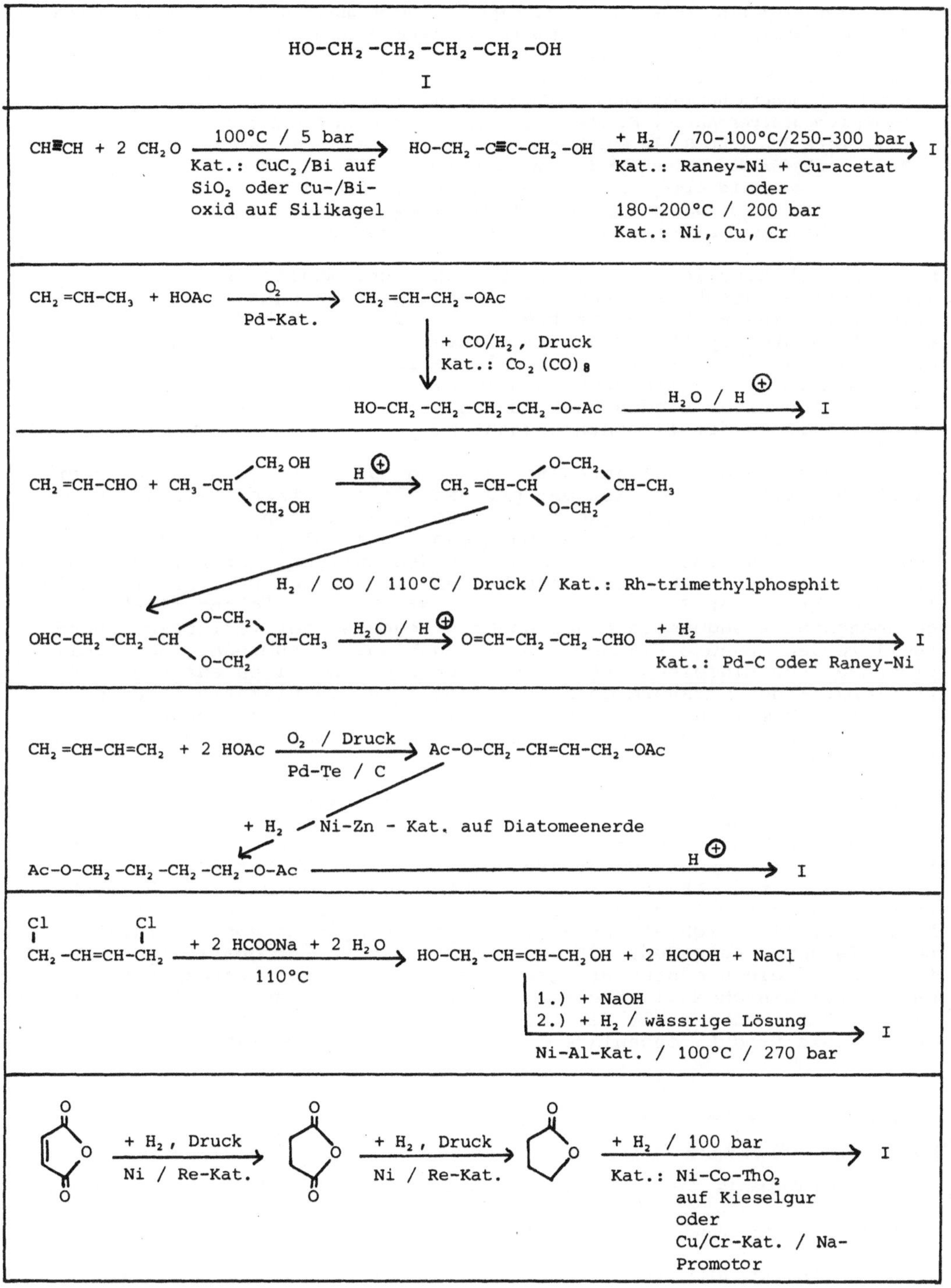

HO-CH$_2$-CH$_2$-CH$_2$-CH$_2$-OH

I

CH≡CH + 2 CH$_2$O $\xrightarrow[\text{SiO}_2 \text{ oder Cu-/Bi-oxid auf Silikagel}]{\text{100°C / 5 bar} \quad \text{Kat.: CuC}_2\text{/Bi auf}}$ HO-CH$_2$-C≡C-CH$_2$-OH $\xrightarrow[\substack{\text{oder} \\ \text{180-200°C / 200 bar} \\ \text{Kat.: Ni, Cu, Cr}}]{\text{+ H}_2 \text{ / 70-100°C/250-300 bar} \quad \text{Kat.: Raney-Ni + Cu-acetat}}$ I

CH$_2$=CH-CH$_3$ + HOAc $\xrightarrow[\text{Pd-Kat.}]{\text{O}_2}$ CH$_2$=CH-CH$_2$-OAc

$\downarrow$ + CO/H$_2$, Druck
Kat.: Co$_2$(CO)$_8$

HO-CH$_2$-CH$_2$-CH$_2$-CH$_2$-O-Ac $\xrightarrow{\text{H}_2\text{O / H}^{\oplus}}$ I

CH$_2$=CH-CHO + CH$_3$-CH(CH$_2$OH)(CH$_2$OH) $\xrightarrow{\text{H}^{\oplus}}$ CH$_2$=CH-CH(O-CH$_2$)(O-CH$_2$)CH-CH$_3$

H$_2$ / CO / 110°C / Druck / Kat.: Rh-trimethylphosphit

OHC-CH$_2$-CH$_2$-CH(O-CH$_2$)(O-CH$_2$)CH-CH$_3$ $\xrightarrow{\text{H}_2\text{O / H}^{\oplus}}$ O=CH-CH$_2$-CH$_2$-CHO $\xrightarrow[\text{Kat.: Pd-C oder Raney-Ni}]{\text{+ H}_2}$ I

CH$_2$=CH-CH=CH$_2$ + 2 HOAc $\xrightarrow[\text{Pd-Te / C}]{\text{O}_2 \text{ / Druck}}$ Ac-O-CH$_2$-CH=CH-CH$_2$-OAc

+ H$_2$ / Ni-Zn - Kat. auf Diatomeenerde

Ac-O-CH$_2$-CH$_2$-CH$_2$-CH$_2$-O-Ac $\xrightarrow{\text{H}^{\oplus}}$ I

Cl Cl
CH$_2$-CH=CH-CH$_2$ $\xrightarrow[\text{110°C}]{\text{+ 2 HCOONa + 2 H}_2\text{O}}$ HO-CH$_2$-CH=CH-CH$_2$OH + 2 HCOOH + NaCl

$\xrightarrow[\text{Ni-Al-Kat. / 100°C / 270 bar}]{\substack{\text{1.) + NaOH} \\ \text{2.) + H}_2 \text{ / wässrige Lösung}}}$ I

$\xrightarrow[\text{Ni / Re-Kat.}]{\text{+ H}_2 \text{, Druck}}$ $\xrightarrow[\text{Ni / Re-Kat.}]{\text{+ H}_2 \text{, Druck}}$ $\xrightarrow[\substack{\text{Kat.: Ni-Co-ThO}_2 \\ \text{auf Kieselgur} \\ \text{oder} \\ \text{Cu/Cr-Kat. / Na-} \\ \text{Promotor}}]{\text{+ H}_2 \text{ / 100 bar}}$ I

Abb. 30:

Technische Synthesen des 1,4-Butandiols

Für einen größeren Industriebetrieb empfiehlt sich übrigens die Einrichtung von "Planungsräumen", d. h. solchen Räumen, in denen sich die Mittel zur Planung von Synthesen konzentrieren. Hierzu zählen nicht nur konventionelle Handbücher und Sammlungen von Reaktionsbeispielen - wobei es auf deren gute Ordnung sehr ankommt -, sondern nunmehr auch Bildschirm- und Schreibterminals für die verschiedenen Computerverfahren. Es steht zu erwarten, daß in Zukunft solche Planungsräume eine ähnliche Rolle spielen werden wie es bisher der Lesesaal einer Bibliothek für das wissenschaftliche Arbeiten tut. Die eventuelle Nähe beider Einrichtungen wird einen zusätzlichen Vorteil darstellen. Dazu wird es aber auch nötig sein, daß entsprechende Spezialisten dem synthetisch arbeitenden Chemiker bei der Benutzung aller Einrichtungen zur Seite stehen.

Hat man sich Einblick in bereits bekannte und möglicherweise gangbare Synthesewege verschafft, kann das Experiment beginnen. Verfügt man noch über keine Probe des Stoffes, so empfiehlt sich die Nacharbeit eines bekannten Syntheseweges. In diesem Zusammenhang ist auch die allgemeine Handhabbarkeit, eventuell Gefährlichkeit des gewünschten Stoffes zu klären 4). Untersuchungen im eigenen Hause hinsichtlich seiner allgemeinen Eigenschaft können einsetzen, und sei es auch nur zur Bestätigung der literaturbekannten.

Gibt es noch keinen bekannten Syntheseweg oder läßt sich ein solcher nicht nacharbeiten oder ist man grundsätzlich bestrebt, einen anderen Weg zu gehen, so wird man in Tastversuchen zu klären suchen, welche der ausgewählten Möglichkeiten man bevorzugen soll. Fragen der notwendigen Laborausrüstung, der begleitenden Analyse, der Reinigung der Produkte usw. entstehen und entscheiden mit. Danach wird ein schließlich beschrittener Syntheseweg bearbeitet, bei Erfolg optimiert, gegebenenfalls zugunsten eines anderen Weges wieder verlassen. Eventuell werden erneute Planungsarbeiten notwendig, zumindest aber Teilplanungen von Einzelschritten. In komplizierten Fällen entsteht die Problematik der umfangreichen Synthesen, wie sie diskutiert wurde. Im Erfolgsfall wird die Patentfähigkeit des Verfahrens geprüft, eventuell werden Versuche zur Abrundung bzw. Erweiterung der möglichen Patentansprüche geplant und angestellt.

Nach der Entwicklung eines neuen Syntheseproduktes bzw. eines neuen Syntheseverfahrens im Laboratorium wird sich - unter den notwendigen günstigen Voraussetzungen - die Aufgabe stellen, in eine produktionstechnisch interessante Größenordnung überzuleiten. Der normale Weg geht dann über die halbtechnische Stufe des Technikums bzw. Versuchsraumes bzw. der Pilotanlage. Dabei handelt es sich um Einrichtungen bzw. speziell errichtete produktionsanaloge Systeme von Apparaten noch kleineren Ausmaßes, mit deren Hilfe die Übertragbarkeit des Verfahrens auf einen echten Produktionsmaßstab studiert werden kann. Hierin sollen nach Möglichkeit alle offenen Fragen und Probleme, die sich im Zusammenhang mit dem Bau und dem Betrieb einer verfahrenstechnischen Produktionsanlage ergeben, endgültig geklärt werden.

---

4) Literatur zu Sicherheitsfragen:

M. E. GREEN und A. TURK: "Safety in Working with Chemicals", Macmillan, New York (1978). -
L. BRETHERICK: "Handbook of Reactive Chemical Hazards", 2nd Ed., Butterworths, London (1979).-
H. K. SCHÄFER: "Sicherheit in der Chemie", Hanser Verlag, München (1979).
N. V. STEERE (Hrsg.): "Handbook of Laboratory Safety", CRC-Press, Cleveland, Ohio (1971).
W. B. DEICHMANN und H. W. GERARDE: "Toxicology of Drugs and Chemicals", Academic Press, New York (1969).

Zunächst ist es erforderlich, daß der Chemiker, der das Verfahren im
Laboratorium entwickelt hat, dem zuständigen Verfahrensingenieur
eine ausführliche Rezeptur übergibt. Der Verfahrensingenieur ist in
der Regel auf folgendes angewiesen 5):

- Darstellung des Verfahrensablaufes anhand eines Fließbildes,

- chemische Reaktionsgleichungen mit Wärmetönung und thermodyna-
  mischen Berechnungen, Gleichgewichts- und Ausbeutenangaben,

- reaktionskinetische Angaben, Verweilzeiten,

- Art und Eigenschaften der Roh- und Hilfsstoffe, ihrer benötigten
  Mengen, bezogen auf Endprodukt,

- Mengen und Eigenschaften aller Zwischen-, Neben- und Abfall-
  produkte,

- Hinweise zum Recycling, zur Regenerierung oder Weiterverwendung
  bzw. Beseitigung verbleibender bzw. anfallender Stoffe,

- erforderliche Nebenanlagen, z. B. Herstellung von reaktiven oder
  inerten Gasen, Herstellung von Katalysatoren usw.,

- Hinweise zu Sicherheits- und Umweltproblemen im Zusammenhang mit
  dem Verfahren und seinen Produkten.

In der halbtechnischen Anlage werden dann folgende Problemstellungen
angegangen:

- Durchführbarkeit und Reproduzierbarkeit des Verfahrens unter
  produktionsnahen Bedingungen, Produktqualität,

- Erprobung von Apparaturen, Maschinen, Meß- und Regelgeräten,
  Armaturen usw.,

- Feststellung von Störgrößen und der Störanfälligkeit, Korro-
  sionsfragen,

- Fragen zu den Rohstoffen, Hilfsstoffen, Nebenprodukten und
  Abfallprodukten unter Produktionsbedingungen,

- Sicherheits- und Umweltfragen unter Produktionsbedingungen,

- Endgültige Übertragbarkeit auf den Produktionsmaßstab.

Die Untersuchungen im halbtechnischen Maßstab sind noch eng mit denen
im Laboratorium gekoppelt. Sie stehen vor allem unter der Begut-
achtung der Anwendungstechniker, was das Produkt angeht. Von der
technischen Problematik her ergeben sich Planungsaufgaben, die in die
echte Produktionsplanung überleiten.

Die Produktionsplanung ist Syntheseplanung, Anlagenplanung und
betriebswirtschaftliche Planung zusammen 6). Dabei baut die Syntheseplanung auf den im halbtechnischen Maßstab gewonnenen Erfahrungen
auf. Sie pflegt in erster Linie durch weitere Maßstabs- (Mengen-)
Vergrößerungen gekennzeichnet zu sein.

Die zugehörige Anlagenplanung muß dem Umstand Rechnung tragen, daß
chemische Produktion sowohl chemische Reaktion, verfahrenstechnische
Stoffbehandlung als auch Transport von Stoff, Energie und Information
bedeutet. In der Regel muß sich eine Einzelanlage in das Produktionssystem der industriellen Einheit einbetten, die aus vielen solcher
Teilsysteme besteht, die wiederum untereinander durch materielle,
energetische und informelle Ströme verbunden sind. Wichtige Gesichtspunkte der Anlagenplanung sind - nach ihrer Vorklärung im halbtechnischen Maßstab nun endgültig:

---

5) O. REICHERT, loc. cit. S. 136,
6) Vgl. S. 136.

- kontinuierlicher oder diskontinuierlicher (Chargen-) Betrieb,
- notwendige Werkstoffe, insbesondere bei Aggressivität der Stoffe, hohen Temperaturen und/oder Drucken,
- Auslegung der Apparate,
- welche Maßnahmen zum Stoff- und Energietransport, insbesondere Stoffmischung, Stofftrennung, Wärmezufuhr oder -ableitung usw.,
- Prozeßsteuerung und -regelung,
- Sicherheitsfragen und solche der Umweltbelastung.

Ihre betriebswirtschaftliche Komponente erhält die Produktionsplanung durch die Erfordernisse der Wirtschaftlichkeit.

Charakteristisch für einen Produktionsbetrieb ist in der Chemie, daß er es überwiegend mit ungeformten Massenprodukten zu tun hat. Das schlägt sich im Typus der Anlagen (-Systeme) nieder. Für diese insgesamt ist es mit den heutigen Mitteln nicht möglich, einen kompakten Gesamtplan zu erstellen, der den auftretenden vielschichtigen, komplizierten Anforderungen entsprechen könnte. Dagegen ist ein gegliedertes Planungssystem möglich, hierarchisch geordnet und in den Hierarchieebenen in relativ eigenständigen Planungs-Untersysteme aufgeteilt. Diese sind untereinander koordiniert. Hierdurch muß vor allem die große Zahl von internen und externen Störfaktoren bewältigbar werden. Als externe Störfaktoren treten beispielsweise Qualitätsänderungen der Rohstoffe, Auswirkungen von Änderungen in koordinierten Produktionssystemen, Preis- und Mengenbewertungen auf den Beschaffungs- und Absatzmärkten, Eingriffe des Gesetzgebers usw. auf, die schwer oder mitunter gar nicht vorhersehbar sind. Interne Störungen ergeben sich aus dem Materialverschleiß, aus z. B. Ablagerungen in Kesseln oder Rohrleitungen, Katalysatoralterungen, Unfällen u. a. Aber auch Sortimentänderungen bzw. -erweiterungen sowie Eingriffe in das Verfahren, z. B. zur Qualitätsverbesserung, sind zunächst Störfaktoren. Begreift man ein Produktionssystem als kybernetisches System, so interessiert vor allem, wie die durch Störeinflüsse hervorgerufenen Veränderungen ausgeglichen werden können. In der Regel stehen hierzu mehrere Steuerungsmöglichkeiten zur Verfügung, aus denen die optimale Steuerung ausgewählt werden sollte. Das ist dann eine Hauptaufgabe der Produktionsplanung für den laufenden Betrieb. Zur Erzielung optimaler Steuerungen werden mathematische Modelle angestrebt, anhand derer die Steuerungswerte ermittelt werden bzw. die zu Algorithmen führen, nach denen eine computerisierte Prozeßsteuerung erfolgt. Es gibt dabei dynamische und statische Steuerungsprobleme. Ein chemischer Prozeß ist sowohl dynamisch als auch nichtlinear und stochastisch (zufallsabhängig) mit zeit- und ortsabhängigen Zustandsgrößen. Unter bestimmten Bedingungen kann er aber auch (zeitweise) statisch gesehen werden. Determinierte Steuerungsprobleme treten auf, soweit alle notwendigen Informationen a priori vorliegen, andernfalls müssen die Steuerungen adaptiv sein - der praktische Normalfall - d. h. das Optimierungsmodell der Steuerung muß den im Planungszeitraum sich ändernden Bedingungen angepaßt werden.

Damit eine Adaption möglich wird, müssen Voraussetzungen gegeben sein, die statistisch oder analytisch geschaffen wurden. Das analytische Verfahren hat den Vorzug, infolge theoretischer Ableitung allgemeinere Planungsmodelle zu ergeben, die den Spielraum für die Adaption eher beinhalten. Mit heuristischen Mitteln wird auf den Einzelfall beschränkt. Nach SUTTER 7) ist die hierarchische Gliederung mit der Prozeßregelung als unterster Stufe, der Operationsplanung (die Produktionsanlage betreffend), sowie einer kurzfristigen, einer mittelfristigen Produktionsplanung und der Investitionsplanung jeweils darübergeordnet zweckmäßig. In allen Planungsebenen vollzieht sich dann ein weitgehend eigenständiges Ausbalancieren der einschlägigen Störfaktoren.

----

7) H. SUTTER: "Computergestützte Produktionsplanung in der chemischen Industrie", = Betriebswirtschaftliche Studien 30, Erich Schmidt Verlag, Berlin, (1976), vgl. S. 136.

10. PLANUNGSSKIZZEN

Im folgenden sind abschließend einige Planungsskizzen nach Motiven
zusammengestellt. Von da aus wird auf Besprechungen an anderen Stellen
des Buches verwiesen. Ferner wird zuvor noch grundsätzlich festgestellt:

Am Beginn jeder Planung steht immer auch die Frage nach dem Gefahren-
potential der bereits festliegenden Stoffe oder Stoffklassen und dem
der im Prinzip vorgegebenen Verfahren (siehe S. 146):

Kann eine Synthese der angestrebten Art verantwortet werden?

Ist das Laboratorium, das Technikum, der Produktionsbetrieb darauf
eingestellt bzw. einstellbar?

Wird Gesetzen und Vorschriften - z. B. zur Umweltproblematik -
Rechnung getragen werden können?

Sind, von direkten Gefahren abgesehen, die Stoffe bzw. Stoffklassen,
mit denen man bereits zu tun hat oder zu tun haben wird, (voraus-
sichtlich) ausreichend stabil, für sich und/oder im Kontakt mit
allgegenwärtigen Reagenzien wie Luft und Wasser, sowie Energien
wie Wärme und Licht?

Ist man sich der Grenzen bewußt, die durch die (mögliche) Aus-
rüstung, die vorliegenden bzw. erreichbaren Erfahrungen und Kenntnisse gesetzt sind?

Können die bevorstehenden Synthesen ausreichend analytisch kontrolliert werden?

Zu den Reaktionen lassen sich folgende allgemeinen Überlegungen
einbringen:

Stets möglicher Reaktionspartner eines Stoffes ist er selber, intramolekular infolge eventueller Reaktion zwischen seinen Partialstrukturen, intermolekular durch eventuelle Reaktion zwischen seinen
einzelnen Molekülen. Deshalb ist dergleichen zumindest als mögliche
Nebenreaktion in Betracht zu ziehen, gegebenenfalls auch erst bei
Gegenwart von initiierenden, kondensierenden oder katalysierenden
Fremdstoffen.

Bei den Coreaktionen eines Stoffes mit einem anderen läßt sich
unterscheiden:

a) der völlig andere Stoff, für den es keine gemeinsame synthetische
   Ableitung aus einem einschlägigen Ausgangs- oder sogar Grundstoff
   geben kann,

b) der mehr oder weniger nahe verwandte Stoff.

Letzteres läßt sich aus dem Fall der Selbstreaktion insofern ableiten,
als Anteile eines Grundstoffes zunächst getrennte Synthesewege zurückge-
legt haben, um schließlich an einem bestimmten Punkt des allgemeinen
Netzwerkes der stofflichen Umwandlungen miteinander zu reagieren. Der
darin nächstliegende Fall ist die Reaktion eines Stoffes mit seinem
Umsetzungsprodukt. Für die Planung sind solche Überlegungen von
Vorteil, zum Beispiel deshalb, weil ähnliche Stoffe ähnlich reagieren,
weil Zweige konvergierender Synthesewege in der Rückwärtsplanung zweckmäßigerweise ähnlich sind oder identisch werden, weil sich in der
Vorwärtsplanung bestimmte Synthesewege hierdurch eher nahelegen usw.

<u>Motiv A:</u> Suche nach einem neuen Syntheseverfahren.

<u>Problemstellung:</u>

Zwei signifikante Partialstrukturen sollen ineinander umgewandelt werden. Gegebenenfalls bestehen Auflagen hinsichtlich der Reaktionsbedingungen.

<u>Problemlösungsversuch:</u>

Untergliederung in Teilprobleme:

1. Feststellung eventuell bereits bekannter Verfahren, deren Anwendungsbreite
   und Effizienz (Reaktionstypenrecherche siehe S. 57).

2. Verallgemeinerung der eventuell bereits bekannten Verfahren hinsichtlich der einzelnen Reagenzien und Reaktionsbedingungen.

3. Neue Spezifizierung innerhalb der erreichten Verallgemeinerungen,
   Bewertung derselben.

4. Versuchsplanung aufgrund der gewählten Spezifizierung an geeignet
   erscheinenden Modellverbindungen.   UND/ODER

5. Verallgemeinerung der signifikanten Partialstrukturen (siehe S. 61).

6. Suche nach Verfahren innerhalb der vorgenommenen Verallgemeinerungen.

7. Überlegungen zur analogen Übertragung der eventuell so aufgefundenen
   bekannten Verfahren auf das Problem.

8. Versuchsplanung aufgrund des eventuellen Analogieschlusses an geeignet
   erscheinenden Modellverbindungen.   UND/ODER

9. Theoretische Diskussion des Syntheseproblems (siehe S. 184 ff.).

10. Konkretisierung der gewonnenen Vorstellungen analog anderer Praxisfälle
    in einer Detailplanung an Modellverbindungen, gegebenenfalls zerlegt
    in mehrere Umsetzungsstufen.   SOWIE

11. Diskussion der Praxisergebnisse, gegebenenfalls Neuorientierung der
    Planung.

12. Optimierung der Ergebnisse, gegebenenfalls durch Planung und Ausführung von
    Untersuchungen zur Kinetik und Aufklärung des Reaktionsmechanismusses,
    weitere Modifizierung der Reaktionsbedingungen, Veränderung zwischen ·
    eventueller Ein- und Mehrstufigkeit des Verfahrens.

13. Prüfung der Anwendungsbreite eines neuen Verfahrens durch Abwandlung
    der ursprünglichen Modellverbindungen.

<u>Motiv B:</u> Suche nach einem neuen Verfahren zur Synthese eines
bestimmten Stoffes bzw. Stofftyps.

<u>Problemstellung:</u>

Ein vorgegebener Stoff bzw. Stofftyp soll hergestellt, gegebenenfalls kostengünstiger oder unter bestimmten Bedingungen
hergestellt werden.

<u>Problemlösungsversuch:</u>

Soweit nur der Stofftyp vorgegeben war, wird ein einfacher Vertreter des
Typs gewählt, sodaß ein eindeutiges Zielmolekül vorliegt. Sodann:

1. Versuch, im Zielmolekül (ungefähr) das Gerüst einer zugänglichen Ausgangsverbindung zu erkennen, gegebenenfalls mit maschinellem Verfahren (siehe S. 56, 97, 111).   UND/ODER

2. Synthonbetrachtung am Zielmolekül (siehe S. 54), die in Beziehung
   gesetzt wird zu bekannten Syntheseverfahren. Gegebenenfalls maschinelle Hilfe.   UND/ODER

3. Anwendung eines deduktiven Verfahrens (siehe S. 61 etc.),

  a) durch Umgruppierung von Molekülteilen, um eventuell mögliche Ausgangsverbindungen zu ermitteln, gegebenenfalls in verallgemeinerter Form,

  b) Systematisierung sich nahelegender Syntheseschemata,

  c) mechanistische Überlegungen (siehe Kap. 12),

  d) gegebenenfalls stärker theoretische Betrachtungen und Berechnungen zum Problem (siehe S. 61 etc.),

alles mit nachfolgendem Versuch der Konkretisierung der Vorstellungen anhand bekannter Verfahren etwa im Sinne von A),   UND

4. Feststellung der eventuell bereits bekannten Verfahren zur Synthese des Zielmoleküls (siehe S. 107 ff.).   UND

5. Vergleich der bekannten mit den geplanten Verfahren.   UND/ODER

6. Verallgemeinerung der bekannten und/oder geplanten Verfahren und Suche nach neuen Ausführungsformen als neue Spezifizierungen der Verallgemeinerung.   SOWIE

7. Diskussion der Praxisergebnisse, gegebenenfalls Neuorientierung.

Motiv C: Aufklärung der Verwendungsmöglichkeiten eines Reagenzes.

Problemstellung:

Ein neues, gegebenenfalls zufällig entdecktes oder im Zuge einer systematischen Forschung erhaltenes Reagenz soll

  a) ungezielt oder
  b) in einem beschränkten Bereich

auf seine synthetische Verwendungsmöglichkeit untersucht werden (vgl. S. 3).

Problemlösungsversuch:

1. Analytische Bestimmung und Charakterisierung des Reagenzes (soweit noch nicht vorliegend).   UND

2. Herausstellung der charakteristischen Atomgruppierungen im Vergleich mit bekannten Reagenzien.   UND

3. Prüfung auf Stabilitäten.   UND

4. Festlegung eines Umsetzungsschemas anhand der Reaktionen von vergleichbaren Substanzen·   UND

5. Vergleich der Reaktionen und Reaktivitäten des Problemreagenzes mit Vergleichsreagenzien.   UND GEGEBENENFALLS

6. Herstellung von analogen Reagenzien und Vergleich untereinander, auch als systematische Abänderung bzw. Einführung von (des-) aktivierenden Substrukturen.   UND GEGEBENENFALLS

7. Verwendung unter bei vergleichbaren Reagenzien unbekannten Bedingungen aufgrund

  a) fernerliegender Analogien,
  b) neuer theoretischer Überlegungen bzw. Berechnungen.

Motiv D: Suche nach einer neuen Verwendung für einen Grundstoff.

Problemstellung:

Ein vorgegebener Grundstoff soll entweder prinzipiell oder in einem bestimmten Rahmen für neue Synthesen Verwendung finden (vgl. S. 143).

Problemlösungsversuch:

1. Anwendung von bei analogen Verbindungen bekannten Umsetzungen - gegebenenfalls Recherche danach und Aufstellung einer Verfahrensliste (siehe Retrievaltechniken).   UND/ODER

2. Prüfung des Grundstoffes an wünschenswerten Zielstoffen auf Ähnlichkeit in wichtigen Strukturmerkmalen. Gegebenenfalls Festlegung von Zielstoffen. Danach Ableitung von Synthesewegen.   UND/ODER

3. Schematisierte Ableitung von Umsetzungsprodukten des Grundstoffes. Versuche zur Konkretisierung.   UND/ODER

4. Diskussion der möglichen Reaktivität des Grundstoffes mit Entwurf sich daraus ableitender Reaktionen (siehe Kapitel 12).   UND

5. Prüfung der real erhaltenen Produkte. Gegebenenfalls Wahl eines anderen Zielstoffes.   UND

6. Nach endgültiger Wahl des wünschenswerten Zielstoffes Optimierung des Syntheseverfahrens (vgl. S. 116).

Motiv E: Suche nach der Stoffeigenschaft.

Problemstellung:

Es soll ein Stoff oder eine Stoffgruppe mit einem bestimmten Eigenschaftsprofil oder einer bestimmten singulären Eigenschaft gefunden werden,

a) zunächst ohne jegliche einschränkende Bedingung,

b) aus einer bereits vorgegebenen Stoffgruppe heraus.

Problemlösungsversuch:

1. Feststellung von Stoffen, die bereits die Eigenschaft bzw. das Eigenschaftsprofil - zumindest schwach - aufweisen,

   a) durch Informationssuche (siehe Retrievaltechniken),   UND/ODER

   b) durch wahllose Prüfung (Screening) von vorliegenden Stoffen (siehe S. 131).   UND

2. Überlegungen zur Struktur-Wirkungs-Beziehung. Gegebenenfalls Heranziehen von bestehenden Theorien (siehe S. 131).   UND

3. Prüfung darauf, ob die Stoffe mit der Eigenschaft bzw. dem Eigenschaftsprofil sich ergebenden weiteren Forderungen gerecht werden bzw. in die vorgegebene Stoffgruppe passen.   UND

4. Molekülvariationen an den verbliebenen Stoffen, gegebenenfalls unter Verwendung von Methoden der Stoffplanung.   UND

5. Syntheseplanung etwa nach B, soweit Stoff nicht ohnehin erhältlich bzw. nach bekannter Methode hergestellt werden kann.   UND

6. Prüfung der hergestellten Substanz, Beurteilung, Präzisierung oder gegebenenfalls Revision der Struktur-Wirkungsvorstellungen, gegebenenfalls neue Stoffplanung, Synthese und Beurteilung. Im kommerziellen Bereich Beachtung von Patentlage und Gebrauchsmusterschutz. Gegebenenfalls eigene Patentanmeldungen, Molekülvariationen zur Verbreiterung der Schutzrechte, zum selben Zweck gegebenenfalls weitere Synthesewege (vgl. S. 143).

Motiv F: Synthese eines Stoffes hoher Komplexität.

Problemstellung:

Ein analytisch eindeutig bestimmter Naturstoff hoher Komplexität und mit mehreren Chiralitätszentren soll totalsynthetisch von einfachen Grundstoffen hergeleitet werden (siehe S. 96 ff.).

Problemlösungsversuch:

1. Das Problemmolekül wird um Partialstrukturen von sekundärer synthetischer Bedeutung reduziert.   UND

2. Beim verbleibenden Molekül wird die Gerüststruktur herausgestellt. Gegebenenfalls Erstellung eines Problemkataloges.   UND

3. Vergleich mit bekannten Substanzen. Bei ähnlichen Substanzen Beurteilung der dazugehörigen Synthesen. Eventuell Analogplanung, eventuell UND nur für Synthesewegabschnitte.

4. Heranziehung von eventuellen Abbauergebnissen für die Skizzierung von Synthesewegen.   UND/ODER

5. Logische Analyse des Problems:

    a) Synthonbetrachtung und Festlegung von brechbaren Bindungen für eine Rückwärtsplanung. Chiralitätszentren möglichst in den Synthons, gegebenenfalls Überlegungen zur asymmetrischen Induktion und/oder Racemattrennung. Syntheseweggenerierung für die herausgestellten Synthons der letzten Stufe, ggfs. maschinelle Hilfe.   UND

    b) Vergleich des Molekülgerüstes mit Molekülgerüsten von zugänglichen Ausgangsstoffen, die möglichst viele der Chiralitätszentren bereits enthalten.   UND

    c) Gegebenenfalls weitere Reduzierung des Problems auf eine Schlüsselverbindung, gegebenenfalls bei dieser Herausstellung einer notwendigen Schlüsselreaktion.   UND

6. Konzipierung von mehreren alternativen, gegebenenfalls sich überschneidenden Synthesewegen in kombinierter Rückwärts- und Vorwärtsplanung. Theoretische Überlegungen zu besonders schwierigen Einzelschritten; Modellbetrachtungen und gegebenenfalls Modellversuche einbeziehen. Fortlaufende Literaturüberwachung dazu.

7. Präparative Verfolgung möglichst mehrerer Ansatzpunkte gleichzeitig bei enger Rückkoppelung mit den Planungsphasen.

8. Gegebenenfalls erneute Konzipierung von Synthesewegen unter Berücksichtigung der gewonnenen Erfahrungen oder neuer Erkenntnisse aus der Literatur.   UND

9. Gegebenenfalls Mitverwendung von zugänglichen Naturstoffen, die in einem beschrittenen Syntheseweg als Zwischenverbindungen auftreten, als Relaisverbindungen.   UND

10. Erweiterung eines geglückten Syntheseweges bis zur vollständigen Zielstruktur, gegebenenfalls Veränderung des Syntheseweges hierfür.   UND

11. Gegebenenfalls Optimierung des Verfahrens.

11. SPEZIELLE SYNTHESEPLANUNGSSYSTEME MITTELS COMPUTER

Wir haben bereits gesehen, daß einige der im letzten anderthalb Jahr-
zehnt entwickelten Computerverfahren zur Syntheseplanung in die
Praxis Eingang gefunden haben. Bei diesen wird das Interesse groß
sein, Näheres über ihren Aufbau und ihre Funktionsweise zu vernehmen.
Doch kann man davon ausgehen, daß auch noch andere Verfahren eine
Chance haben werden, einmal praktische Verwendung zu finden. Zumindest kann von ihnen eine beträchtliche Anregung ausgehen für zukünftige
Entwicklungen. Deshalb soll jetzt eine Reihe spezieller Systeme im
Detail vorgestellt werden. Vielleicht entsteht auch noch eine Anregung
dergestalt, daß die bestehenden Lücken in den Konzeptionen erkannt
werden. Man kann sicher sein, daß auf diesem Gebiet noch manches
möglich ist.

11.1. SYSTEM LHASA NACH COREY

Computerunterstützte Planung komplizierter organischer Synthesen
wurde von COREY, WIPKE et al. an der Harvard Universität mit dem
Programmsystem LHASA 1) (zunächst OCSS) als Entwicklungsthema auf-
gegriffen. Das System ist interaktiv und sehr benutzerfreundlich.
Spezielle Computererfahrungen sind keine Voraussetzung für den
Benutzer, der mit der Maschine rein graphisch kommuniziert. Zur Ver-
fügung stehen eine Schreibfläche (Sylvania DT-1 Zeichentafel mit
Schreibstift) und drei Monitore für die Wiedergabe von Strukturen
und Synthesewegen, sowie von Programmbefehlen. Ferner können die
Ergebnisse durch einen Plotter ausgedruckt werden (siehe Abb. 31).
Ermittelt wird von einer Zielstruktur aus in Rückwärts-Planungs-
strategie.

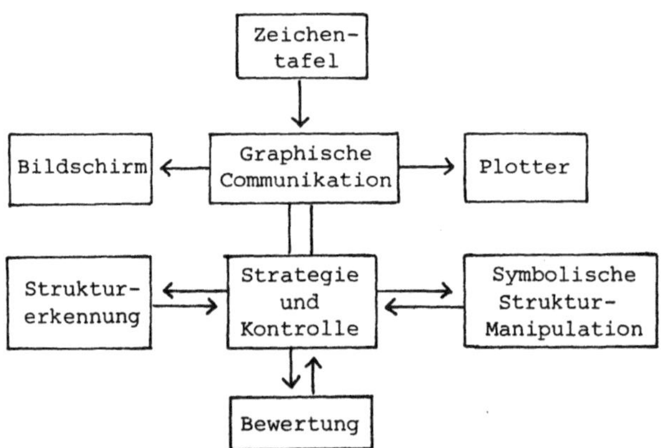

Abb. 31 : Systemstruktur von LHASA 2 a)

---

1) LHASA = Logic and Heuristic Applied to Synthetic Analysis. Implementierung zunächst auf PDP-1-, dann auf PDP-10-Maschine der Digital Equipment Corp., für
   letztere in FORTRAN IV geschrieben.

2a) Vgl. E. J. COREY und W. T. WIPKE, Science 166 (1969) 178, siehe weiter 2b) und 2c).

Die charakteristischen Merkmale von LHASA werden im folgenden
beschrieben:

STRUKTUREINGABE

Die Struktureingabe des herzustellenden Moleküls wird auf der Zeichentafel mit dem Schreibstift so gezeichnet, wie der Chemiker seine
Strukturformel gewöhnlich auf Papier zeichnet, Mehrfachbindungen
entsprechend durch mehrfache Striche. Die Linien werden per Programm
verbessert. Das Formelbild erscheint sichtbar auf einem Monitor. Die
Eck- und Endpunkte eines Formelbildes werden als C-Atome gewertet,
wenn sie nicht als Heteroatome N, O, S, P oder X = Halogen ausgewiesen werden.(Hierzu sind besondere Befehlsworte vorgesehen.)
C-gebundene H-Atome müssen nur eingetragen werden, wenn es aus
stereochemischen Gründen notwendig ist, weil die Maschine die H-Atome
auf die volle Wertigkeit der C-Atome ergänzt. Dabei werden Ladungen
und Radikalzustände, die ebenfalls gekennzeichnet werden, berücksichtigt. Die cis-trans-Stereochemie muß korrekt gezeichnet werden.

Atome, Bindungen und ganze Strukturen können zwecks Korrektur der
Zeichnungen stets gelöscht werden. Ferner können die bereits gezeich-
neten Strukturen elektronisch bewegt und in ihrer Größe verändert
werden. Mit Hilfe vorgegebener Programmbefehle können an Stereozentren der Formelbilder Sternchen eingebracht und Bindungen sterisch
durch Keile und Strichelungen verdeutlicht werden.

STRUKTURERKENNUNG

Die Maschine erkennt das Strukturformelbild eines eingegebenen Moleküls als Graphen, dessen Ecken (Atome) und Bindungen sie numeriert.
Aus dieser und der weiteren eingegebenen Information erstellt sie
die topologische Verknüpfungstafel des Moleküls (vgl. S. 17).
Per Programm kann das Syntheseziel darauf hin untersucht werden, ob
sich eine systemgemäße Planungsanalyse nicht erübrigt, weil es zu
einer Substanzklasse gehört, für die es bereits gute Synthesen oder
leicht ersichtliche ("direct associative" 2)) Synthesemöglichkeiten
gibt (Beispiel: Peptidsynthesen). Auch wird geprüft, ob das Zielmolekül etwa aus identischen oder ähnlichen Teilen besteht, wodurch
das Syntheseproblem zumindest vereinfacht würde.

Die Verknüpfungstafel ist Grundlage einer weitergehenden Strukturerkennung. Sie betrifft funktionelle Gruppen, Ketten, Ringe, Seitenketten von Ketten und Ringen, Symmetrien,Redundanzen, Atome, die zwei
und mehr Ringen zugehören. Bei der Erkennung einer Ringstruktur wird
an einem willkürlichen Atom begonnen. Man unterscheidet "reale" Ringe,
die vom Chemiker weitgehend intuitiv erfaßt werden, von "Pseudo"-
Ringen, das sind die reale Ringe paarweise umhüllenden Ringe, die
letztlich Kombinationen von zwei realen Ringen darstellen (beschränkt
ist dabei auf maximal sieben Ringglieder):

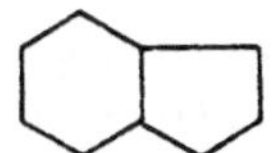

Realer 6-Ring,

realer 5-Ring

Zwei reale 5-Ringe,

1 Pseudo-6-Ring

Bei der Erkennung von funktionellen Gruppen gibt es keinen Zweifel,
was eine solche ist. Es ist aber ein Problem, alle funktionellen
Gruppen und ihre Kombinationen, die chemische Bedeutung haben, zu
erkennen. Jede funktionelle Gruppe ist durch mindestens ein C-Atom
charakterisiert, welches die Verbindung zum Rest des Moleküls herstellt. Dieses C-Atom wird Ursprungs-Atom genannt. Um die Ursprungs-
Atome sind viele der Tabellen von LHASA herum organisiert. Eine Reihe
von Besonderheiten gilt es zu berücksichtigen. So hat z. B. C=C=O
zwei olefinische Positionen mit beträchtlich unterschiedlicher Affi-
nität zu elektrophilen Reagenzien. Deshalb werden zwei Ursprungs-
Atome mit olefinischem Charakter erkannt und nicht eine Doppelbindung
mit konstanter Reaktivität. 1976 konnte das Programm 64 verschiedene
funktionelle Gruppen erkennen, z. B. Keton, Sulfoxid, Phosphonat,
Epoxid, Nitril usw. Der Erkennungsvorgang besteht aus Serien von
Fragen, die mit Yes oder No beantwortet werden. Eine Antwort beeinflußt den Typ der nächsten Fragen, wie z. B. aus Abb. 32 zu erkennen
ist.

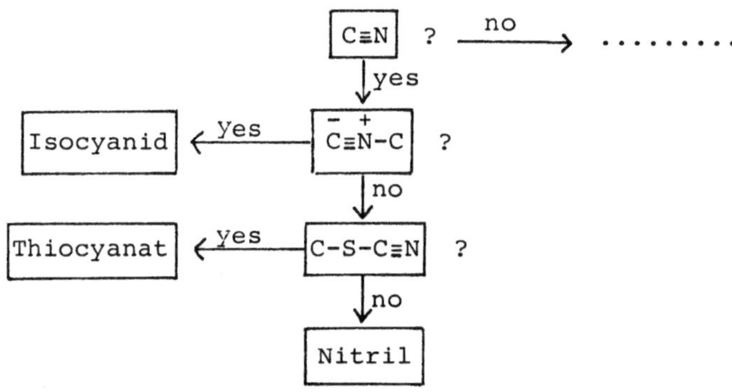

Abb. 32:

Erkennungsvorgang für funktionelle Gruppen 2 c)

2 b) E. J. COREY, N. M. WEINSHENKER, T. K. SCHAAF und W. HUBER, J. Am. Chem. Soc.
91 (1969) 5675. -
E. J. COREY, Quart. Rev. 25 (1971) 455. -
E. J. COREY, W. T. WIPKE, R. D, CRAMER III und W. J. HOWE, J. Am Chem. Soc.
94 (1972) 421, 431. -
E. J. COREY, R. D. CRAMER III und W. J. HOWE, ibid. 94 (1972) 440. -
E. J. COREY, W. J. HOWE und D. A. PENSAK, ibid. 96 (1974) 7724. -
dito und G. PETERSSON, ibid. 97 (1975) 6116. -
E. J. COREY und W. L. JORGENSEN, ibid. 98 (1976) 189, 203, 210.

2 c) D. A. PENSAK und E. J. COREY: "LHASA - Logic and Heuristics Applied to Synthetic
Analysis", S. 1 - 32 in W. T. WIPKE und W. J. HOWE (Hrsg.) "Computer-Assisted
Organic Synthesis", ACS Symposium Series No. 61, Washington (1977).

BERÜCKSICHTIGUNG VON SYNTHESESTRATEGIEN. REAKTIONEN- (TRANSFORM-) BIBLIOTHEK

Für die Verarbeitung mit Computerprogrammen eignen sich derzeit nur
relativ einfache Synthesestrategien. Bei LHASA werden die folgenden
großen Gruppen von Synthesestrategien berücksichtigt:

1. Strategien auf der Basis funktioneller Gruppen.

2. Strategien durch Öffnung von Bindungen von polycyclischen Zielmolekülen.

3. Strategien auf der Basis folgender Strukturgegebenheiten:

   a) kleinere Seitenketten ("appendages"),

   b) kleine bis mittelgroße Ringe,

   c) maskierte Funktionalitäten.

Die Synthesestrategien sind Planungsziele im retrosynthetischen
Planungsgang. Ihre Auswahl - soweit nicht vom Benutzer gewünscht
- wird durch heuristische Regeln von Programmen erledigt. Prioritäten-
zahlen steuern die Reihenfolge ihrer Anwendung.

Die heuristischen Regeln sind danach kategorisiert, ob sie zu funktionellen Gruppen, Molekülskeletten, Seitenketten, zur Molekülgeometrie,
insbesondere stereochemischen Besonderheiten und zu Kombinationen solcher Merkmale in
Beziehung stehen. So werden hochreaktive funktionelle Gruppen in
einem Zielmolekül im Synthesegang so plaziert, daß sie synthetisch
zuletzt gebildet bzw. freigesetzt werden. Eine andere heuristische
Regel prüft alle Paare funktioneller Gruppen und die dazwischenlie-
genden Atome und Bindungen daraufhin, ob Bindungstrennungen sinnvoll
sind. Ferner sind Heuristika mit Strategien verbunden, die sich mit
den Eigenschaften π-konjugierter Gruppen befassen, die die Zahl der
funktionellen Gruppen reduzieren, die mit Ringbildungen durch
Kondensationsreaktionen im Zusammenhang stehen usw.

Weitere Strategien ergeben sich durch heuristische Regeln für
Umlagerungen von 7- bis 10-Ringen zu 5- bis 6-Ringen, für interne
Eliminierungsprozesse, für die maximale Reduktion von Ringen durch
Cycloelimination, für Umlagerungen von verbrückten Ringen zu konden-
sierten, für Spaltungen von Bindungen zu nucleophilen Heteroatomen
(N, O, S) im Netzwerk und andere.

Als strategische Bindungen, also solchen, die in einem Zielmolekül
aus einem Verknüpfungsvorgang hervorgehen dürfen, werden im System
LHASA folgende maschinell erkannt:

endo-Bindungen zu fünf-, sechs- und siebengliedrigen Ringen; exo-
Bindungen zu Ringen mit mehr als drei Ringgliedern;

Bindungen des umhüllenden Ringes bei Ringkondensaten, wenn er mehr
als sechs Ringglieder hat;

Bindungen, die endo zu einem Ring sind, der die maximale Zahl anderer
Ringe enthält;

Bindungen, die nach ihrer Öffnung keine Stereozentren in Seitenketten
hinterlassen;

Bindungen, nach deren Öffnung der Anteil an Ringen der größten entstehenden Substruktur verringert wird, keine aromatischen Ringbindungen.

Danach hat Sativen unter seinen zwölf Ringbindungen nur drei strategische Bindungen (im Formelbild beziffert):

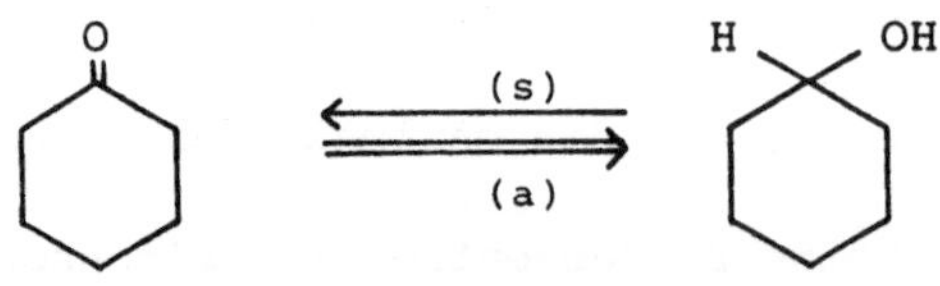

Die Öffnung einer strategischen Bindung muß das cyclische Netzwerk so viel wie möglich vereinfachen. Die strategischen Bindungen können im Formelbild auf dem Monitor als "blinkende" Bindungen erkannt werden. Der Benutzer kann weitere strategische Bindungen einführen, wie auch solche zu nichtstrategischen machen.

Die mit den Strategien verbundenen Reaktionen 3), von COREY als Transforms bezeichnet, weil in umgekehrter Richtung als der synthetisch wirkenden gesehen, werden wie folgt klassifiziert:

1. Transforms, die zwei funktionelle Gruppen im Produkt erzeugen ("group pair transforms")

s = in Richtung der Synthese

a = entgegen der Syntheserichtung

2. Transforms, die eine funktionelle Gruppe umwandeln und dazu das Strukturskelett des Syntheseproduktes modifizieren ("single group transforms")

3. Transforms, die nur eine funktionelle Gruppe umwandeln ("functional group interchange" = FGI)

---

3) Deren Eingabe zur Bildung eines Transform-Speichers (Bibliothek) erfolgt, mit einer speziell entwickelten Programmiersprache CHMTRN (= Chemical Translater) mit mehreren hundert Schlüsselworten, aus dem Englischen übernommen oder abgeleitet.

4. Transforms, die in der antithetischen (retrosynthetischen)
   Richtung eine funktionelle Gruppe einführen, d. h. diese wird
   im Synthesegang entfernt:

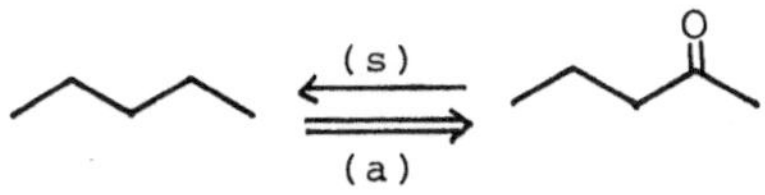

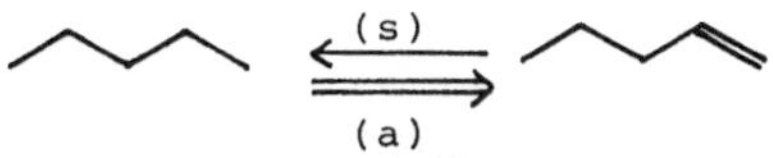

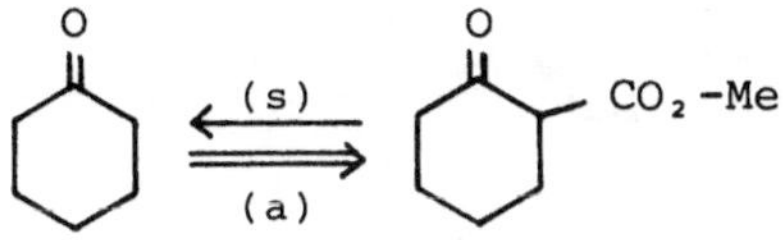

5. Transforms, die einen bestimmten Ringtyp bilden oder modifizieren (ring transforms , cycle transforms)

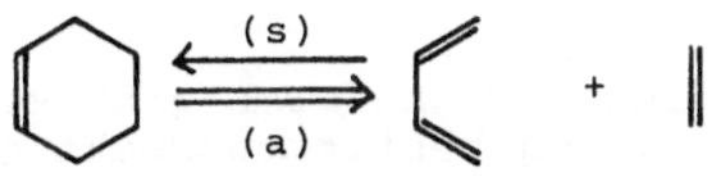

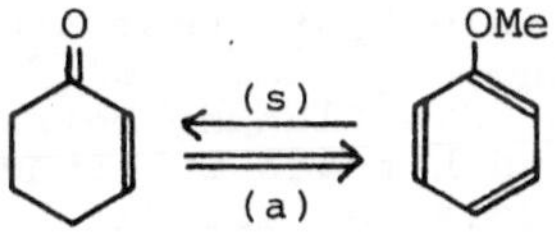

6. Transforms, die allgemein Merkmalspaare betreffen (außer lediglich Paaren von funktionellen Gruppen), z. B.

   funktionelle Gruppe + Seitenkette oder
        "   "   + Ringkondensat oder
        "   "   + Stereozentrum

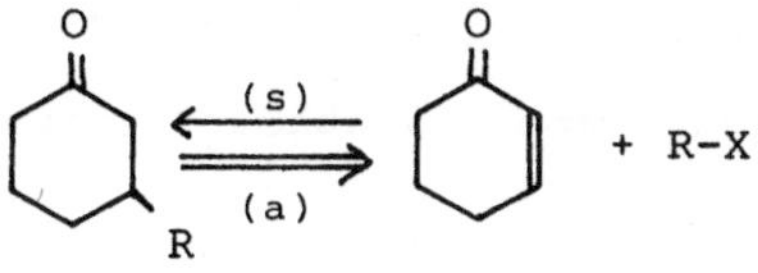

(C=O + ß-R)

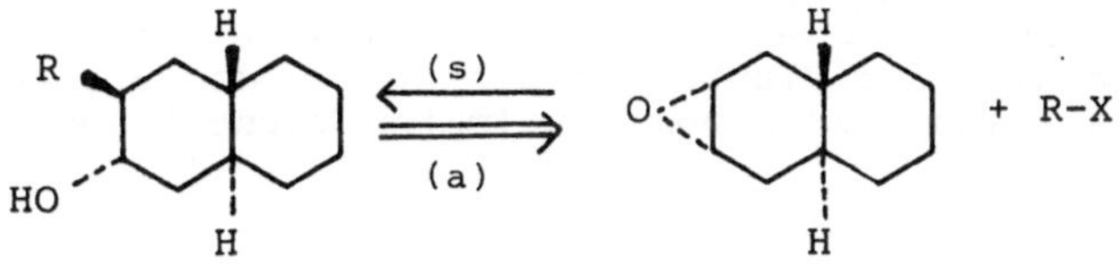

$(R_{axial} + OH_{axial})$

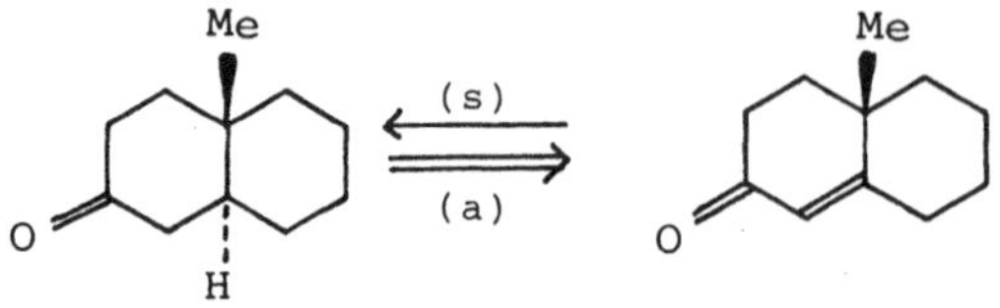

(C=O + trans-Decalin)

7. Stereochemische Transforms

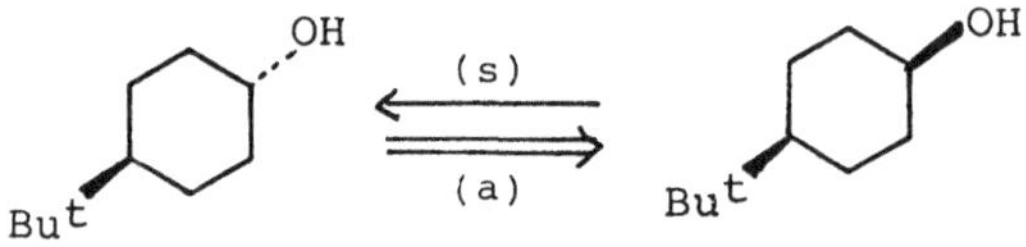

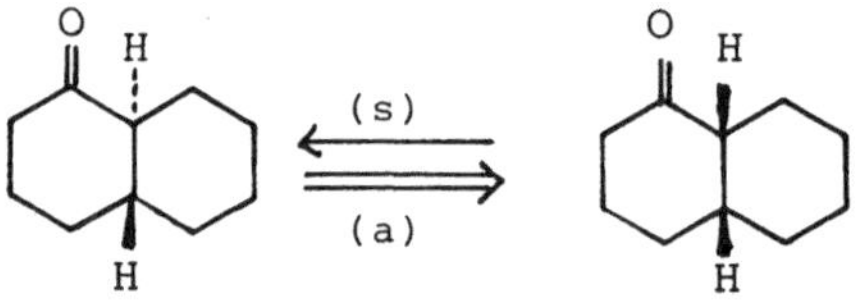

Neben den einstufig zu ermittelnden Transforms gibt es auch Strategien, die über mehrere Stufen hinweg bestimmte Reaktionstypen festlegen, je nachdem, wie sich bestimmte Partialstrukturen im Zielmolekül
befinden. Das gilt zum Beispiel für die Synthesestrategie der Art,
daß zunächst eine Kettenverlängerung vorgenommen wird und darauf ein
Ringschluß bzw. retrosynthetisch für die Planung betrachtet: Spaltung
eines Ringes in einem Zielmolekül und hernach Spaltung der offenen
Kette. Ein anderes, sehr wichtiges Beispiel ist die Diels-Alder-
Reaktion. Das Vorkommen eines carbocyclischen Sechsringes in einem
Zielmolekül kann bereits die Anwendung dieser Reaktion nahelegen,
auch wenn dieser Sechsring nicht unmittelbar das Ergebnis der Diels-
Alder-Reaktion sein kann. Die Planungs-Strategie für die Anwendung
der Diels-Alder-Reaktion löst dann nämlich solche zusätzlichen Reaktionen aus, die den Syntheseweg vervollständigen:

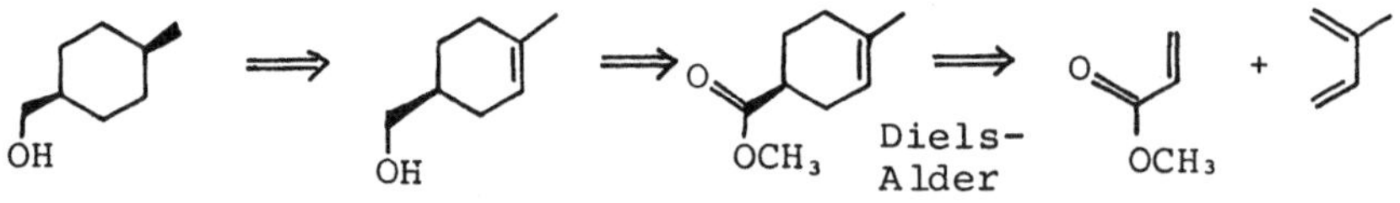

(Planungsrichtung: ⟹ , Syntheserichtung: ⟵)

Hierbei war retrosynthetisch die Herstellung der Doppelbindung im
Ring und davor die Umwandlung der funktionellen Gruppe im Substituenten des Ringes notwendig, damit die entsprechende aktivierende
polare Gruppe vorliegt. Diese Vorstufe kann dann unmittelbar aus
der Addukt-Bildung hervorgegangen sein. Während somit die einstufige
Transform-Ermittlung sich der Planung in die Breite der vielen Vorstufen zum Zielmolekül (bzw. zu einem bestimmten Vorstufenmolekül)

zunächst widmet (breadth-first) 4), ist die zweite Strategie nach
Art der Planung in die Tiefe (depth-first) 5). Mittelstellungen
nehmen Maßnahmen ein, die zum mehrfachen Austausch bzw. zur Addition
von funktionellen Gruppen führen, parallel oder sequentiell.

Ein spezieller Modul wurde dem System inzwischen zugefügt, um den
jetzt in hohem Maße stereoselektiv möglichen Olefinsynthesen entsprechen zu können 6). Damit verbunden sind passende Strategien und
eine eigene Datenbank mit Reaktionen. Hier ist es die C,C-Doppel-
bindung, die gegebenenfalls mehrstufige Umwandlungen bestimmt, um zu
ihrer stereoselektiven Bildung zu führen. Zielmoleküle mit mehreren
C,C-Doppelbindungen erhöhen die Problematik beträchtlich. Dafür ist
eine Hierarchie von Strategien zugänglich. Eine davon ist auf Folgen
von C,C-Doppelbindungen abgestellt. Mehrfache Anwendung derselben
Reaktion erfordert in Planungsrichtung mehrfache Bindungsöffnung,
gesteuert von einer entsprechenden Strategie. In bestimmten Fällen
wird von einer linearen Synthese abgewichen und eine rationellere
konvergierende Synthese angestrebt. Bei allem ist die interaktive
Beteiligung des planenden Chemikers gegeben. Dieses "olefin package"
ist in weiterer Entwicklung.

FINDUNG UND BILDUNG DER VORSTUFENMOLEKÜLE

Ein Manipulationsmodul sorgt für die Bildung der Strukturbilder von
möglichen Vorstufenmolekülen aus einem Zielmolekül (target). Dabei
werden Bindungen geknüpft oder gebrochen, Atome und Ladungen addiert
oder entfernt. Dieser symbolische Reaktionsvorgang ("Transformation")
kann mit einer echten Reaktion (retrosynthetisch) mechanistisch übereinstimmen oder auch nicht. Es werden zwei Arten von symbolischen
chemischen Transformationen verwendet: Symbolische Reaktionsmechanismen und symbolische Modifizierungen von funktionellen Gruppen.
Die symbolischen Reaktionsmechanismen können jeweils mehrere Transformationen betreffen, deren Anwendbarkeit auf ein Syntheseproblem
dann im einzelnen überprüft wird. Dabei können zusätzliche Transformationen als Unterprobleme notwendig werden. Das kann z. B.
(retrosynthetisch) die Einführung einer Doppelbindung betreffen,
ohne die die ansonsten passende Transformation nicht durchführbar
wäre. Die symbolische Modifizierung von funktionellen Gruppen betrifft
den Austausch, die Einführung oder die Entfernung derselben, ohne ein
Molekülskelett zu verändern. Sie dient gewöhnlich dazu, die symbolischen Reaktionsmechanismen im vorstehend genannten Sinne zu ermöglichen. Eine Liste von Reagenzien, die bei einer Reaktion zur Verwendung gelangen können, stehen in Beziehung zu funktionellen Gruppen,
die von ihnen verändert würden. Kommen diese funktionellen Gruppen
in einem Molekül vor und sollen sie unverändert bleiben, wenn die
Reagenzien der Liste bei einer vorgeschlagenen Reaktion auftreten,
so wird darauf verwiesen, daß sie geschützt werden müssen.

BEWERTUNGEN

Bewertet werden Strukturen (Valenzverzerrungen, unwahrscheinliche
Ladungsverteilungen u. ä.), wiederholtes Auftreten derselben
Struktur in einem Synthesegang, Einfachheit einer Struktur, Eigen-

---

4) und zwar jeweils so lange, bis alle Transforms abgearbeitet sind bzw. ein Zeit-
   oder Speicher-Limit erreicht ist bzw. das Verfahren von außen abgebrochen wird.
   Nach Auswahl einer Vorstufe kann das Verfahren entsprechend von da weitergehen.

5) Vgl. S. 4.

6) E. J. COREY und A. K. LONG, J. Org. Chem. <u>43</u> (1978) 2208.

schaften erhaltener Synthesewege in sich und im Vergleich untereinander. Die Prüfung auf größere Einfachheit einer ermittelten Vorstufe
und deren Stabilität ist wesentlicher Bestandteil des Verfahrens. In
letzter Konsequenz sind aber die Bewertungen dem Systembenutzer über-
lassen.

11.2. SYSTEM SECS NACH WIPKE

Das Programmsystem SECS baut auf den Erfahrungen mit den OCSS/LHASA-
Programmen auf. Es ist ebenfalls interaktiv, sehr benutzerfreundlich, (ursprünglich nur) auf die Rückwärts-Planungs-Strategie abgestellt und berücksichtigt gegenüber LHASA auch stereochemische Aspekte.
Es wurde 1969 begonnen und wird ständig weiter ausgebaut 7).

Die Bestandteile (Moduln) des Programmsystems sind im Schema von
Abb. 33 verdeutlicht.

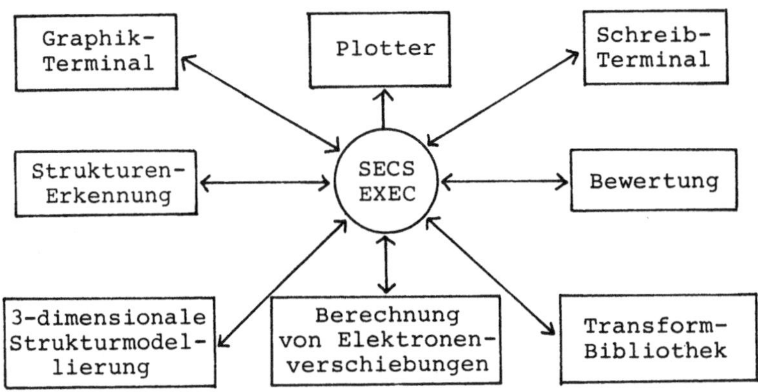

Abb. 33:

Systemstruktur von SECS (vereinfacht) 8)

EINGABE DER ZIELSTRUKTUR

Bei der Eingabe einer zu synthetisierenden Substanz über den Bildschirm des Graphic-Terminals wird das Zielmolekül mit Hilfe des Licht-

---

7) SECS = Simulation and Evaluation of Chemical Synthesis ist vorwiegend in FORTRAN
geschrieben und läßt sich auf PDP-10, PDP-20, UNIVAC 1108, IBM 370 und HONEYWELL-
BULL-Maschinen implementieren. Das Programm wird über ein Graphic-Terminal
(DEC GT 40) oder von einem Schreibterminal aus angesteuert.

8) Vgl. W. T. WIPKE, H. BRAUN, G. SMITH, F. CHOPLIN und W. SIEBER: "SECS - Simulation and Evaluation of Chemical Synthesis: Strategy and Planning", S. 97 - 127
in W. T. WIPKE und W. J. HOWE (Hrsg.): "Computer-Assisted Organic Synthesis",
ACS Symposium Series No. 61, Washington (1977).

griffels darauf gezeichnet 9). Zusätzliche Angaben zur Struktur werden
im Dialog eingegeben. Die Maschine übernimmt dieselben und gibt ein
ergänztes Strukturbild wieder, das anschließend noch korrigiert werden
kann.

Erfolgt die Eingabe vom Schreibterminal aus, so gibt der Benutzer
die (in der Regel außer H) numerierten Atome des Zielmoleküls in
der Reihenfolge ihrer Bindungen ein, Mehrfachbindungen entsprechend
mehrfach, z. B. für

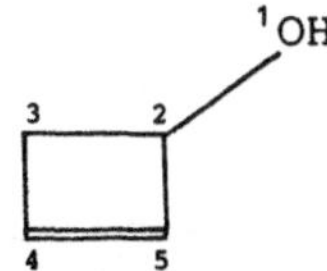

in der Reihe 1 2 3 4 5 4 5 2.

Alle Atome werden als Kohlenstoffatome interpretiert, wenn nicht
anders angegeben. Zu letzterem wird die Nummer des Atoms genannt mit
nachfolgendem Atomsymbol, für oben also 1 0. Desgleichen wird mit
Ladungen und Stereoinformationen verfahren. So bedeutet 2 U, daß
im Beispiel die Bindung von 2 nach 1 aufwärts gehen soll (Gegenteil
D = down). Das Strukturbild wird dann ausgedruckt (mit Plotter),
damit es kontrolliert und gegebenenfalls korrigiert werden kann.

Automatische Strukturerkennung und -Modellierung

Die topologisch gespeicherte Struktur-Information wird einer ver-
tieften Strukturerkennung unterzogen. Diese bezieht sich auf die
Gegenwart von Ringen, funktionellen Gruppen, das Vorhandensein von
Aromatizität, stereochemischen Besonderheiten, molekularer Symmetrie.
(Durch Erkennung der Symmetrie eines Zielmoleküls wird vermieden,
daß die gleichen Vorstufen bei der Synthesewegermittlung mehrfach
erzeugt werden, siehe weiter unten.) Mit Hilfe eines Modellier-Moduls
kann ein dreidimensionales Strukturmodell minimaler Konformations-
energie errechnet und projiziert werden. Ein weiterer Modul untersucht
die energetischen Verhältnisse konjugierter Systeme und Elektronen-
dichten.

Transform-Bibliothek

Die gespeicherte Reaktionen- bzw. Transformbibliothek unterliegt im
Vergleich zu LHASA keiner direkten Einteilung nach Strategien und
Heuristiken. Es bestehen drei Darstellungsniveaus:

1. Das ab-initio-Niveau. Hierin stellen die Transforms elementare
   Schritte im mechanistischen Sinne dar ("electron-pushing-steps").

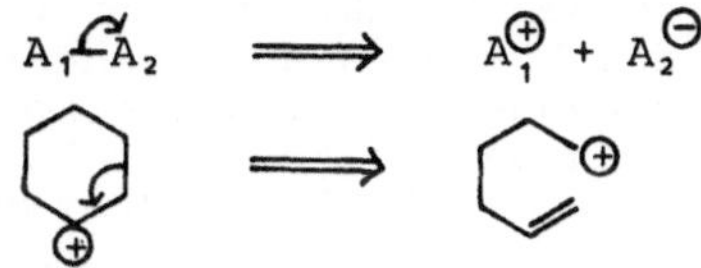

---

9) W. T. WIPKE: "Computer-Assisted Three-Dimensional Synthetic Analysis", S. 147 -
   174 in W. T. WIPKE et al. (Hrsg.) "Computer Representation and Manipulation of
   Chemical Information", Wiley, New York (1974).

Auf diese Weise hofft man zu "neuen" Reaktionsschritten vorzustoßen.

2. Das Niveau der Namen-Reaktionen. Hier hat man es also mit vollwertigen Reaktionen in retrosynthetischer Betrachtungsweise zu tun. Die Beschreibung ihres Geltungsumfanges stützt sich auf die Literatur, somit also unmittelbar auf die präparative Erfahrung. Durch Analogieschlüsse wie auch einschränkende Bewertungen erfolgt die Übertragung auf neue Probleme. Es unterliegt keinem Zweifel, daß über den Wert des Verfahrens letztlich die ausreichend große Zahl von derartigen Reaktionsbeschreibungen sowie die Zuverlässigkeit dieser Beschreibungen entscheidet.

3. In einem dritten Niveau ("common reaction sequence level") sind jeweils mehrere Reaktionsschritte zusammengefaßt, um eine beschleunigte Generierung chemischer Synthesewege bei geringerem Innovationseffekt zu ermöglichen.

Zur Einspeicherung der Transforms dient die Kunstsprache ALCHEM, eine aus dem Englischen heraus entwickelte Beschreibungsweise, die vom Computerprogramm sachgerecht angenommen wird, andererseits durch Chemiker leicht erlernt werden kann. Bei der Einspeicherung wird aufgegliedert in

NAME	= Text zur treffenden Bezeichnung der Reaktion
REFERENCE	= Zitierung wichtiger Literaturstellen dazu
SUBSTRUCTURE	= Beschreibung der sich bei der Reaktion umwandelnden Substrukturen, deren Ergebnis in einem Zielmolekül vorliegen muß, soll die Reaktion anwendbar sein
PRIORITY	= Ziffernbewertung der Reaktion
CHARACTER	= Nähere Beschreibung des Reaktionstyps (bricht Ring, verwandelt funktionelle Gruppe usw.)
CONDITIONS	= Allgemeine Klassifizierung der Reaktionsbedingungen
SCOPE AND LIMITATIONS	= Hierdurch wird die Umgebung des Reaktionszentrums im Zielmolekül mitberücksichtigt, was sich auf die Ziffernbewertung (Priority) auswirkt
MANIPULATIONS	= Hinweise zur Ausführung der Vorstufenermittlung.

Die Transforms werden ohne Ordnungsprinzip sequenziell gespeichert.

Die Ermittlung von Vorstufen und Synthesewegen

Nach der Eingabe eines Zielmoleküls und dessen Strukturerkennung kann der Planungsvorgang beginnen, ausgelöst durch ein entsprechendes Befehlswort. Die Maschine prüft jetzt nacheinander die Transforms daraufhin, ob sie auf das Zielmolekül passen und zu je einer Vorstufe führen, d. h. sie ermittelt das erste Niveau des "retrosynthetischen Baumes" (breadth-first-Methode). Jede Vorstufe wird am Terminal vorgezeigt. Der Benutzer kann dann entscheiden, ob sie weiter bearbeitet werden soll.

Bei einer großen Transform-Bibliothek würden auf diese Weise maschinell
im allgemeinen zu viele Vorstufen in Erwägung gezogen. Es müssen also
einschränkende Faktoren hinzukommen. Solche Faktoren bestehen in
größerer Genauigkeit der Transform-Überprüfung, so zunächst hinsichtlich der Synthese eines bestimmten Stereoisomeren - hierzu können
Wahrscheinlichkeitsberechnungen angefordert werden -, hinsichtlich
elektronischer · Eigenschaften konjugierter Systeme - hierzu werden
HMO-Berechnungen ausgeführt - und hinsichtlich der Erkennung von
Problemen mit funktionellen Gruppen. Ein spezielles Unterprogramm
vergleicht Reaktionsbedingungen mit gespeicherten Informationen über
die Empfindlichkeit bestimmter funktioneller Gruppen. Gegebenenfalls
führt das zur Empfehlung bestimmter Schutzgruppen.

Es war bereits erwähnt worden, daß erkannte Symmetrie in einem Zielmolekül die Möglichkeit gibt, mehrfache Generierung derselben Vorstufe zu verhindern. Die Symmetrie kann auch im Transform liegen,
das sich eventuell überflüssigerweise auf dieselbe Substruktur im
Zielmolekül aus jeweils einer anderen Lage heraus anpassen ließe.
Auch das kann verhindert werden.

Eine erhebliche Löschung von zunächst ermittelten Vorstufen wird
durch eine Reihe von strukturellen Bewertungskriterien erreicht.
Hierzu gehören die Bredtsche Regel, Antiaromatizität, Dreifachbindungen in kleinen Ringen, Valenzverzerrungen, unstabile Gruppen-
Kombinationen u. a. Wichtige einschränkende Faktoren sind durch
spezielle Strategien und Planungsziele (goals) gegeben. Ein Vorstufenmolekül soll vor allem einfacher sein als sein Umwandlungsprodukt. Besonders gilt das für den retrosynthetischen Abbau von
Ringsystemen sowie allgemein der Molekülgerüste. Daraus ergeben sich
die strategischen Bindungen. Die durch Strategien festgelegten Planungsziele definieren einen Planungsweg. Ein Transform wird zunächst
darauf geprüft, ob es dem Planungsziel gerecht werden kann (anhand
der unter CHARACTER zum Transform-Typ gespeicherten Angaben), erst
danach, ob es überhaupt strukturell anwendbar ist. So wird ein Transform, das seinem Typ nach funktionelle Gruppen umwandelt, gar nicht
erst in Betracht gezogen, wenn das Brechen einer C,C-Bindung zur
Debatte steht.

Die Liste der Planungsziele enthält logische Verknüpfungen (und, oder
etc.) zusammen mit Anwendungshinweisen, die auch lediglich Veränderungen von Prioritäten betreffen können. (Die Liste kann ausgedruckt
und verändert werden.)

Ein Transform kann seinem Typ nach zutreffend, trotzdem aber nicht
unmittelbar anwendbar sein. Es muß dann ein untergeordnetes Planungsziel (subgoal) geschaffen werden, nach dem eine solche strukturelle
Veränderung im Zielmolekül vorgenommen werden kann, daß das Transform
anwendbar wird. Meistens sind davon Modifizierungen von funktionellen
Gruppen betroffen.

Die Synthesewege werden als "Synthesebäume" schematisch auf dem Bildschirm dargestellt. Falls zu einem Zielmolekül (auch als Zwischenprodukt) zwei wesentliche Vorstufenmoleküle ermittelt wurden, fügt
sich in den Syntheseweg eine Querlinie ein, an deren Enden sich jetzt
zwei Synthesewege fortsetzen.

PLANUNG VON SYNTHESEN PHOSPHORORGANISCHER VERBINDUNGEN

Eine Erweiterung der ursprünglichen Programmierung des SECS-Systems auf die Synthese von Phosphor-organischen Verbindungen erforderte zusätzlich neue Algorithmen und Strategien 10). Damit wurde aber grundsätzlich die Behandlung pentacoordinierter Atome mit den ihnen eigentümlichen Konfigurationen zugänglich. Spezielle Routinen und Programmbefehle wurden entwickelt, um die stereochemischen Veränderungen bei Reaktionen an solchen pentacoordinierten Atomen zu bewältigen und im Formelbild sichtbar werden zu lassen. Dazu gehört, identische Strukturen zu erkennen, sowie die verschiedenen möglichen Stereo-Isomeren eindeutig zu erfassen, einschließlich ihrer relativen Stabilitäten und möglichen intramolekularen Umlagerungen. Die unzweideutige Beschreibung solcher Konfigurationen in speicherfähiger Form erscheint allgemein gelöst, so daß sich der Algorithmus zur Anwendung auf jede Art dreidimensionaler Atomanordnung um ein Zentrum mit seinen Isomeriemöglichkeiten ausdehnen lassen sollte.

Im übrigen ist die Rückwärts-Planungsstrategie, beginnend mit der Erkennung der Zielstruktur und der retrosynthetischen Anwendung der vorgesehenen Reaktionen, wie auch deren Einführung durch ALCHEM, hier beibehalten.

PLANUNG IN SYNTHESERICHTUNG

Die Konzeption des SECS-Systems wurde inzwischen im Sinne der Vorwärts-Planungsstrategie auch für die Ermittlung von Folgeprodukten zu bestimmten Ausgangsstoffen verwendet, was keine prinzipiellen Probleme aufwirft. Das Verfahren ist bisher beschränkt auf enzymatische in-vivo-Reaktionen 11). Es ist naturgemäß recht schwierig, für solche Reaktionen ausreichende Information zu erhalten, die zu ihrer Beschreibung in der zugehörigen Reaktionenbibliothek notwendig sind. Die Eingabe der Information zur Speicherung der Reaktionenbibliothek kann wiederum mit ALCHEM erfolgen. In der Eingabe mit Hilfe von ALCHEM ist das Schema (Abb. 34) einer solchen Reaktion wiedergegeben. Es handelt sich um die Methylierung von phenolischen Hydroxylgruppen durch das Enzym Catechol-O-methyltransferase. Dazu läßt sich folgendes sagen: Unter Punkt 1 steht der Reaktionsname. Unter Punkt 2 ist die Substruktur angegeben, die in einem Ausgangsstoff vorliegen muß, wenn die Reaktion anwendbar sein soll. Unter Punkt 3 wird die gewählte Prioritätsrate ausgewiesen. Unter 4 bis 6 sind Strukturbedingungen genannt, positive und negative, die ebenfalls erfüllt sein müssen. Punkt 7 faßt beta-Hydroxy-phenethylamine ins Auge, die eine erhöhte Prioritätsrate erhalten. Punkt 10 geht von Verbindungen mit drei benachbarten Hydroxylgruppen am Benzolring aus, bei denen die mittlere Hydroxylgruppe durch diese Reaktion COMT methyliert wird. Dasselbe Hydroxyl wird methyliert, wenn die Bedingung 12 erfüllt ist. Dagegen findet nach 13 normale meta-Methylierung im Sinne der angegebenen Ergebnisstruktur statt, wenn die Fälle 10 und 12 nicht gegeben sind.

In Abb. 35 ist gezeigt, wie sich die Reaktion COMT neben anderen Reaktionen auf die Generierung von Synthesewegen auswirkt, gezeigt am Beispiel des Dopamins als Ausgangsverbindung.

---

10) F. CHOPLIN, R. MARC, G. KAUFMANN und W. T. WIPKE, J. Chem. Inf. Comput. Sci. 18 (1978) 110.

11) M. L. SPANN, K. C. CHU. W. T. WIPKE und G. OUCHI, J. Environ. Pathol. Toxicol. 2 (1978) 123:   "Use of Computerized Methods to Predict Metabolic Pathways and Metabolites".

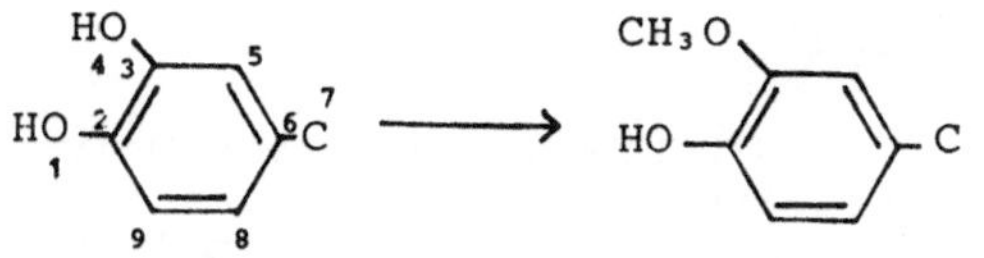

```
1.    COMT
2.    O-C%C(-O)%C%C(-C)%C%C%@2/
      1  2  3   4  5  6   7  8  9
3.    PRIORITY 80
4.        IF ATOM 1 IS NOT PRIMARY OXYGEN THEN KILL
5.        IF ATOM 4 IS NOT PRIMARY OXYGEN THEN KILL
6.        IF ATOM ALPHA TO ATOM 7 OFFPATH IS ALDEHYDE THEN KILL
7.        IF PRIMARY OXYGEN IS ALPHA TO ATOM 7 OFFPATH (1) THEN
8.            BEGIN IF (1) IS ATTACHED TO HYDROGEN THEN ADD 20
9.            DONE
10.       IF ATOM ALPHA TO ATOM 9 OFFPATH IS PRIMARY OXYGEN THEN
11.           ADD C TO ATOM 1
12.       ELSE BEGIN IF ATOM 7 IS OXO THEN ADD C TO ATOM 1
13.           ELSE ADD C TO ATOM 4
14.           DONE
15.    END
```

Abb. 34:

ALCHEM-Eingabeschema der Biotransformation
COMT 11) (siehe Erläuterungen im Text)

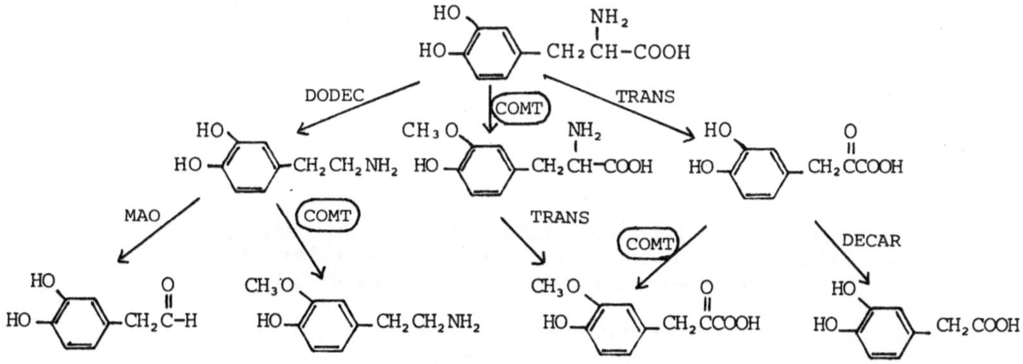

Abb. 35:

Durch Computerprogramm ermittelte Folgeprodukte als mögliche Metabolite des Dopamins bei Annahme verschiedener Enzymreaktionen in vivo (Ausschnitt). Reaktionen mit Catechol-O-methyltransferase (COMT) hervorgehoben 11).

Anmerkung: Im Zusammenhang mit den beiden bis jetzt in diesem Kapitel beschriebenen Systemen vgl. auch:

Z. HIPPE: "Chosen Problems of Designing of Self-Adjusting System for Discovery of Organic Syntheses", Vortrag gehalten auf der EUCHEM-Konferenz Prien/Chiemsee, Oktober 1980, hinsichtlich eines in Polen entwickelten Systems.

11.3. System SYNCHEM nach Gelernter

Seit 1968 ist das Programmsystem SYNCHEM an der State University of
New York in Stony Brook in Bearbeitung, mit dem automatisch Synthesewege "für nichttriviale organische Strukturen" ermittelt werden sollen,
inzwischen in einer zweiten Version (SYNCHEM 2), die jetzt auch stereochemische Aspekte einbezieht 12) 13). Die Strukturen werden in einer
eigens entwickelten linearen Notation SLING 14) eingegeben und gespeichert. Es wird auch eine topologische Eingabe akzeptiert. Vorhanden
ist eine Reaktionenbibliothek und eine Bibliothek von möglichen Aus-
gangssubstanzen. Nachdem die Maschine strukturelle Gegebenheiten
erkannt hat, zu denen sie Synthesevorschläge bereithält, werden diese
auf Zweckmäßigkeit überprüft. Hierzu dienen eine Reihe von heuristischen Regeln. Auf deren Grundlage werden Vorschläge zurückgewiesen,
Bewertungen von zunächst in Erwägung bleibenden vorgenommen, Reak-
tionsvorschläge modifiziert oder spezifische Schutzgruppen für
empfindliche Funktionen eingeführt. Die Bewertung einer Reaktion
wird beispielsweise erhöht, wenn eine Aktivierung im Zielmolekül
durch eine benachbarte Funktion erkannt wird bzw. erniedrigt, wenn
eine sterische Hinderung vorliegt. Verfahren können dadurch modifiziert werden, daß anstelle eines üblichen Reagenzes ein anderes vorgesehen wird, um Nebenreaktionen zu begegnen. Vom System können sowohl
Planungen in Rückwärts- als auch in Vorwärts-Strategie ausgeführt
werden. Die Reaktionen sind mit ihren für die Reaktion wesentlichen
Substrukturen gespeichert. Die identischen Atome des jeweiligen Aus-
gangs- und Ergebniszustandes einer Reaktion haben eine identische
Numerierung, wobei die Atome in den Randzonen der Substrukturen
chemisch offengelassen sind (Abb. 36).

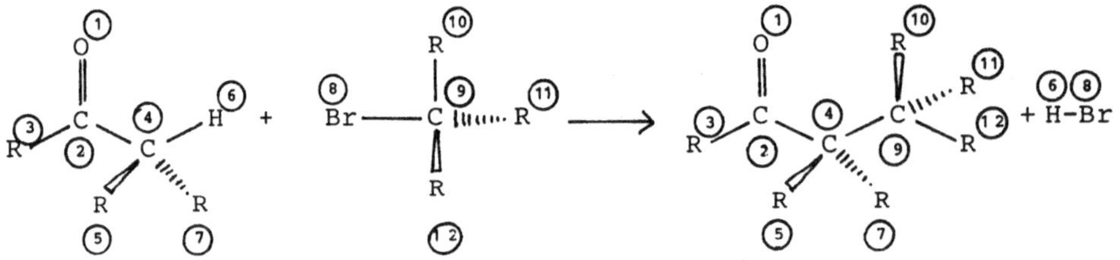

Abb. 36:

Substruktur-Speicherung einer chemischen Reaktion
bei SYNCHEM 2 mit Identifikationsnummern der Atome
und Kennzeichnung der Stereochemie 13)

Diese Reaktion kann z. B. vorwärts-strategisch zu dem Substanzpaar
(mit Atomnumerierungen) in Abb. 37 passen,

---

12) H. L. GELERNTER, N. S. SRIDHARAN, A. J. HART, S. C. YEN, F. W. FOWLER und
    H. SHOU, Top. Curr. Chem. _41_ (1973) 113 - 150. -
    H. L. GELERNTER, A. F. SANDERS, D. L. LARSEN, K. K. AGARWAL, R. H. BOIVIE,
    G. A. SPRITZER und J. E. SEARLEMAN, Science _197_ (1977) 1041.

13) K. K. AGARWAL, D. L. LARSEN und H. L. GELERNTER, Comput. Chem. _2_ (1978) 75.

14) SLING = _S_YNCHEM _l_inear _i_nput _g_raph. Siehe auch
    H. W. DAVIS: "Computer Representation of the Stereochemistry of Organic
    Molecules", Birkhäuser, Basel (1976).

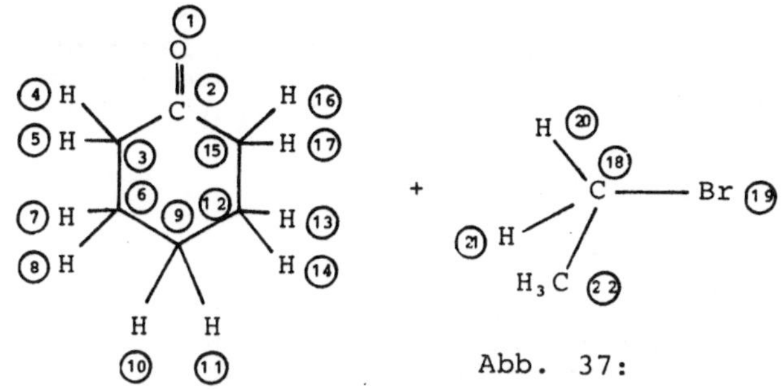

169

Abb. 37:

Substanzpaar, auf das die Reaktion in
Abb. 36 anwendbar ist   13)

und zwar kann sie insgesamt viermal stattfinden, d. h. eine vierfache
Alkylierung mit dem Alkylbromid ist in alpha-Stellung zur Ketogruppe
möglich. Das Programm stellt nicht nur die mehrfache Durchführbarkeit
fest, es sondert andererseits auch sich überschneidende Vergleichs-
ergebnisse aus, die eine mehrfache Umwandlung derselben Bindung im
gleichen Reaktionsschritt vorsehen würden - was natürlich nicht statt-
haft ist. In rückwärtsstrategischer Anwendung auf das Zielmolekül
ergeben sich die Vorstufenmoleküle nach Abb.   38.

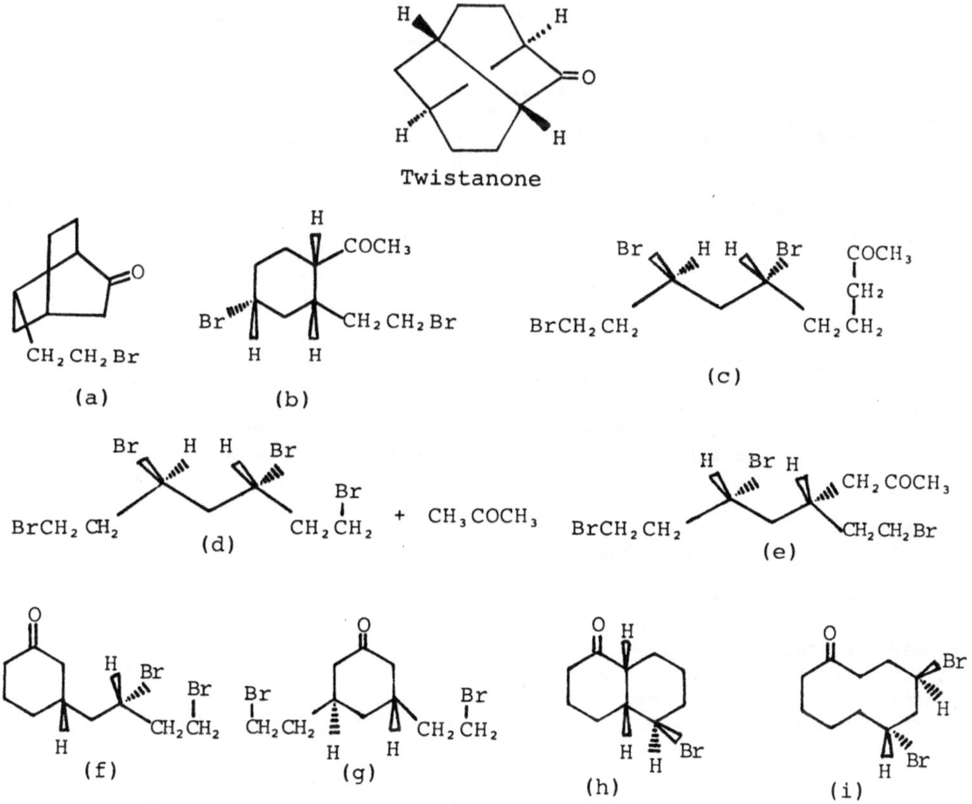

Twistanone

(a)   (b)   (c)

(d)   (e)

(f)   (g)   (h)   (i)

Abb. 38:

Zum Twistanon erzeugte Vorstufenmoleküle a bis i unter rückwärtsstrategischer Anwendung der Alkylierungsreaktion nach Abb. 36   13).

Auch die von der Maschine erzeugten Edukte und Produkte werden einer
Reihe von Bewertungen unterworfen, u. a. hinsichtlich ihrer stereochemischen Existenzfähigkeit. Vor allem aber werden die erzeugten
Edukte mit der Substanzbibliothek verglichen. Ein Syntheseweg endet,
wenn dort eine Übereinstimmung auftritt.

11.4. SYSTEM NACH BERSOHN

Das System ist nicht interaktiv, arbeitet also ohne Eingriffsmög-
lichkeit des Benutzers, der nur auf die Startbedingungen Einfluß
hat 15). Da somit alle Entscheidungen im Zuge der Planung einer
Synthese per Programm erledigt werden, sind die vorgegebenen Strategien, Methoden und Auswahlkriterien umso wichtiger. Allerdings kommt
das System damit zur Zeit nicht über die Experimentierphase hinsichtlich der Prüfung von Problemlösungsfaktoren beim Syntheseplanen hinaus.
Alle beteiligten Molekülstrukturen werden topologisch durch eine Verknüpfungstafel und eine spezielle, auf die sterischen Faktoren bezo-
gene Tafel gespeichert. Letztere enthält außer zur cis-trans-Isomerie
von Substituenten an Doppelbindungen redundante Information, die
bereits in der Verknüpfungstafel vorliegt. Diese Redundanz spart
Computerzeit.

Das Verfahren ist für die Rückwärts-Planungsstrategie angelegt. 1977
standen 260 Reaktionen (dazu "Varianten") zur Verfügung. Zum Start
des Programmes speichert der Benutzer das Zielmolekül ein 16). Zusätzlich gibt er eine Begrenzung für die maximale Zahl von zugelas-
senen Umsetzungsstufen an sowie einen Minimalbetrag der Gesamtausbeute. Außerdem kann der Benutzer Angaben zu einem möglichen oder
gewünschten Ausgangsstoff machen. Das kann darin bestehen, daß er
einen Ausgangsstoff explizit nennt. Eine kleine Liste von Ausgangsstoffen ist ohnehin vom System vorgesehen. Im eigentlichen wird jedoch
vom Programm her der "einfache Stoff" als Ausgangsstoff angestrebt,
der durch geringe maximale Zahlen von Chiralitätszentren, Ringen und
einfachen funktionellen Gruppen definiert ist. Die geringe maximale
Zahl der jeweiligen Strukturfaktoren kann der Benutzer vorab festlegen. Tut er das nicht, so verwendet das Programm die Zahlen 1, 1
und 2 für die genannten Strukturfaktoren in obiger Reihenfolge.

---

15) Programme geschrieben in Assembler für IBM 370. Diese Entwicklungen gehen
nach den Autoren auf Anregungen von
G. E. VLADUTZ, Inf. Storage Retr. 1 (1963) 101 zurück: "the first paper
outlining the potential use of a computer in generating syntheses".

Literatur:

M. BERSOHN, Bull. Chem. Soc. Jpn. 45 (1972) 1897. -
A. ESACK und M. BERSOHN, J. Chem. Soc., Perkin Trans. I, (1974) 2463 und
(1975) 1124. -
M. BERSOHN und A. ESACK, Chemical Scripta 6 (1974) 122, 9 (1976) 211. -
dito, Comput. Chem. 1 (1976) 103 - dito, Chem. Rev. 76 (1976) 269. -
M. BERSOHN "Rapid Generation of Reactants in Organic Synthesis Programs",
S. 128 - 147 in W. T. WIPKE und W. J. HOWE (Hrsg.): "Computer-Assisted
Organic Synthesis", ACS Symposium, Series No. 61, (1977). -
M. BERSOHN und K. MACKAY, J. Chem. Inf. Comput. Sci. 19 (1979) 137.

16) Zu den Fragen der Strukturerkennung siehe Originalliteratur.

Durch die Ausrichtung auf bestimmte Ausgangsstoffe wird die Menge
der in Vorschlag geratenden Synthesewege sehr stark eingeschränkt.
Eine weitere Einschränkung ist dadurch gegeben, daß die Reaktionen
des Systems in folgende acht Prioritätsklassen eingeordnet sind:

1 Reaktionen zur Einführung einer funktionellen Gruppe,

2 Reaktionen, die zum Aufbau eines Molekülskeletts dienen,

3 Isomerisierungsreaktionen, einschließlich Epimerisierung,

4 Reaktionen zur Einführung von Schutzgruppen,

5 Reaktionen zur Entfernung von Schutzgruppen,

6 Reaktionen zur Umwandlung von funktionellen Gruppen,

7 Reaktionen zur Entfernung von funktionellen Gruppen,

8 Fragmentierungsreaktionen.

Auch die erzielbaren Substrukturen sind untereinander rang-
mäßig geordnet. Substrukturen, die durch eine mehrfache Bindungs-
knüpfung entstehen, ordnen sich am höchsten ein und kommen von daher
am ehesten in Betracht. Desgleichen rangieren komplexe funktionelle
Gruppen vor einfachen.

Im Zuge einer Planung werden die einzelnen angefangenen Synthesewege
immer voll durchentwickelt, bis also ein möglicher Ausgangsstoff
gefunden ist - falls das innerhalb des Zeitlimits geschehen kann und
die Mindestausbeuten gemäß den dazu angestellten Berechnungen nicht
unterschritten, das Limit der Zahl von Umsetzungsstufen nicht über-
schritten wird. Erst nach der vollständigen oder aus den genannten
Gründen abgebrochenen Überprüfung eines Syntheseweges folgt der
nächste (depth-first-Methode). Jede in Betracht gezogene Reaktion
führt, nachdem sie die verschiedenen Prüfungen (siehe unten) durch-
standen hat, mit Hilfe ihrer zugehörigen Substrukturen zur Ausbildung
eines Vorstufenmoleküls für das gerade behandelte Molekül (das Zielmolekül oder eine bereits festgelegte Vorstufe davon). Dabei werden
die als Reaktionsergebnis erkannten Substrukturen durch die zugehörigen Ausgangs-Substrukturen der Reaktion ersetzt. Das somit erhaltene
neue Vorstufenmolekül wird nun darauf untersucht, ob es im Sinne der
obigen Kriterien entweder dem gewünschten Ausgangsstoff entspricht
oder ein "einfaches Molekül" ist. Von einem solchen einfachen Stoff
kann zumindest erwartet werden, daß er gut herstellbar, wenn nicht
käuflich ist. Ist das alles nicht der Fall, so wird die zunächst folgende (im späteren realen Synthesegang vorhergehende) Vorstufe gesucht.
Ergeben sich zwei Vorstufen als Coreaktanden, so wird zunächst nur
diejenige Vorstufe weiterverfolgt, die als die wichtigere definiert
werden kann.

Falls ein bestimmter Ausgangsstoff verlangt wird, muß jedes Zwischenprodukt eines Syntheseweges die dem Zielmolekül und diesem Ausgangsstoff gemeinsamen Atome enthalten 17).

Die jeweilige Prüfung auf Anwendbarkeit einer Reaktion löst gegebenenfalls vor- und nachgeschaltete Reaktionen mit aus. Dies wird dadurch
erreicht, daß mit der Beschreibung einer Reaktion die möglichen

---

17) M. BERSOHN, E. ESACK und J. LUCHINI, Comput. Chem. 2 (1978) 105.

Begleitvorgänge vorhergeplant werden. Die Reaktionen müssen hierzu
über ihre reaktionstypischen Strukturveränderungen hinaus hinsichtlich der Beeinflußbarkeit durch andere Strukturmerkmale eines Zielmoleküls definiert werden. Ein anderes Problem ist z. B. die mehrfache Durchführung einer Reaktion in derselben Stufe. Sie wird
zunächst unterdrückt, kann aber dann, wenn sie erwünscht sein dürfte
- z. B. die zweifache Diketalisierung und Hydrolyse im Beispiel der
Abbildung - doch wieder als einstufige Umsetzung ausgewiesen werden.

Die Ausbeuteberechnungen von Umsetzungen stützen sich auf vorgegebene
Literaturwerte beispielhafter Umsetzungen. Nach Beendigung einer
Planung durch das Programm werden die Ergebnisse in Formelbildern
mit Ausbeuteangaben ausgedruckt 18).

11.5. SYSTEME EROS UND ASSOR NACH UGI

Bei einer Reaktion ist die Zahl der Atome und Elektronen in einem
abgeschlossenen Stoff-System vor und nach der Reaktion dieselbe.
Somit ist das Stoff-System vorher dem nachher in dieser Beziehung
äquivalent. Als Stoff-System braucht man dabei nur die einzelnen
Moleküle zu verstehen, die jeweils miteinander reagieren bzw. reagiert
haben, sog. Ensembles von Molekülen. Falls bei einer Reaktion nur die
Bindungen der Atome ohne Zerfall des Moleküls verändert wurden, fand
im üblichen Sinne Isomerisierung statt. UGI et al.   19) dehnen den
Isomerisierungsbegriff auf die Ensembles von Molekülen (EM) aus:
Für die Reaktion

$$A + B = C + D$$

sind danach das Ensemble A + B einerseits und das Ensemble C + D
andererseits zu einander "isomer". Daraus wird folgender Satz abgeleitet: "Eine chemische Reaktion oder eine Folge von chemischen
Reaktionen ist die Transformation eines EM in ein isomeres EM".

---

18) Zur Prüfung der Möglichkeiten, Entscheidungen hinsichtlich organischer Synthesen
per Computerprogramm vollautomatisch zu treffen, dienen auch die Arbeiten von
P. E. BLOWER jr. und H. W. WHITLOCK jr., J. Am. Chem. Soc. 98 (1976) 1499.
Nach seinem Entwicklungsstand ist das Verfahren nicht für ernsthafte Planungen
geeignet. Es werden nur acyclische Verbindungen und wenige unterschiedliche
funktionelle Gruppen (zu maximal fünf Gruppen auf einmal) akzeptiert. Zunächst
werden im Zuge des Verfahrens in einem Zielmolekül gewisse Substrukturen erkannt
und klassifiziert, die einer Synthese zugänglich gemacht werden könnten. Danach
werden mit Hilfe von Auswahlkriterien Reaktionen vorgeschlagen. Dabei werden
Vorstufenstrukturen gebildet und Synthesewege angelegt, alles im Sinne der
Rückwärts-Planungsstrategie. Das eigentliche Syntheseziel bei diesem auf Er-
fahrungsgewinn abgestellten Verfahren ist die Knüpfung von C,C-Bindungen,
während die Umwandlung von funktionellen Gruppen sich dem unterordnet.

19) J. DUGUNDJI und I. UGI, Top. Curr. Chem. 39 (1973) 19: "An Algebraic Model
of Constitutional Chemistry as a Basis for Chemical Computer Programs". -
I. UGI und P. GILLESPIE, Angew. Chem. 83 (1971) 980, 982. -
I. K. UGI, J. GASTEIGER, J, BRANDT, J. F. BRUNNERT und W. SCHUBERT, IBM-Nach-
richten 24 (1974) 185. -
J. BRANDT, J. FRIEDRICH, J. GASTEIGER, C. JOCHUM, W. SCHUBERT, P. LEMMEN und
I. UGI, Pure Appl. Chem. 50 (1978) 1301.

J. GASTEIGER und C. JOCHUM, Top. Curr. Chem. 74 (1978) 93 - 126: "A Com-
puter Program for Generating Sequences of Reactions". -
I. UGI et al., Match 6 (1979) 159. -
J. GASTEIGER et al., ibid. 6 (1979) 177.

Ferner bilden alle EM gleicher Atom- und Elektronenzusammensetzung - welche Verbindungen sie dabei darstellen ist gleichgültig- "Familien" von Ensembles von Molekülen (FIEM). Die EM einer FIEM können definitionsgemäß (formal) durch Reaktionen vollständig aus einander hervorgehen.

Die Veränderungen, die bei einer Reaktion stattfinden, betreffen die Valenzelektronen, während die Atomrümpfe unverändert bleiben. Das drückt sich entsprechend in den Konstitutionsformeln aus, in denen die bindenden Elektronen durch Valenzstriche und die nicht an Atombindungen teilnehmenden, freien Valenzelektronen, z. B. durch Pünktchen dargestellt werden, während die Elementsymbole für die Atomrümpfe stehen. Bei dem Programmsystem EROS 20) wird die Konstitution eines Moleküls bzw. eines EM durch Bindungs-Elektronen- (BE-) Matrizen wiedergegeben, deren Zeilen und Spalten den einzelnen Atomrümpfen zugeordnet sind. Dabei geben die außerdiagonalen Eintragungen die formalen Bindungsordnungen der kovalenten Bindungen und die diagonalen Eintragungen die Zahl der freien Elektronen an. Besteht ein EM (im Grenzfall also ein Molekül, sonst dessen mehrere) aus n Atomen - die beliebig durchnumeriert werden - so erhält man eine n mal n-Matrix, deren i-te Zeile und Spalte dem i-ten Atomrumpf zugeordnet sind. Demzufolge sind BE-Matrizen symmetrisch. Die Diagonaleintragungen für die freien Elektronen sind gradzahlig bei geschlossenen Valenzschalen und spingepaarten Elektronen der zugehörigen Atome. Alle Eintragungen sind naturgemäß positiv oder Null. Z. B. sehen für Cyanwasserstoff und Isocyanwasserstoff die BE-Matrizen wie folgt aus:

$$H^1\!-\!C^2\!\equiv\!\overset{..}{N}{}^3 \qquad\qquad H^1\!-\!\overset{\oplus}{N}{}^3\!\equiv\!\overset{..}{\underset{\ominus}{C}}{}^2$$

$$\begin{array}{cc} \begin{matrix} H^1\,C^2\,N^3 \end{matrix} \\ \begin{pmatrix} 0 & 1 & 0 \\ 1 & 0 & 3 \\ 0 & 3 & 2 \end{pmatrix} \begin{matrix} H^1 \\ C^2 \\ N^3 \end{matrix} \end{array} \qquad \begin{array}{cc} \begin{matrix} H^1\,C^2\,N^3 \end{matrix} \\ \begin{pmatrix} 0 & 0 & 1 \\ 0 & 2 & 3 \\ 1 & 3 & 0 \end{pmatrix} \begin{matrix} H^1 \\ C^2 \\ N^3 \end{matrix} \end{array}$$

Aus der Matrix für HCN geht hervor, daß das Kohlenstoffatom - mit der willkürlichen Nummer 2 - mit dem Wasserstoff eine kovalente Bindung, mit dem Stickstoff drei kovalente Bindungen eingeht, ferner, daß der Stickstoff zwei freie Elektronen besitzt (Diagonaleintragung zur Zeile bzw. Spalte des Stickstoffes). Die Anzahl der Valenzelektronen, die jeweils gerade einem Atom - in einer Grenzstruktur im Sinne der Valence-Bond-Theorie - zugehören, resultiert als Summe über die Eintragungen seiner Zeile, die von der Rumpfladung abgezogen die formale elektrische Ladung ergibt. So hat das C in HNC bei einer Rumpfladung von + 4 und 5 Valenzelektronen eine Formalladung von - 1.

Wenn ein EM aus mehr als einem Molekül, also aus zwei oder mehr Reaktionspartnern bzw. zwei oder mehr Produkten einer Umsetzung besteht, wird das in gleicher Weise in einer BE-Matrix dargestellt, wobei die willkürliche Atomnumerierung durch das ganze EM hindurchführt. Dabei können die Atome von n-atomigen EM auf bis zu n! verschiedene Weise numeriert werden 21). Entsprechend viele unterscheidbare aber äquivalente BE-Matrizen gibt es dafür. Durch geeignete Regeln kann eine der Numerierungen zur kanonischen erklärt werden. Das ist die notwendige Voraussetzung, um stereochemische Aspekte zu berücksichtigen, und ist auch günstig für den maschinellen Vergleich von erzeugten Strukturen in konkurrierenden Synthesewegen 22).

20) EROS = Elaboration of Reactions for Organic Synthesis; Vorgänger: CICLOPS.
21) W. SCHUBERT und I. UGI, J. Am. Chem. Soc. 100 (1978) 37.
22) J. BLAIR, J. GASTEIGER, C. GILLESPIE, P. D. GILLESPIE und I. UGI, Tetrahedron 30 (1974) 1845.

Wenn eine chemische Reaktion die Transformation einer EM(B) in eine isomere EM(E) ist, muß sie formal durch diejenige Matrix (Reaktions-Matrix, R-Matrix) darstellbar sein, die durch Addition aus der Matrix der EM(B) = B-Matrix die Matrix der EM(E) = E-Matrix bildet:

$$B + R = E$$

(Da B und E die gleiche Eintragungssumme haben, muß die Summe der Eintragungen von R = Null sein.)

Beispiel: 23)

$$\underset{\displaystyle\begin{pmatrix} 0 & 1 & 0 \\ 1 & 0 & 3 \\ 0 & 3 & 2 \end{pmatrix}}{B\,(HCN)} \quad + \quad \underset{\displaystyle\begin{pmatrix} 0 & -1 & +1 \\ -1 & +2 & 0 \\ +1 & 0 & -2 \end{pmatrix}}{R} \quad \longrightarrow \quad \underset{\displaystyle\begin{pmatrix} 0 & 0 & 1 \\ 0 & 2 & 3 \\ 1 & 3 & 0 \end{pmatrix}}{E\,(HNC)}$$

Für die Rückreaktion gilt die inverse (mit -1 multiplizierte) Matrix.

Man kann ganz formal folgendermaßen vorgehen: Anhand der (stets positiven) Eintragungen in der B-Matrix legt man die negativen Eintragungen in der R-Matrix fest und ergänzt dort durch positive Eintragungen so, daß die Summe aller Eintragungen in der R-Matrix = Null ist. Durch Addition der beiden muß sich eine E-Matrix ergeben, die für die einzelnen Atome valenzchemisch erlaubt ist und somit einer Struktur oder mehreren Strukturen entspricht, die Reaktionsergebnisse darstellen. Hierdurch ist es möglich, alle denkbaren "Reaktionen" in Gestalt der R-Matrizen und deren Produkte für die betreffende B-Matrix zu ermitteln.

Eine (irreduzible) R-Matrix repräsentiert in allerdings sehr formaler, sehr allgemeiner Weise eine ganze diesbezügliche Kategorie chemischer Reaktionen. Zwei R-Matrizen R' und R'' gehören zur gleichen R-Kategorie, d. h. repräsentieren in diesem Sinne gleiche Reaktionen, wenn sie durch eine Zeilen/Spalten-Permutation und/oder durch Einfügung oder Entfernen von Nullzeilen ineinander transformierbar sind. Wie die Untersuchungen zur Klassifikation einer größeren Zahl von Reaktionen nach R-Matrizen bzw. entsprechenden Reaktionsschemata ergaben, finden sich sehr unterschiedliche Reaktionstypen zusammen, mit starker Häufung in wenigen Klassen. Im Prinzip kann man durch Addition von R-Matrizen in der besprochenen Weise von vorgegebenen BE-Matrizen bestimmter Verbindungen (Zielmoleküle oder Ausgangsstoffe) Vorstufen- bzw. Folgeprodukt-Strukturen erzeugen. Ersteres im Sinne der Planungs-Rückwärtsstrategie, letzteres der Vorwärtsstrategie. Mit dem Programmsystem EROS ist das maschinell ermöglicht. Besteht das EM nur aus einem Molekül, so erzeugt das Programm Umlagerungsprodukte und Fragmente. Die Berücksichtigung der weiteren Reaktionen macht es erforderlich, daß Reaktionspartner bzw. Beiprodukte, insbesondere die häufigen kleinen Moleküle wie H_2, O_2 usw. (vorwiegend Reaktanden) und H_2O, NH_3, CO_2, HCl, N_2 usw. (vorwiegend Beiprodukte) zum Teil mehrfach in die BE-Matrizen aufgenommen werden. Andererseits muß das zu einer erhöhten Zahl der von der Maschine dann erzeugten Strukturen führen. Wesentlich ist deshalb deren Bewertung und die Eliminierung unstabiler sowie auch ungünstig erscheinender Verbindungen. Hierzu dienen physikalisch-chemische und heuristische Kriterien, die bei EROS zum Teil per Programm zum Zuge kommen. Das beginnt bereits mit der Beschränkung auf das Brechen von vornehmlich Mehrfachbindungen und Bindungen zu

---

23) Siehe I. UGI, J. BAUER, J. BRANDT, J. FRIEDRICH, J. GASTEIGER, C. JOCHUM und W. SCHUBERT, Angew. Chem. <u>91</u> (1979) 99.

Heteroatomen. Neben diesen Maßnahmen wird aus Parametern über 1,2- und
1,3-Wechselwirkungen, erhalten aus thermochemischen Daten, die Reak-
tionsenthalpie abgeschätzt 24). Modelle zur Bestimmung von Aktivierungs-
parametern sind in Betracht gezogen. Die sterische Beeinflussung einer
Reaktion kann durch Absuchen der Bindungsliste der an der Reaktion
beteiligten Atome ermittelt werden. Aufgrund von Elektronegativitäts-
betrachtungen lassen sich gewisse Atomverknüpfungen als ungünstig erkennen 25).

Nach der Ermittlung und Bewertung einer Umsetzungsstufe können diese
dem Programm wieder zugeführt werden und als Zielmolekül für die
Weiterführung der Planung dienen.

Als Beispiel für die Funktionsfähigkeit des Verfahrens veröffentlichten die Autoren
eine Studie zur Synthese von Guanin. Von den erhaltenen Synthesevorschlägen gibt
Abb. 39 eine Auswahl wieder. Syntheseweg A entspricht den beiden letzten Stufen
der Biosynthese, Syntheseweg B den ersten beiden Schritten der Traubeschen Harn-
säuresynthese. Die weitere Entwicklung zu Dicyandiamid und Glycinester, vielleicht
auch die Wege C und D, sind neuartig. Reaktionsbedingungen schlägt das Verfahren
allerdings damit nicht vor.

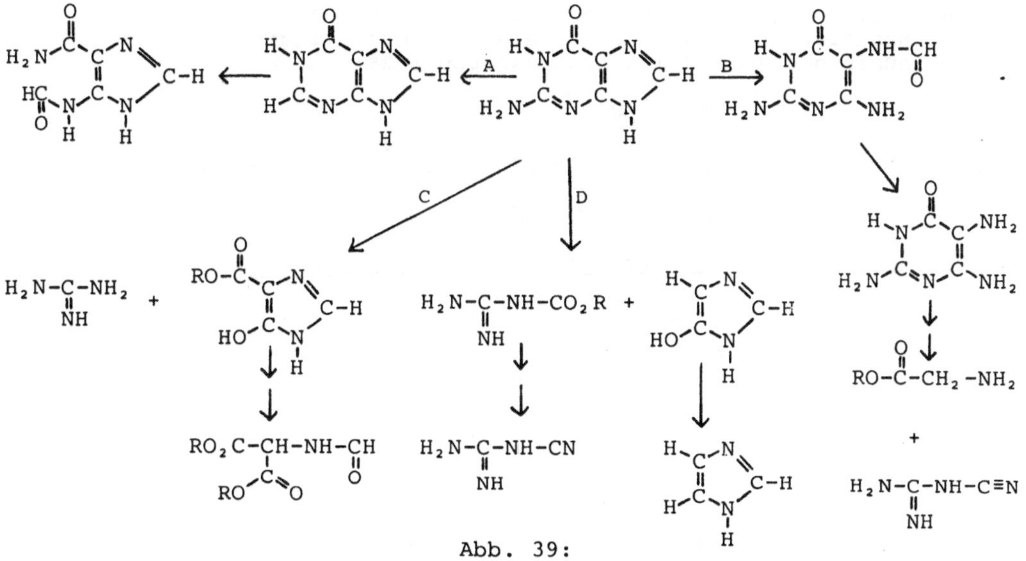

Abb. 39:

Mit dem Programmsystem EROS erhaltene Vorschläge zur Guanin-
Synthese (Auswahl)   23)

Eine Reaktionsmatrix kann die Linearkombination von kleineren Reaktionsmatrizen,
Matrizen von sogenannten Basiselementen, darstellen. In einem neuen Programmsystem
ASSOR 26) werden nur die Basiselemente verwendet 27). Hierdurch wird eine Reaktion
in Elementarschritten simuliert. Nach jedem Schritt kann anhand von Plausibilitäts-
prüfungen entschieden werden, ob ein bestimmter Reaktionsweg noch weiterverfolgt
werden soll. Außerdem werden die Reaktionswege abschließend bewertet, um die Zahl
der Problemlösungsvorschläge einzuschränken.

24) J. GASTEIGER, Comput. Chem. 2, (1978) 185.

25) J. GASTEIGER und M. MARSILI, Tetrahedron Lett. (1978) 3184.

26) ASSOR = Allgemeines System zur Simulation organischer Reaktionen
27) W. SCHUBERT und I. UGI, Chimia 33 (1979) 183. -
    W. SCHUBERT, Match 6 (1979) 213.

11.6. SYSTEM MASSO NACH MOREAU

Das System MASSO 28) schlägt in schematischer Form ionische Reaktionsmechanismen zu für möglich erachteten Umsetzungen vor, um entsprechende Synthesevorstellungen für vorgegebene Zielmoleküle zu suggerieren 29). Das Programm antwortet auf präzise Fragen eines Benutzers hinsichtlich Bindungsknüpfungen, Umlagerungen und Fragmentierungen. Vom Programm her wird keine Bewertung der Vorschläge unternommen.

Das System baut auf den Überlegungen von HENDRICKSON auf, und zwar dessen Definition der "Halbreaktion" und der Funktionalität von Kohlenstoffatomen: Wenn sich zwei Moleküle (bzw. zwei Teile eines solchen) verknüpfen, so kann man den Reaktionsweg immer je eines der beiden ins Auge fassen, also die Halbreaktion 30). Die Funktionalität eines Kohlenstoffatoms soll durch die Summe der Zahl seiner Bindungen zu Heteroatomen (elektronegativer als es selbst) und seiner Ungesättigtheit gegeben sein. Die Strukturteile, die durch Bindungsveränderungen an der Halbreaktion beteiligt sind, machen dazu die "Halbspanne" als Atomkette (Wasserstoff wird immer weggelassen) aus. Für jede solche Halbspanne gibt es dann den Zustand vor der Reaktion und den danach. Beispielsweise liegen für folgende C,C-Verknüpfungen (mit Z als Abgangsgruppe) 29)

$$
\begin{array}{lll}
A & C{=}C{-}C_1 \quad C{=}C{-}CN & \\
 & \qquad\ \overset{|}{Z} & \\
B & C{=}C{-}C_1 \quad C{\equiv}C{-}CN & \longrightarrow \quad C{=}C{-}C_1{-}C{=}C{-}CN \\
C & C{-}C{=}C_1 \quad C{\equiv}C{-}CN & \\
D & C{-}C{=}C_1 \quad C{\equiv}C & \longrightarrow \quad C{=}C{-}C_1{-}C{\equiv}C \\
 & \ \ \overset{|}{Z} &
\end{array}
$$

für Ausgangs- und Ergebniszustände der Umsetzungsgleichungen neben den jeweils rechtsstehenden die folgenden dort linksstehenden Halbspannen vor:

$$
\begin{array}{lll}
AB & C_1 & \longrightarrow \quad C_1{-} \\
C & C_3{-}C_2{=}C_1 & \longrightarrow C_3{=}C_2{-}C_1{-} \\
D & C_3{=}C_2{=}C_1 & \longrightarrow C_3{=}C_2{-}C_1{-} \\
 & \ \ \overset{|}{Z} &
\end{array}
$$

In der Beschränkung auf ionische Verknüpfungsmechanismen werden die Beiträge der Elektronen-Donatoren zur Gesamt-Verknüpfungsreaktion als negative Halbreaktionen, die der Elektronen-Acceptoren als positive Halbreaktionen bezeichnet. (Jede der obigen linksstehenden Halbspannen A, B, und C gehört also zu einer negativen, dagegen D zu einer positiven Halbreaktion, bei den nachstehenden umgekehrt.)

Bei MASSO wird sehr wesentlich zwischen konstruktiven Reaktionen, die Kohlenstoffatome - allerdings "ersatzweise" auch Heteroatome - mit-

---

28) Programmiert in FORTRAN für PDP 11-40 und in einer Version für IBM 370-158-Maschinen. In beiden Fällen wird ein Tektronix-Graphik-Terminal Modell 4014 oder 4010 verwendet.
29) G. MOREAU, Nouv. J. Chim. 2 (1978) 187.
30) J. B. HENDRICKSON, J. Am. Chem. Soc. 97 (1975) 5784.

einander verbinden, ohne andere Kohlenstoff-Kohlenstoffbindungen zu
spalten, und andererseits Refunktionalisierungsreaktionen unterschieden. Dabei begnügt man sich mit drei Halbspannen - weil wenige
Halbreaktionen längere Halbspannen betreffen - und erhält damit je
drei Typen von negativen bzw. positiven Halbreaktionen:

1/2 Reaktionen   Typ

$$
\begin{array}{lll}
Z{-}C \longrightarrow & Z{-}C{-} & 1{-} \\
Z{-}C{=}C \longrightarrow & C{=}C{-} & 2{-} \\
C{=}C{=}C \longrightarrow & C{=}C{=}C{-} & 3{-} \\
\end{array}
$$

$$
\begin{array}{lll}
Z{-}C \longrightarrow & C{-} & 1{+} \\
Z{-}C{=}C \longrightarrow & C{=}C{-} & 2{+} \\
C{=}C{=}C \longrightarrow & C{=}C{=}C{-} & 3{+} \\
\end{array}
$$

Die Typen 2 und 3 betreffen auch Halbspannen mit jeweils noch einer
zusätzlichen Bindung (im Bild gepunktet), bei Typ 2 also sowohl eine
Doppel- als auch eine Dreifachbindung. Zu jedem Typ von Halbreaktion
gehören je nach Funktionalität Varianten, die als solche gespeichert
sind. So gehören zum Typ 1 vier Varianten, zum Typ 2 dreizehn und
zum Typ 3 dreißig. Konkrete Beispiele für die Varianten des Typs 1-
sind die in der Tabelle 7 stehenden.

Tabelle 7   29)

Halbreaktion vom Typ 1- : $C \longrightarrow C-$

Funktionalität	0	$R{-}C{-}C \longrightarrow R{-}C{-}C{-}$ (mit $\|O$)
		$C{-}C \longrightarrow C{-}C{-}$
		(EtLi;EtMgBr...)
"	1	$R{-}C \longrightarrow R{-}C{-}$ (mit $R'{-}SO_2$)
		$C{=}C \longrightarrow C{=}C{-}$
		(Vinyl-Lithium)
"	2	$C{\equiv}C \longrightarrow C{\equiv}C{-}$
		$R{-}S{\diagdown}C{\diagup}{R{-}S} \longrightarrow R{-}S{\diagdown}C{-}{\diagup}{R{-}S}$
"	3	$N{\equiv}C \longrightarrow N{\equiv}C{-}$

(Funktionalität = Zahl der Bindungen zu Heteroatomen plus Zahl
     der über die C,C-Einfachbindung hinausgehen-
     den Mehrfachbindungen)

Wie schon angedeutet, können in den Halbspannen auch Kohlenstoffatome
durch Heteroatome ersetzt sein, die also nicht als funktionelle
Gruppen gewertet werden, deren spezielle Valenzen natürlich berücksichtigt werden müssen. Hierzu folgende Beispiele von Reaktionen in
schematisierter Darstellung auf Basis der Halbspannen:

$$R-C \quad C \overset{Z}{} \longrightarrow R-C-C$$

$$R-N \quad C \overset{Z}{} \longrightarrow R-N-C$$

$$C-C=C \quad C=C-C \overset{}{=\!\!O} \longrightarrow C=C-C-C-C-C \overset{}{=\!\!O}$$

$$O-C=C \quad \underset{R}{C}=O \longrightarrow O=C-C-C-O$$

$$\underset{R}{O-C=S} \quad \underset{R \; Z}{S} \longrightarrow \underset{R}{O=C-S-S} \diagdown R$$

Über die konstruktiven Verknüpfungsreaktionen - Kettenverlängerungen,
Ringschlüsse - hinaus berücksichtigt das System auch Herstellung von
Mehrfachbindungen, Umlagerungen und Fragmentierungen bzw. Ringspal-
tungen.

Die Codierung der gespeicherten typisierten Halbreaktionen geschieht
wie folgt:

Von rechts nach links, für jeden Halbspann mit einem Punkt beginnend,
steht 0 für eine zu knüpfende und 1 für eine geknüpfte Bindung, also
für

$$C \quad \longrightarrow \quad C- : \qquad 0./1.$$

Darauf folgt (nach links) die Funktionalität desselben Atoms, also
für

$$C \quad \longrightarrow \quad C- : \qquad 00./01.$$

oder für
$$\underset{\text{(Heteroatom)}}{C} \quad \longrightarrow \quad \underset{\text{(Heteroatom)}}{C-} : \qquad 10./11. \qquad \text{usw.}$$

Hieran schließt sich bei größeren Halbspannen, weiter nach links,
entsprechend die folgende Bindungsbeschreibung zum Nachbaratom an
und dann dessen Funktionalität, usw., also für z. B.

$$C_3=C_2=C_1 \longrightarrow C_3=C_2-C_1- \quad : \qquad 011210./121101.$$

oder für
$$\underset{Z}{C_3}=C_2=C_1 \longrightarrow C_3=C_2-C_1- \quad : \qquad 111210./121101.$$

Anwendung für die Syntheseplanung:

Es sei das folgende Zielmolekül gegeben:

Dasselbe wird über das Graphik-Terminal eingegeben und von der Maschine topologisch gespeichert, d. h. es wird eine Verknüpfungsmatrix erstellt mit der Information über Art der Atome und ihrer gegenseitigen Bindung. Hieraus errechnet die Maschine noch die Funktionalitäten der einzelnen Atome.

Es kann nun z. B. die Frage gestellt werden, auf welche Weise man die Bindung zwischen den C-Atomen 1 und 8 des Zielmoleküls etwa herstellen könnte. Hierauf ermittelt das Programm die passenden Halbspannen der Ergebniszustände der Halbreaktionen durch Vergleich des Speichers mit dem Zielmolekül. Das erfolgt von der Seite des C1 und des C8 aus. Über dieselben sind damit die Ausgangszustände der Halbreaktionen zugänglich, die nun paarweise (negative und positive) auf das Zielmolekül übertragen werden. Daraus ergeben sicn die vor- geschlagenen Vorstufen. In Abb. 40 sind sie mit den mechanistischen Andeutungen wiedergegeben, wie sie auf dem Bildschirm erscheinen.

Tabelle 8 :

Zuordnung von Halbreaktionen zum Zielmolekül 29)

Ermittelte Halbspanne (in übergroßen Buchstaben)	Verwendung als Halbreaktion in Vorstufe Nr. .. bei Abb. 40	
	und zwar negative Halbreaktion	und zwar positive Halbreaktion
$\overset{N}{\underset{O}{\diagdown}}C_1-C_8$	k, l, m	a, c, e, g, i
$O=\underset{N}{C}_1-C_8$		
$N-\underset{O}{C}_1-C_8$		b, d, f, h, i
$S{\diagdown}C-N-\underset{O}{C}_1-C_8$		
$C-N-\underset{O}{C}_1-C_8$		
C_8-C_1	a, b	k
$\overset{S}{\underset{N}{\diagdown}}C-C_8-C_1$	c, d, e, f	l
$\overset{O}{\underset{O}{\diagdown}}C-C_8-C_1$	g, h	
$S-\underset{N}{C}-C_8-C_1$		
$N-\underset{S}{C}-C_8-C_1$		
$O=\underset{O}{C}-C_8-C_1$	i, j	m
$O-\underset{O}{C}-C_8-C_1$		

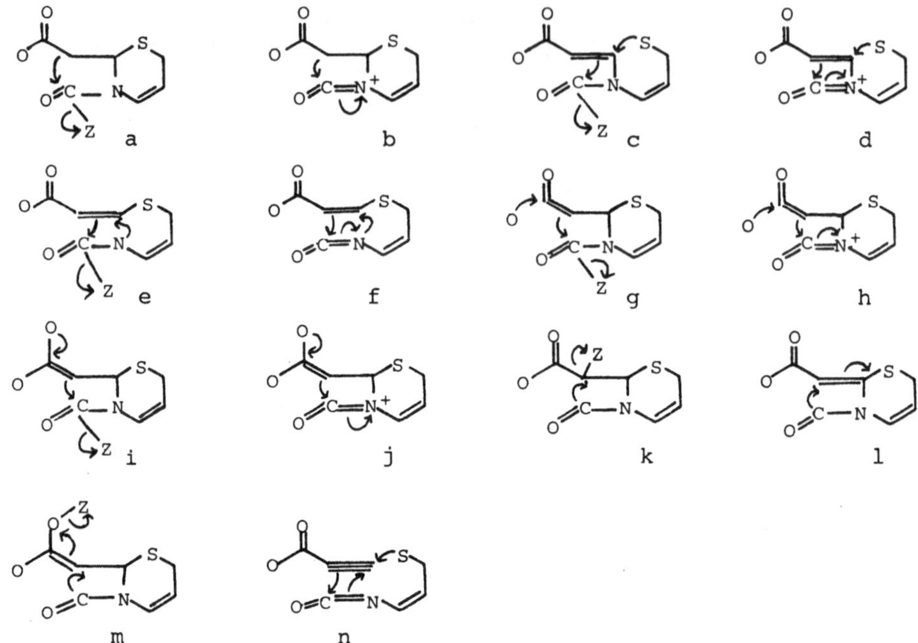

Abb. 40:

Nach den Halbreaktionen aus Tabelle 8 ermittelte Vorstufen

Nach Kenntnis der Vorstufen zu einem Zielmolekül müssen die durch die
Mechanismen angezeigten Reaktionen im einzelnen gesucht werden, soweit
es sie gibt. Dabei wird der Chemiker die nach seinen Vorstellungen
sinnvollen bevorzugen und die unsinnig erscheinenden ohnehin verwerfen.
Manche Vorschläge werden zu tieferem Nachdenken anregen und eventuelle
Experimente dazu hervorrufen. Will man einen Syntheseweg weiter zurück
verfolgen, so muß die entsprechende Vorstufe stets erneut als Zielmolekül eingegeben werden.

Im zum Zeitpunkt der Veröffentlichung vorliegenden Zustand berücksichtigte
das Programm keine Aromatizität und nicht stereochemische Aspekte
(obwohl bereits eingeleitet). Es können Moleküle bis zu 40 Atomen
(außer Wasserstoff) manipuliert werden.

11.7. System AHMOS/SYNPLAN/SYNAB nach Weise

Das Programm AHMOS 31) - 34) simuliert Umsetzungsmöglichkeiten zu
Ausgangsverbindungen. Umfaßt werden organische Verbindungen der
Elemente C, H, N, O, F, Cl, Br, J, P, S, Li, Na, K, Al, B und Mg. Be-
schränkt ist im Prinzip auf polare Einzentrenreaktionen, d. h. das
Angriffszentrum für jeden Reaktionspartner ist jeweils ein Atom. Es
handelt sich dabei um Elementarschritte bei maximal zwei Reaktions-

---

31) AHMOS = Automatisierte heuristische Modellierung organisch-chemischer Synthesen,
    programmiert in PL/1, für Stapelverarbeitung und Dialogverkehr geeignet.
32) A. WEISE, Z. Chem. 15 (1975) 333.
33) A. WEISE und H. G. SCHARNOW, ibid. 19 (1979) 49.
34) A. WEISE, W. SCHÄFER, R. WALTHER und D. MARTIN, ibid. 12 (1972) 81.

zentren und maximal drei sich verändernden Bindungen. Übergangszustände und Bindungsdelokalisationen werden nicht dargestellt, stereochemische Aspekte bleiben außer Betracht.

Als Grundoperationen der Elementarschritte zählen Addition   (ADD),
Substitution   (SUB), Dissoziation   (DIS) und Protonenaustausch
(PROT). Ferner gibt es die anionotrope 1,2-Umlagerung (UMLA), die
Polarisierung (POL) als Hilfsfunktion für den Ausgleich benachbarter
Anion-Sextett-Konstellationen, die elektrophile aromatische Substi-
tution (SEAR) als Bruttoschritt, indem die Zwischenstufe des Addi-
tionsproduktes aus Elektrophil und aromatischem Kern übergangen wird
(siehe Abb. 41). Mit der Eliminierung (ELIM) liegt allerdings eine
Mehrzentrenreaktion vor, gleichbedeutend mit der Folge PROT + DIS.

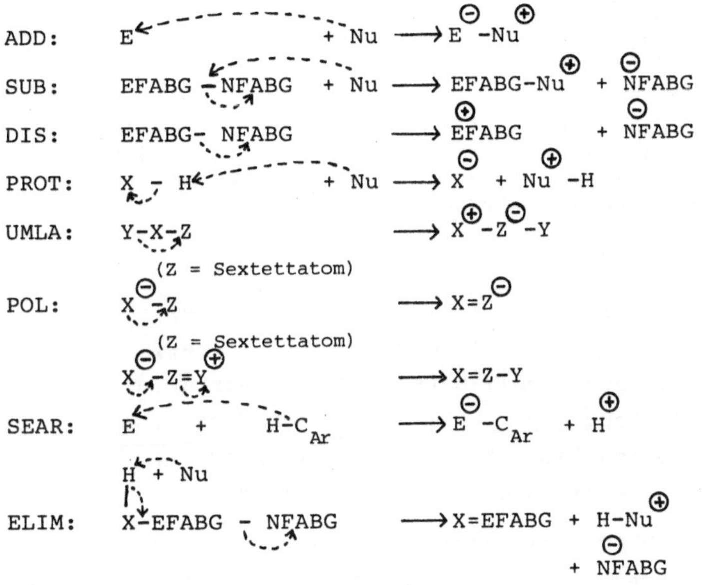

$$
\begin{aligned}
\text{ADD:} \quad & E + Nu \longrightarrow E^{\ominus}-Nu^{\oplus} \\[2mm]
\text{SUB:} \quad & EFABG-NFABG + Nu \longrightarrow EFABG-Nu^{\oplus} + NFABG^{\ominus} \\[2mm]
\text{DIS:} \quad & EFABG-NFABG \longrightarrow EFABG^{\oplus} + NFABG^{\ominus} \\[2mm]
\text{PROT:} \quad & X-H + Nu \longrightarrow X^{\ominus} + Nu^{\oplus}-H \\[2mm]
\text{UMLA:} \quad & Y-X-Z \longrightarrow X^{\oplus}-Z^{\ominus}-Y \\
& (Z = \text{Sextettatom}) \\[2mm]
\text{POL:} \quad & X^{\ominus}-Z \longrightarrow X=Z^{\ominus} \\
& (Z = \text{Sextettatom}) \\
& X^{\ominus}-Z=Y^{\oplus} \longrightarrow X=Z-Y \\[2mm]
\text{SEAR:} \quad & E + H-C_{Ar} \longrightarrow E^{\ominus}-C_{Ar} + H^{\oplus} \\[2mm]
\text{ELIM:} \quad & \begin{array}{l} H + Nu \\ X-EFABG - NFABG \end{array} \longrightarrow X=EFABG + H-Nu^{\oplus} \\
& \hspace{6cm} + NFABG^{\ominus}
\end{aligned}
$$

Abb. 41:

Elementarschritte polarer Einzentrenreaktionen 32)

E = Elektrophil, Nu = Nucloephil
EFABG = Elektrofuge Abgangsgruppe
NFABG = Nucleofuge Abgangsgruppe

Eine Verbindung, zu der Umsetzungsvorschläge ermittelt werden sollen,
wird topologisch eingespeichert. Danach müssen deren funktionelle
Gruppen, die an den Einzentrenreaktionen beteiligt werden können,
erkannt werden.

Aus den topologischen Strukturspeicherungen werden die funktionellen
Gruppen entnommen und mit eindeutigen Schlüsselzahlen belegt, die
systematisch abgeleitet werden können. Die Reaktionsweise der funktionellen Gruppen wird durch einen Reagenzschlüssel belegt mit folgenden Begriffen und Zuordnungen 32):

	Reagenz- schlüssel
Elektrophile für die Addition (EA)	01
Sextettelektrophile	02
nucleofuge Abgangsgruppen (NFABG)	03
EA und NFABG	04
Nucleophile (NU)	10
elektrofuge Abgangsgruppen (EFABG)	30
NU und EFABG	20

Die Zuordnungen können auch kombiniert sein, z. B. 24 aus 20 und 04
für $\diagdown C=C \diagup$.

Weiter sind die funktionellen Gruppen nach induktiven und mesomeren
Elektronendonator- bzw. Acceptoreigenschaften 18 Klassen mit will-
kürlicher Numerierung zugeteilt. Daraus ergeben sich 18 mal 18 = 324
Wechselwirkungskombinationen.

Für die Eigenschaften

    1. "elektrophil·hart"   (HE-Werte),

    2. "elektrophil·weich"   (WE-Werte),

    3. "nucleophil·hart"   (HN-Werte),

    4. "nucleophil·weich"   (WN-Werte),

    5. "nucleofug"   (NF-Werte),

    6. "elektrofug"   (EF-Werte),

werden sogenannte Basis-Reaktivitätskennwerte 35) abgeschätzt.

Soll ein Elementarschritt ermittelt werden, müssen die miteinander
reagierenden funktionellen Gruppen herausgesucht werden. Es werden
dazu nach einfachen linearen Funktionen Reaktionstendenzen errechnet,
die wiederum mit Schwellenwerten verglichen werden. Partnerkombi-
nationen, deren Reaktionstendenzen unterhalb zugehöriger Schwellen-
werte liegen, scheiden aus, die anderen geraten für die Elementarschritte in Vorschlag. Zusätzliche Bewertungen finden statt oder
sind geplant, erste Ansätze zur Berücksichtigung von Strategien sind
vorhanden.

Die Arbeitsweise des Verfahrens geht aus der folgenden Aufstellung
deutlich hervor:

1. Eingabe der Ausgangsstoffe in Strukturdarstellung.

2. Nucleophile funktionelle Gruppen und elektrophile Gruppen, die
   π-Bindungen enthalten, werden erkannt.

---

35) entsprechend dem HSAB-Konzept (Prinzip der harten und weichen Säuren und
    Basen) von
    R. G. PEARSON, J. Am Chem. Soc. 93 (1971) 6847,   Rangfolge und Abstands-
    vergleiche. Das Konzept dient der formalen Unterscheidung von kovalenter und
    heterovalenter Bindung, ist aber wohl nur beschränkt anwendbar, vgl. T.-L. HO,
    Chem, Rev. 75 (1975) 1 mit positiver und
    R. S. DRAGO, J. Chem. Educ. 51 (1974) 300 mit kritischer Einstellung.

3. Diesen werden empirische Reaktivitätskennwerte zugeordnet.

4. Elektronische Wechselwirkungen zwischen funktionellen Gruppen werden identifiziert mit entsprechender Korrektur der Reaktivitätskennwerte.

5. Mesomerie-, dissoziations-, substitutionsfähige und H-aktive Gruppen werden erkannt.

6. Nucleophile und elektrophile Gruppen werden gegenübergestellt, Reaktionstendenzen werden berechnet.

7. Reaktionstendenzen werden mit Schwellenwerten verglichen, die wahrscheinlichsten Folgestufen werden ermittelt.

8. Folgestufen werden erzeugt, zwischengespeichert und ausgegeben.

9. Die nächste Folgestufe wird für die Analyse bereitgestellt, wonach der Ablauf wieder bei 2. einsetzt.

Das Programm beendet die Simulation, wenn keine Folgestufe mehr gefunden werden kann oder wenn die Synthesewege mehr als 9 Stufen aufweisen.

Während diese deduktive Vorgehweise von der Theorie der polaren Reaktionen und damit verbundener Berechnungen ausgeht, sind dem System inzwischen Programme angeschlossen, die sich auf Reaktionenbibliotheken stützen, d. h. bekannte Reaktionstypen werden für analoge Verwendung herangezogen. Mit SYNAB 36) werden diese im Sinne der Vorwärtsplanungsstrategie, mit SYNPLAN 36) im Sinne der Rückwärtsplanungsstrategie eingesetzt. Das Verfahren entspricht der üblichen Erkennung von Teilstrukturen in den Ausgangs- bzw. Zielverbindungen, die mit den Ausgangs- bzw. Ergebnisstrukturen von bekannten Reaktionstypen identisch sind. Durch gegenseitigen Ersatz derselben kann eine Ausgangsstruktur in eine Zielstruktur bzw. umgekehrt maschinell verwandelt werden. Somit kann ein Syntheseschritt bzw. ein ganzer Syntheseweg bildhaft präsentiert und die spezifische Reaktion vorgeschlagen werden, wie bei den entsprechenden anderen Syntheseplanungs-Verfahren. SYNAB und SYNPLAN sind noch in einem Anfangsstadium der Entwicklung, desgleichen die zugehörigen Reaktionenbibliotheken.

---

36) SYNAB = Syntheseableitung, SYNPLAN = Syntheseplanung

12. DIE STRUKTUR- UND REAKTIONSCHEMISCHE ARGUMENTATION BEI DER SYNTHESEPLANUNG

12.1. ALLGEMEINES

Planung bedarf der Theorie in Gestalt von Regeln, Modellvorstellungen 1) und, soweit erreichbar, exakten Gesetzmäßigkeiten. Der Wert einer theoretischen Argumentation bemißt sich daran, inwieweit und wie genau sie richtige Voraussagen, qualitativ und quantitativ, ermöglicht. Damit hier auf Theorien und ihre Literatur vor allem zur Organischen Chemie in zweckmäßiger Weise hingewiesen werden kann, seien eine Reihe von Fakten in knapper Form rekapituliert 2).

Reaktion bedeutet in der Organischen Chemie vornehmlich das Öffnen und Knüpfen von Atombindungen 3). Die heutige Theorie der chemi-

---

1) Zum Gebrauch von Modellen im allgemeinsten Sinne siehe C. J. SUCKLING, K. E. SUCKLING und C. W. SUCKLING: "Chemistry Through Models", Cambridge University Press, Cambridge (1980). -

2) Siehe Lehrbücher, z. B.

A. STREITWIESER und C. H. HEATHCOCK: "Organische Chemie", Verlag Chemie, Weinheim (1980). - J. BUDDRUS: "Grundlagen der Organischen Chemie", de Gruyter, Berlin (1980). -
R. J. FESSENDEN und J. S. FESSENDEN: "Organic Chemistry", Willard Grant Press, Boston (1979). -
R. T. MORRISSON und R. N. BOYD: "Lehrbuch der Organischen Chemie", 2. Auflage, sowie Supplement-Werk, Verlag Chemie, Weinheim (1978). -
J. D. ROBERTS und M. C. CASERIO: "Basic Principles of Organic Chemistry", Benjamin, Menlo Park, Ca. (1977). -
W. H. REUSCH: "An Introduction to Organic Chemistry", Holden-Day, San Francisco (1977). -
T. A. GEISSMANN: "Principles of Organic Chemistry", Freeman, San Francisco (1977). -
H. BEYER: "Lehrbuch der Organischen Chemie", Hirzel Verlag, Stuttgart (1976). -
N. L. ALLINGER et al.: "Organic Chemistry", Worth Publishers, New York (1976). -
R. CHRISTEN: "Grundlagen der Organischen Chemie", 3. Auflage, Sauerländer, Frankfurt am Main (1975). -
T. H. LOWRY und K. SCHUELLER RICHARDSON: "Mechanismen und Theorie in der Organischen Chemie", Verlag Chemie, Weinheim (1980). -
L. P. HAMMETT: "Physikalische Organische Chemie", 2. Auflage, Verlag Chemie, Weinheim (1973). -
R. D. GILLIOM: "Introduction to Physical Organic Chemistry", Addison Wesley, New York (1970).
Siehe auch V. GOLD et al. (Hrsg.): "Advances in Physical Organic Chemistry", Vol. 1: 1963 bis Vol. 15: 1977, Academic Press, New York. -

3) Kovalente (Atom-)Bindung: Bindungsenergien 170 bis 460 kJ/mol (1 J = 1/4,184 cal). Um eine Größenordnung schwächer: Wasserstoffbrückenbindung, Charge-Transfer-Bindung, Elektronenmangel-Bindung, Ion-Dipol-Bindung, Dipol-Dipol-Bindung. Van-der-Waals-Bindung, 2 bis 4 kJ/mol, durch Anziehung von gegenseitig induzierten Dipolmomenten aufgrund interner Ladungsschwingungen.

Lit.: L. PAULING: "Die Natur der chemischen Bindung", Verlag Chemie, Weinheim (1966). -
C. A. COULSON: "Die chemische Bindung", Hirzel Verlag, Stuttgart (1969). -

Ferner die genannten Lehrbücher und die Werke laut Anhang ab Seite 198.

schen Bindung stützt sich auf die Gesetze der Quantenmechanik.Grund-
lage ist die Schrödinger Gleichung und die daraus abzuleitende
Beschreibung der Bindungen im Molekül durch Molekülorbitale.
Näherungslösungen der Schrödinger Gleichung ermöglichen die Berechnung von Moleküleigenschaften 4).

12.2. KONSTITUTION EINES MOLEKÜLS

Die Konstitution eines Moleküls umfaßt Art, Zahl und Bindungsverhältnisse der Atome eines Moleküls. Zu einer bestimmten Bruttoformel
(Summenformel) gibt es fast immer mehrere chemische Verbindungen, die
zueinander Konstitutionsisomere - sofern nicht Stereoisomere - sind.
Bei Konstitutionsisomeren ist die Sequenz der Atome unterschiedlich
bei oft drastischen Eigenschaftsunterschieden. Abweichungen von der
Norm in Konstitution und Eigenschaften bestehen bei reaktiven Intermediaten wie Carbokationen (Carbenium-, Carboniumionen), Carbanionen,
Radikale, Carbene, Nitrene, Dehydrobenzol 5).

---

4) W. KUTZELNIGG: "Einführung in die Theoretische Chemie", Bd. 1: "Quantenmecha-
nische Grundlagen", Bd. 2: "Die chemische Bindung", Verlag Chemie, Weinheim
(1975) und (1978). -
J. J. DANNENBERG, Angew. Chem. $\underline{88}$ (1976) 602. -
T.-K. HA, Chimia $\underline{30}$ (1976)
I. N. LEVINE: "Quantum Chemistry", Allyn and Bacon, Boston (1975). -
W. L. JORGENSEN und L. SALEM: "Orbitale organischer Moleküle", Verlag Chemie,
Weinheim (1974). -
A. STREITWIESER jr. und P. H. OWENS: "Orbital and Electron Density Diagrams",
Macmillan, New York (1973). -
E. HEILBRONNER und H. BOCK: "Das HMO-Modell und seine Anwendung", Verlag Chemie,
Weinheim (1970). -
Siehe auch MO-Rechenmethoden:
MINDO: R. C. BINGHAM, M. J. S. DEWAR und D. H. LO, J. Am. Chem. Soc. $\underline{97}$ (1975)
1285, 1294, 1302, 1311. -
STO: W. J. HEHRE, R. F. STEWART und J. A. POPLE, J. Chem. Phys. $\underline{51}$ (1969) 2657. -

INDO: J. A. POPLE, D. L. BEVERIDGE und P. A. DOBOSCH, ibid. $\underline{47}$ (1967) 2026.

5) N. S.ISAACS: "Reaktionszwischenstufen der Organischen Chemie", Verlag Chemie,
Weinheim (1980). -
R. A. ABRAMOVITCH: "Reactive Intermediates", Vol. 1, Plenum Press,
New York (1980). -
J. C. STOWELL: "Carbanions in Organic Synthesis", Wiley, New York (1979). -

S. P. McMANUS (Hrsg.): "Organic Reactive Intermediates", Academic Press,
New York (1973). -
M. JONES jr. und R. A. MOSS (Hrsg.): "Carbenes", Wiley, New York (1973). -
G. A. OLAH und P. v. R. SCHLEYER (Hrsg.): "Carbonium Ions", Vol. 1: 1968 bis
Vol. 4: 1973 ,, Wiley, New York. -
T. L. GILCHRIST und C. W. REES: "Carbene, Nitrene und Dehydroaromaten",
Hüthig, Heidelberg (1972). -
R. W. HOFFMANN: "Dehydrobenzene und Cycloalkynes", Academic Press, New York
(1971). -
W. KIRMSE: "Carbene Chemistry", Academic Press, New York (1917). -

Siehe auch Lehrbücher und genannte Werke im Anhang ab Seite 198.

Wichtige konstitutionelle Unterschiede vor allem im Hinblick auf
die Reaktivität ergeben sich aus Gesättigtheit oder Ungesättigtheit
einer Verbindung, aus der Art der Gruppierung von Substituenten
(sterische Effekte) und der eventuellen Ringbildung (Ringspannung),
aus dem aromatischen, nichtaromatischen oder antiaromatischen
Zustand einer cyclischen Verbindung 6).

12.3. KONFIGURATION EINES MOLEKÜLS

Isomere, die nicht Konstitutionsisomere sind, sind Stereoisomere. Die
Stereoisomerie kann konfigurations- oder konformationsbedingt sein.
Dabei bleibt die Sequenz entsprechender Atome gleich. Konfigurationen
von Stereoisomeren können nur durch Brechen von Bindungen und nachfolgende Knüpfung neuer Bindungen ineinander übergeführt werden. Man
kennt die Stereoisomerie der cis-trans-Konfiguration an C,C-Doppel-
bindungen und Ringen bzw. syn-, anti-Konfiguration an C=N (exaktere
Definition als Z,E-Konfiguration)und der echt dreidimensionalen
Konfiguration vor allem an Asymmetriezentren (vgl. auch Allenisomerie) 7).

Zwei Stereoisomere sind im Verhältnis zueinander Diastereoisomere
im weitesten Sinne, sofern sie nicht Enantiomere ("optische Anti-
poden") sind. Enantiomere sind chirale Stereoisomere, die zueinander im Verhältnis von Bild und Spiegelbild stehen. Da chirale Verbindungen keine Symmetrie zweiter Art aufweisen - also keine interne
Spiegelebene -, sind Enantiomere nicht identisch. Zwei Enantiomere
haben aber gegenüber achiralen Einflüssen, z. B. Reaktionen mit
achiralen Verbindungen, Wechselwirkung mit achiralen Lösungsmitteln,
Adsorptionsmitteln, normalem Licht usw. völlig gleiche Eigenschaften.

---

6) H. ZOLLINGER: "Aromatic Compounds", Butterworths, London (1973). -
   J. P. SNYDER (Hrsg.) "Nonbenzenoid Aromatics", Vol. 1: 1969, Vol. 2: 1971,
   Academic Press, New York. -
   R. BRESLOW, Acc. Chem. Res. 6 (1973) 393 - 398: "Antiaromaticity".

7) N. L. ALLINGER und E. L. ELIEL (Hrsg.): "Topics in Stereochemistry", Vol. 1:
   1976 bis Vol. 11: 1979, Wiley, New York. -
   B. TESTA : "Principles of Organic Stereochemistry", Marcel Dekker, Basel
   (1979). -
   W. KLYNE und J. BUCKINGHAM: "Atlas of Stereochemistry: Absolute Configurations
   of Organic Molecules", Vol. 1 und 2, Oxford University Press, New York (1978). -
   H. B. KAGAN: "Organische Stereochemie", Thieme, Stuttgart (1977). -
   G. NATTA und M. FARINA: "Stereochemie", Verlag Chemie, Weinheim (1976). -
   W. BÄHR und H. THEOBALD: "Organische Stereochemie, Begriffe und Definitionen",
   Springer-Verlag, Berlin - Heidelberg - New York (1973). -
   C. C. PRICE: "Die räumliche Struktur organischer Moleküle", Verlag Chemie,
   Weinheim (1973). -
   E. L. ELIEL: "Grundlagen der Stereochemie", Birkhäuser Verlag, Basel (1972). -
   E. L. ELIEL: "Stereochemie der Kohlenstoffverbindungen", Verlag Chemie,
   Weinheim (1966). -
   W. KLYNE et al. (Hrsg.): "Progress in Stereochemistry", Vol. 1: 1954 bis
   Vol. 4: 1969, Butterworths, London. -
   K. MISLOW: "Einführung in die Stereochemie", Verlag Chemie, Weinheim (1967). -

   Siehe auch Lehrbücher und genannte Werke im Anhang ab Seite 198.

Gegenüber chiralen Einflüssen, z. B. Reaktionen mit chiralen
Verbindungen oder Wechselwirkungen mit linear polarisiertem Licht,
zeigen sie unterschiedliche Eigenschaften, so die optische Aktivität.

Zwei Diastereomere unterscheiden sich immer in ihren Eigenschaften,
ob sie selbst chiral oder achiral sind. Ein Prochiralitätszentrum
liegt bei der Anordnung $RR'CX_2$ vor. Ein Molekül, das ein Prochiralitätszentrum mit achiralen Liganden R und R' aufweist, ist
enantiotop und zeigt identisches Verhalten seiner beiden Liganden
X gegenüber achiralen Einflüssen, aber unterschiedliches Verhalten
gegenüber chiralen Einflüssen (asymmetrische Synthese!). Ein Molekül, das ein Prochiralitätszentrum mit einem chiralen Liganden R
aufweist, ist diastereotop und zeigt unterschiedliches Verhalten
seiner beiden Liganden X gegenüber achiralen und chiralen Einflüssen.

12.4. KONFORMATION EINES MOLEKÜLS

Durch die Konformation wird die Gestalt eines Moleküls beschrieben.
Je nach der inneren Beweglichkeit eines Moleküls können verschiedene Konformationen auftreten. Dabei gibt es energetisch günstige
und ungünstige Konformationen. Bestimmte Konformationen können in
Ringen durch Mehrfachbindungen, durch sterische Hinderung und durch
interne Nebenvalenzkräfte mehr oder weniger festgelegt sein. Ferner
sind sie das in Kristallen, Einschlußverbindungen, Molekülverbindungen und Komplexen. Eine bestimmte Konformation einer Verbindung
kann auch dadurch quasi festgelegt werden, daß man sie "verbrückt",
also an sich in eine neue Verbindung durch Ringschlüsse überführt,
in der die ursprüngliche Konformation der Ausgangsverbindung aufrecht
erhalten, bzw. in der eine gewünschte Konformation derselben erreicht
wurde. Stabile Konformationen tragen zur Stereoisomerie einer Verbindung bei. Dabei sind achirale und chirale Konformationen möglich.
Chirale konformationsbedingte Stereoisomere liegen z. B. vor bei der
Atropisomerie (Biphenylisomerie) 8).

12.5. REAKTIVITÄT UND SELEKTIVITÄT

Während bei einer Umsetzung im allgemeinen unterschiedliche chemische Reaktionen nebeneinander ablaufen, die zu verschiedenen Produkten führen, ist Reaktivität im engstmöglichen Sinne durch
Selektivität gekennzeichnet mit dem einen Produkt bestimmter Kon-

---

8) Lit.: Zitate Seite 186.

J. DALE: "Stereochemie und Konformationsanalyse", Verlag Chemie, Weinheim (1978). -
G. CHIURDOGLU (Hrsg.): "Conformational Analysis: Scope and Present Limitations",
Academic Press, New York (1971). -
D. H. R. BARTON, Angew. Chem. 82 (1970) 827   (Nobelvortrag). -
E. L. ELIEL, N. L. ALLINGER, S. J. ANGYAL und G. A. MORRISON: "Conformational
Analysis", Wiley, New York (1965). -
M. HANACK: "Conformational Theory", Academic Press, New York (1965).

stitution (bei Regioselektivität) und Konfiguration (bei Stereoselektivität) 9). Aussagen über die Reaktivität und Selektivität
setzen Wissen über all die möglichen strukturellen Feinheiten und
die Bindungsverhältnisse voraus 10).

Allerdings ist ein Molekül als Synthese-Baustein immer in einem Zustand
bestimmter Energie und Ladungsverteilung. Reaktionen sind daher auch
typisch für einen bestimmten Molekülzustand 11). Im Verlaufe einer
Reaktion wird eine unter gegebenen Bedingungen stabile Verbindung
durch Aufnahme von Energie (Aktivierungsenergie) aus ihrem Grundzustand in einen aktivierten Zustand (Übergangszustand des aktivierten
Komplexes) übergeführt, aus dem sie spontan unter Energieabgabe
in ein Produkt übergehen kann 12). Hinsichtlich der Voraussage und
insbesondere Berechenbarkeit von Reaktionen entstehen Fragen wie:
Welche Struktur weist der Molekül-Stoßkomplex am Sattelpunkt maximaler Energie (dem Übergangszustand) auf? Existieren Zwischenprodukte? Wie ändert sich das Reaktionsgeschehen mit der Umgebung, z. B.
Lösungsmittel oder am Katalysator? Dabei versteht man als Mechanismus

---

9) Beeinflussung des bevorzugten Reaktionsverlaufes z. B. durch Veränderung von
Temperatur (je tiefer dieselbe, desto selektiver) und Druck, Verdünnungsgrad
(je verdünnter, desto mehr intramolekulare Reaktion), Reagenzien (z. B. polymere Reagenzien, die z. B. Reaktanden trennen oder gezielt zusammenführen,
siehe C. G. OVERBERGER und K. N. SANNES, Angew. Chem. 86 (1974) 139,
Verfahren siehe Seite 135, Reaktionsführung. - Vgl.: Bevorzugung von Reaktionen
mit geringster Veränderung der Atompositionen und Elektronenkonfigurationen
einerseits (F. O. RICE und E. TELLER, J. Chem. Phys. 6 (1938) 489 und Streben nach dem stabilsten Produkt andererseits (J. HINE, Adv. Phys. Org. Chem.
15 (1977) 1). - Zum Reaktivitäts-Selektionsprinzip RSP siehe P. B. GIESE,
Angew. Chem. 89 (1977) 162. - J. D. MORRISON und H. S. MOSHER: "Asymmetric Organic Reactions", Prentice Hall, New York (1971). - T. D. INCH,
Synthesis (1970) 466 - 473: "Asymmetric Synthesis".

10) G. W. KLUMPP: "Reaktivität in der Organischen Chemie I, Produkte, Geschwin-
digkeiten", Thieme, Stuttgart (1977). -
G. KLOPMAN (Hrsg.): "Chemical Reactivity and Reaction Paths", Wiley,
New York (1974). -
W. KRAUS: "Stereochemie und Reaktivität organischer Verbindungen", Bertelsmann
Universitätsverlag, Düsseldorf (1974). -
K. FUKUI: "Theory of Orientation and Stereoselection" in K. HAFNER et al.
(Hrsg.): "Reactivity and Structure" Vol. 2, Springer-Verlag, Berlin - Heidel-
berg - New York (1975). -
B. S. THYAGARAJAN (Hrsg.): "Selective Organic Transformations", Vol. 1: 1970,
Vol. 2: 1972, Wiley, New York. -

Siehe auch W. BARTMANN und E. WINTERFELDT (Hrsg.): "Stereoselective Synthesis
of Natural Products", Excerpta Medica, Amsterdam (1979), ferner A. G. ANASTASSIOU
und R. L. MAHAFFEY, Angew. Chem. 90 (1978) 646. -

Hinsichtlich Konformations-induzierter Stereospezifität siehe zitierte Lehrbücher und Werke im Anhang Seite 198.

11) H. BOCK, Angew. Chem. 89 (1977) 631. -

12) H. EYRING und M. POLANYI, Z. Phys. Chem. B. 12 (1931) 279. -
G. W. KLUMPP: "Reaktivität in der Organischen Chemie II, Übergangszustände",
Thieme, Stuttgart (1978). -

Siehe auch W. J. MOORE / D. O. HUMMEL: "Physikalische Chemie", de Gruyter,
Berlin (1976). -

Siehe weitere zitierte Lehrbücher.

einer Reaktion den gesamten Bewegungsvorgang beim Übergang eines
strukturellen Ausgangszustandes in einen strukturellen Ergebnis-
zustand 13).

Der Sattelpunkt maximaler Energie stellt eine Energiebarriere für
einen ganz bestimmten Reaktionsschritt dar, zu dem Energieprofile
angegeben werden 14). Deren Maß ist die freie Aktivierungsenthalpie.
Je höher sie ist, desto langsamer ist der Reaktionsverlauf bei einer
bestimmten Temperatur. Fernab von einem möglichen Gleichgewicht
bestimmt sie das Reaktionsgeschehen, d. h. die Reaktionen sind
kinetisch kontrolliert (KK). Reversible Reaktionen, die so verlaufen,
daß sich der thermodynamische Gleichgewichtszustand einstellen kann,
sind thermodynamisch kontrolliert (TK) 15).

---

13) Lit.: A. C. KNIPE und W. E. WATTS: "Organic Reaction Mechanisms", Wiley,
New York (1980). -
J. MARCH: "Advanced Organic Chemistry. Reactions, Mechanisms, and Structure",
McGRAW-HILL, Kogakusha, Tokyo (1977). -
R. W. HOFFMANN: "Aufklärung von Reaktionsmechanismen", Thieme, Stuttgart
(1976). -
P. SYKES: "Reaktionsmechanismen der Organischen Chemie. Eine Einführung",
Verlag Chemie, Weinheim (1976). -
P. SYKES: "Reaktionsaufklärung", Verlag Chemie, Weinheim (1973). -
I. ERNEST: "Bindung, Struktur und Reaktionsmechanismen in der Organischen
Chemie", Springer-Verlag, Wien - New York (1972). -
I. ERNEST: "Organische Reaktionsmechanismen, Probleme und Lösungen",
Springer-Verlag, Wien - New York (1976). -
H. HÖVER: "Reaktionsmechanismen der Organischen Chemie", Verlag Chemie,
Weinheim (1973). -
R. W. ALDER, R. BAKER und J. M. BROWN: "Mechanism in Organic Chemistry",
Wiley, New York (1971). -
C. K. INGOLD: "Structure and Mechanism in Organic Chemistry", Cornell
University Press, Ithaca, N. Y. (1969). -

Siehe ferner

R. DAUDEL, A. PULLMAN, L. SALEM und A. VEILLARD (Hrsg.): "Quantum Theory
of Chemical Reactions", Reidel Dordrecht (1980). -
I. FLEMING: "Grenzorbitale und Reaktionen organischer Verbindungen",
Verlag Chemie, Weinheim (1979). -
R. O. C. NORMAN: "Principle of Organic Synthesis", Chapman & Hall,
London (1978). -
N. D. EPIOTIS: "Theory of Organic Reactions", in der Reihe "Reactivity and
Structure", Vol. 5, Springer-Verlag,Berlin - Heidelberg - New York (1978). -

14) Vgl. Betrachtungen von Synthesereaktionen anhand ihrer Energiehyperflächen:
J. J. DANNENBERG, Angew. Chem. 88 (1976) 602. -
Bemerkungen hinsichtlich "Multihyperflächen": G. QUINKERT, ibid. 87
(1975) 851. -
K. MÜLLER: "Reaktionswege auf mehrdimensionalen Energiehyperflächen",
ibid. 92 (1980) 1. -
M. SIMONETTA, Top. Curr. Chem. 42 (1973) 1 - 47: "Qualitative and
Semiquantitative Evaluation of Reaction Paths". -

15) Vgl. C. H. BAMFORD und C. F. H. TIPPER (Hrsg.): "Comprehensive Chemical
Kinetics", Vol. 1: 1969 bis Vol. 20: 1978 , Elsevier, Amsterdam. -
H. R. CHRISTEN: "Thermodynamik und Kinetik chemischer Reaktionen",
Diesterweg-Salle, Frankfurt am Main (1974). -
R. S. BUTLER und P. A. D. de MAINE , Top. Curr. Chem. 58 (1975) 39 - 72:
"CRAMS - An Automatic Chemical Reaction Analysis and Modeling System"
(CRAMS = Chemical Reaction Analysis and Modeling System).

Die meisten Reaktionen lassen sich in Additions- 16), Substitutions-
und Eliminierungsreaktionen unterteilen 17). Als wirkliche Umlagerungen finden sie intramolekular statt. Zweifache gegenseitige
Substitution zweier miteinander reagierender Substanzen mit sich
daraus bildender Abgangsgruppe ist eine typische Kondensation. Bei
einer Insertion führt die doppelte Substitution an beiden Atomen
einer Bindung durch dieselbe Substanz zu deren Einschiebung.

Die Oxidations- und Reduktionsprozesse sind in der Organischen Chemie
nur unzulänglich definiert. Man spricht vor allem von ihnen, wenn
die Zahl der Bindungen eines Kohlenstoffatoms zu negativeren Heteroatomen verändert wird und wenn sich C,C-Ungesättigtheiten herstellen
oder ändern (Änderung von "Oxidationszahlen"), wenn Sauerstoff addiert
oder eliminiert wird, wenn Elektronen ab- oder zugeführt werden, z. B.
bei elektrochemischen Elektrodenprozessen. Bei manchen Reaktionen ist
die Oxidation wesentlicher Begleitprozeß, z. B. bei der oxidativen
Kupplung von Verbindungen 18).

12.6. POLARE REAKTIONEN

Die polaren Reaktionen sind in der Organischen Chemie die wichtigsten.
Charakteristisch dafür sind die nucleophile und elektrophile Substitution. Die polaren Reaktionen werden durch eine Reihe von Effekten
an den Reaktanden mitunter stark beeinflußt, vor allem in Abhängigkeit von den Substituenten 19).

Man unterscheidet die induktiven (Feld-) Effekte +I und -I und die
Resonanz- (mesomeren) Effekte +M und -M. Doch sind die beiden
Elektronenverschiebungen bewirkenden induktiven und Resonanz-
Effekte oft schwer zu trennen.

Besonders markante polare Reaktionen sind die Säure-Base-Reak-
tionen 20).

---

16) Wenn mit dem Effekt einer Ringbildung verbunden: Cycloadditionen.

17) Siehe Lehrbücher, ferner W. H. SAUNDERS jr. und A. F. COCKERILL: "Mechanisms
of Elimination Reactions", Wiley, New York (1973).

18) Lit.: z. B. R. L. AUGUSTINE et al. (Hrsg.): "Oxidation", Vol. 1: 1969,
Vol 2: 1971, Marcel Dekker, New York. -
"Oxidation in Organic Chemistry", K. B. WIBERG (Hrsg.), Part A: (1965);
W. S. TRAHANOVSKY (Hrsg.), Part B: (1973), Academic Press, New York. -
R. L. AUGUSTINE (Hrsg.):"Reduction", Marcel Dekker, New York (1968).

19) Siehe Lehrbücher, ferner R. O. C. NORMAN und R. TAYLOR: "Electrophilic
Substitution in Benzenoid Compounds", Elsevier, Amsterdam (1965). -
G. A. OLAH: "Carbokationen und elektrophile Reaktionen", Verlag Chemie,
Weinheim (1974). -
E. BUNCEL und T. DURST: "Comprehensive Carbanion Chemistry. Part A:
Structure and Reactivity", Elsevier, Amsterdam (1980). -
O. E. REUTOV, I. P. BELETSKAYA und K. P. BUTIN: "CH-Acids", Pergamon Press,
Oxford (1978).

Siehe auch F. EFFENBERGER, Angew. Chem. 92 (1980) 147: "Elektrophile
Agentien - neue Entwicklungen und präparative Anwendungen". -

20) Siehe auch Seite 182.

12.7. RADIKALISCHE REAKTIONEN

Beim homolytischen Zerfall eines Moleküls, bei der Reaktion mit
bereits existierenden Radikalen oder bei der Elektrolyse wie auch
in anderen Fällen können Radikale entstehen, die häufig sehr reaktiv
sind. Besonders leicht erfolgen Reaktionen von Radikalen mit Radikalen als Radikalkombinationen. Bei radikalischen Polymerisationen
als Kettenreaktionen werden zunächst π-Bindungen geöffnet, wodurch
sich im Ergebnis ungesättigte Monomere aneinanderlagern ("Wachstums-
reaktionen"). Die radikalischen Reaktionsketten brechen ab durch
Radikalkombination oder Disproportionierung oder wenn ein sehr
wenig reaktives Redikal entsteht 21).

12.8. PHOTOREAKTIONEN

Bei Photoreaktionen 22) wird mindestens einer der Reaktionspartner
in einen angeregten Elektronenzustand – überwiegend Triplett-
Zustand (zwei ungepaarte Elektronen mit gleichem Spin) – durch Zufuhr
von elektromagnetischer Strahlung gebracht, aus der heraus er reagiert.
Das Ergebnis ist in der Regel ein Produkt im Grundzustand.

---

21) D. C. NONHEBEL, J. M. TEDDER und J. C. WALTON: "Radicals", Cambridge Uni-
versity Press, Cambridge (1979). –
D. I. DAVIS und M. J. PARROTT: "Free Radicals in Organic Synthesis", in
K. HAFNER et al. (Hrsg.): "Reactivity and Structure", Springer-Verlag,
Berlin – Heidelberg – New York (1978). –
J. K. KOCHI (Hrsg.): "Free Radicals", Wiley, New York (1973). –
E. S. HUYSER (Hrsg.): "Methods in Free-Radical Chemistry", Vol. 1: 1969
bis Vol. 5: 1974, Marcel Dekker, New York. –
E. S. Huyser: "Free-Radical Chain Reactions", Interscience Publ.,
New York (1970). –

Siehe ferner Lit. zu reaktiven Intermediaten Seite 185, sowie allgemeine
Lehrbücher und Bücher zur Reaktionskinetik.

Siehe auch Verfahren zur Aufklärung der Reaktionskinetik von radikalischen
Gasphasenreaktionen auf der Grundlage von Elementarreaktionen durch Computer-
simulation: K. H. EBERT, H. J. EDERER und G. ISBARN, Angew. Chem. 92
(1980) 331. –

22) "Advances in Photochemistry", Vol. 1: 1963 bis Vol. 12: 1980,
Wiley, New York. –
C. H. DePUY und O. L. CHAPMAN: "Molekül-Reaktionen und Photochemie",
Verlag Chemie, Weinheim (1977). –
R. SRINIVASAN, T. D. ROBERTS und J. CORNELISSE (Hrsg.): "Organic Photo-
chemical Synthesis", Vol. 2: 1976 , Wiley, New York. –
D. O. COWAN und R. L. DRISKO: "Elements of Organic Photochemistry",
Plenum Press, New York (1976). –
G. QUINKERT, Angew. Chem. 87 (1975) 851. –
D. R. ARNOLD et al.: "Photochemistry", Academic Press, New York (1974). –
J. M. COXON und B. HALTON: "Organic Photochemistry", Cambridge University
Press, Cambridge (1974). –
P. G. SAMMES, Synthesis (1970) 636 – 647: "Photochemistry – a Valuable
Tool in Organic Synthesis". –

Siehe ferner genannte Lehrbücher und Werke laut Anhang ab Seite 198.

Wichtige Photoreaktionen sind Spaltung in Radikale, z. B. zur
Initiierung von Kettenreaktionen, radikalische Spaltung in
stabile Moleküle, Sensibilisierungsreaktionen. Zu letzteren:
Bei Vorhandensein eines optisch aktiven Sensibilisators kann
stereoselektive Reaktion ausgelöst werden, z. B. chemische
Auftrennung von Racematen durch selektive Photolyse. Konzertierte
photochemische Reaktionen verlaufen gemäß den Woodward-Hoffmann-
Regeln stereospezifisch, aber in anderer Weise als thermische [23].

12.9. STERISCHE EFFEKTE

Die sterischen Effekte betreffen den Einfluß der räumlichen Molekülstruktur auf die Reaktionsfähigkeit. Sie führen zu Verzögerungen oder
auch Beschleunigungen von Reaktionen [24].

Sterische Effekte können die Solvatation und die Ausbildung von
Wasserstoffbrücken verhindern bzw. verändern, wie sie auch
wiederum deren Folge sind. Sie werden besonders nachhaltig durch
die Einführung von räumlich ausgedehnten Substituenten
Bestimmte Konformationen können auch von außen her (bzw. von
anderen Teilen desselben oder im Kristallverband) einem Molekül-
(teil) aufgezwungen werden, was sich als (auto)katalytischer
Effekt bemerkbar machen kann (Paradebeispiel: Enzymwirkung).
Damit wird die Einstellung einer bestimmten Konformation allgemein zum Gegenstand der Syntheseplanung. Begünstigend wirkt
dabei die Berechenbarkeit von Konformationen und das besonders
bei Einsatz von Computern [25].

12.10. BERECHNUNGEN VON REAKTIONEN

Zur quantitativen Beschreibung der Reaktionsfähigkeit chemischer Verbindungen dienen unmittelbar die Gleichgewichtskonstanten K und die
Geschwindigkeitskonstanten k. Diese wiederum werden durch die
(Änderungen der) freien Reaktionsenthalpien ΔG bzw. freien Aktivier-
ungsenthalpien $\Delta G^{\neq}$ eindeutig bestimmt.

$$\Delta G = - RT \ln K \qquad\qquad k = \text{Boltzmann-Konstanten}$$

$$\Delta G^{\neq} = - RT \ln k + RT \ln \frac{kT}{h} \qquad\qquad h = \text{Planck'sches Wirkungsquantum}$$

$$T = \text{absolute Temperatur}$$

---

23) Vgl. Seite 195.

24) Lit.: C. RÜCHARDT, Top. Curr. Chem. __88__ (1980) 1 - 32: "Steric Effects
in Free-Radical Chemistry". -
H. FÖRSTER und F. VÖGTLE, Angew. Chem. __89__ (1977) 443: "Sterische
Wechselwirkungen in der Organischen Chemie: Der Raumbedarf von Substituenten". -
A. GREENBERG und J. F. LIEBMAN: "Strained Organic Molecules", Academic Press,
New York (1978). -

Siehe ferner die Lehrbücher, insbesondere zur dynamischen Stereochemie. -

25) Siehe z. B. Seite 163.

Gleichungen nach dem Muster der Hammett- und der Taft-Gleichung lassen
innerhalb von Reaktionsserien Gleichgewichts- und Geschwindigkeitskonstanten berechnen. Sie stellen damit Beziehungen zu den freien
Enthalpien, und zwar linearer Art, her ("lineare freie Enthalpie-
Beziehungen LFE") 26).

So eröffnet die Hammett-Gleichung

$$\lg K_R = \lg K_H + \varrho \cdot \sigma \quad \text{bzw.} \quad \lg k_R = \lg k_H + \varrho \cdot \sigma$$

σ = Substituentenkonstante (= 0 für die unsubstitu-
ierte Verbindung)

ϱ = Proportionalitätsfaktor, abhängig von der Natur des
Reaktionszentrums und den Reaktionsbedingungen.

(willkürlich 1 gesetzt für den Fall der Dissoziationen
substituierter Benzoesäuren)

K_R bzw. k_R = Konstanten bei Vorhandensein des
Substituenten R $\neq$ H

K_H bzw. k_H = Konstanten bei R = H

diese Möglichkeit - allerdings von beschränktem Umfang: Bei Kenntnis .
der Dissoziationskonstanten einer Serie von p- oder m-substituierten
Benzoesäuren und Kenntnis der Gleichgewichts- oder Geschwindigkeits-
konstante einer anderen Reaktion unter dem Einfluß eines der Substituenten, lassen sich die Gleichgewichts- und Geschwindigkeitskonstanten dieses
Reaktionstyps unter dem Einfluß der anderen Substituenten berechnen. Man schreibt diesen Substituenteneinfluß elektronischen Effekten,
insbesondere dem induktiven Effekt zu. Sterische Effekte können ebenfalls durch LFE zugänglich sein, wie auch Lösungsmittel und sonstige
Effekte, jedoch alles mit Einschränkungen und nicht unerheblicher
Fehlerbreite.

Im Falle der Hammett- und der Taft-Gleichungen wird jede Reaktionsfolge
durch die Beibehaltung des Reaktionszentrums, des Reaktionstyps und
des Reaktionsablaufes charakterisiert, sodaß nur die von der Reaktion selbst
nicht betroffenen Substituenten wechseln. Die Taft-Gleichung ist der
Hammett-Gleichung völlig analog und wird für all die Fälle verwendet,
bei denen offenbar nur sterische Effekte mitspielen. Nach dem Prinzip
der Additivität solcher Effekte (Prinzip der Polylinearität) lassen
sich die Gleichungen vereinigen:

$$\log \frac{k_R}{k_H} = \varrho \cdot \sigma + \delta \cdot E_S$$

---

26) Siehe Lehrbücher der Theoretischen und Physikalischen Organischen Chemie, ferner:
H. H. JAFFÉ, Chem. Rev. <u>53</u> (1953) 191. -
R. W. TAFT, Kap. 5 in M. S. NEWMAN: "Steric Effects in Organic Chemistry",
Wiley, New York (1956). -
P. R. WELLS: "Linear Free Energy Relationships", Academic Press, New York (1968). -
V. A. PALM: "Grundlagen der quantitativen Theorie organischer Reaktionen",
Akademie-Verlag, Berlin (1971). -
N. B. CHAPMAN und J. SHORTER (Hrsg.): "Advances in Linear Free Energy
Relationships", Plenum Press, New York (1972). -
C. D. JOHNSON: "The Hammett Equation", Cambridge University Press,
Cambridge (1973). -

Siehe auch Seite 189.

Hierin stammt das erste Glied der Summe auf der rechten Seite der
Gleichung von der Hammett-Gleichung, das zweite von der Taft-
Gleichung (δ ist analog zu ϱ , E_S ist analog zu σ).

Nach Dubois 27) wird das Problem der Struktur-Reaktivitätsbeziehungen
(bzw. allgemein der Struktur-Eigenschaftsbeziehungen) wie folgt angegangen: Die topologisch erfaßte Struktur wird in einen zentralen
Strukturteil, den Focus FO, und das eventuelle strukturelle Umfeld
eingeteilt. Dem Focus komme eine gewisse Eigenschaft zu, die durch
das strukturelle Umfeld beeinflußt (perturbiert) wird. Hat man nun
eine Population von ähnlichen Verbindungen (Derivaten) im Auge, die
denselben Focus und homologe strukturelle Umfelder aufweisen, so
bilden dieselben übereinandergelegt einen "Abdruck" einer Struktur,
die alle Strukturmerkmale der Population enthält. Neben diesem
Maximum an Strukturmerkmalen der strukturellen Umfelder gibt es
auch ein Minimum derselben, die mindestens in einem Derivat der
Population vorliegen. Um den differenziellen Einfluß der einzelnen
Strukturmerkmale auf die Eigenschaft des Focus ermitteln zu können,
benötigt man eine bestimmte Menge von Derivaten, die "Schlüsselmenge",
in der alle Merkmale zusammengenommen enthalten sind. Ist der diffe-
rentielle Einfluß der einzelnen Merkmale ermittelt, so kann auf die
Eigenschaft eines beliebigen, noch nicht näher untersuchten Derivates
geschlossen werden, sofern es innerhalb der durch das Maximum und
das Minimum gezogenen strukturellen Grenzen liegt. Nach diesem sogen.
DARC-PELCO-Verfahren 28) werden also Eigenschaftsinkremente mit Struk-
turinkrementen korreliert.

Hierzu ein Beispiel: Untersucht werde die Reaktivität von α-Alkenen
hinsichtlich ihrer Fähigkeit, Brom zu addieren. $CH_2=C$ sei der Focus,
allein enthalten in Ethylen als Referenzverbindung. Das Minimum an
Strukturmerkmalen der zu betrachtenden Derivate liege im Propylen vor,
das Maximum im "Abdruck" der Derivate-Population nach Abb. 42.

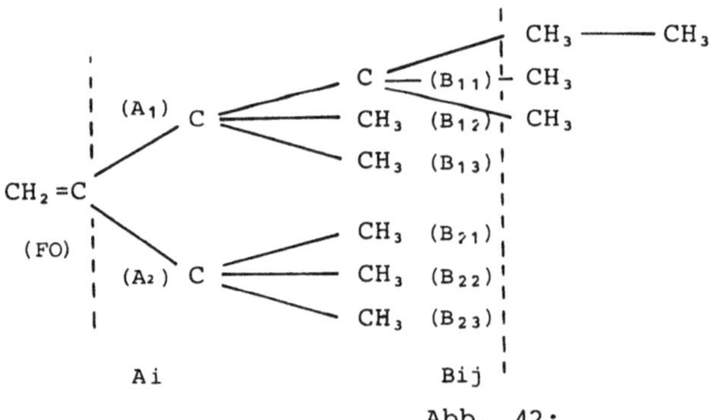

Abb. 42:

"Abdruck" aller hinsichtlich ihrer Bromierung zu untersuchenden α-Alkene. 29)

27) J. E. DUBOIS, D. LAURENT und H. VEILLARD, C. R. Acad. Sci. C 264 (1966) 1019. -
    J. E. DUBOIS, A. MASSAT und P. GUILLAUME: J. Mol. Struct. 4 (1969) 403. -
    A. ARANDA, C. R. Acad. Sci. C 276 (1973) 1301. -
    J. E. DUBOIS, A. PANAYE und J. MacPHEE, C. R. Acad. Sci. C 280 (1975) 411. -

28) DARC = Système de Documentation et D'Automatisation des Recherches de
        Correlations bzw. Description, Acquisition, Restitution et Conception.

    PELCO = Perturbation d'Environnements Limités Concentriques Ordonnés.
    Vgl. Seite 31 hinsichtlich Substruktur-Recherchen.

29) J. E. DUBOIS, D. A. LAURENT und A. ARANDA, J. Chim. Phys. 70 (1973) 1616.

Es wird nun angenommen, daß nur die mit A_i und B_{ij} bezeichneten C-Atome die Reaktivität der Doppelbindung beeinflussen, und zwar additiv. Ferner werden Wechselwirkungen zwischen den Alkylgruppen berücksichtigt, soweit sie mehrfach in einem Derivat vorliegen. An Derivaten der Schlüsselpopulation werden nun die Inkremente der einzelnen Atome A_i und B_{ij} ermittelt, die dazu verwendet werden, für die weiteren Derivate der Gesamtpopulation,

$$z.\ B.\ CH_2=CH-C(CH_3)_3 \ oder \ CH_2=CH-CH_2-CH_2-CH_2-CH_3 \ ,$$

die jeweilige von der des Ethylens abweichende Reaktivität zu berechnen.

12.11. DIE WOODWARD-HOFFMANN-REGELN

Bei konzertierten Reaktionen verlaufen Bindungsspaltung und Bindungs-knüpfung gleichzeitig 30), und zwar stereochemisch streng kontrolliert. Das Prinzip ist die Erhaltung der Orbitalsymmetrie von gespaltenen und gebildeten Bindungen auf der Basis bestimmter Symmetrieelemente. Bei pericyclischen Reaktionen ist dabei mindestens der Übergangszustand cyclisch. Solche, durch niedrigere Aktivierungsenergie begünstigt ver-laufenden Reaktionen sind elektrocyclische Reaktionen wie die Cycli-sierung von Butadien zu Cyclobuten, Cycloadditionen des Diels-Alder-Typs, sigmatrope Umlagerungen wie die Cope-Umlagerung u. a. 31).

12.12. KATALYTISCHE EFFEKTE

Durch den katalytischen Effekt 32) wird die freie Aktivierungs-enthalpie einer Reaktion (theoretisch) ohne Änderung einer Gleich-gewichtslage erniedrigt. Soweit nicht Autokatalyse vorliegt, geht der Katalysator nicht in die Bruttoumsatzgleichung ein. Er kann jedoch ein echter Reaktionspartner sein, der sich zeitweilig ver-ändert bzw. mit dem Substrat eine zeitweilige Verbindung eingeht, jedoch regeneriert wird. Wirkungsspezifität ist gegeben, wenn ein

---

30) Siehe hierzu auch L. SALEM, Acc. Chem. Res. $\underline{4}$ (1971) 322. -
J. E. BALDWIN und R. H. FLEMING, Top. Curr. Chem. $\underline{15}$ (1970) 281.

31) R. B. WOODWARD und R. HOFFMANN: "Die Erhaltung der Orbitalsymmetrie",
Verlag Chemie, Weinheim (1970). -
P. WIELAND und H. KAUFMANN: "Die Woodward-Hoffmann-Regeln, Einführung und Handhabung", Birkhäuser, Basel (1972). -
N. T. ANH: "Die Woodward-Hoffmann-Regeln und ihre Anwendung", Verlag Chemie, Weinheim (1972). -
T. L. GILCHRIST und R. C. STORR: "Organic Reactions and Orbital Symmetry", Cambridge University Press, Cambridge (1972). -
L. BELLAMY: "Lehrprogramm Orbitalsymmetrie", Verlag Chemie, Weinheim (1974). -

Siehe auch OCAMS = Orbitalkorrespondenz-Analyse mit maximaler Symmetrie:
E. A. HALEVI, Angew. Chem. $\underline{88}$ (1976) 664.

Vgl. auch Seite 123.

32) Siehe auch Seite 10.

bestimmter Reaktionstyp beschleunigt wird, Substratspezifität, wenn die Wirkung an eine bestimmte Ausgangssubstanz(gruppe) gebunden ist 33).

Einige Spezialthemen in diesem Rahmen sind:
Polymer-gebundene Metall-Katalyse 34), Phasen-Transfer-Katalyse 35), Enzym-Katalyse, einschl. durch immobilisierte Enzyme 36), 36a), Katalyse von Polymerisationen 37), Säure-Basen-Katalyse 38), Hydrierungs-katalyse 39), Oxidationskatalyse 40), katalytische Umwandlung von Kohlenwasserstoffen 41).

---

33) Lit.: D. D. ELEY, H. PINES und P. B. WEISZ (Hrsg.): "Advances in Catalysis", Academic Press, New York. –
W. H. JONES (Hrsg.): "Catalysis in Organic Syntheses", Academic Press, New York (1980). –
G. W. PARSHALL: "Homogeneous Catalysis. The Application and Chemistry of Catalysis by Soluble Transition Metal Complexes", Wiley, New York (1980).
B. PULLMAN (Hrsg.): "Catalysis in Chemistry and Biochemistry, Theory and Experiment", Reidel, Dordrecht (1979). –
A. NAKAMURA und M. TSUTSUI: "Principles and Applications of Homogeneous Catalysis", Wiley, New York (1980). –
F. G. A. STONE und R. WEST (Hrsg.): "Advances in Organometallic Chemistry", Vol. 17: "Catalysis and Organic Syntheses", Academic Press, New York (1979). –
D. L. TRIMM: "Design of Industrial Catalysts", Elsevier, Amsterdam (1980). –
B. DELMON, P. GRANGE, P. JACOBS und G. PONCELET: "Preparation of Catalysts", Elsevier, Amsterdam (1979). –
C. KEMBALL (Hrsg.): "Catalysis", The Chemical Society, London (1979). –
H. BREMER und K. P. WENDLANDT: "Heterogene Katalyse. Eine Einführung", Akademie-Verlag, Berlin (1978). –
J. TSUJI: "Organic Synthesis by Means of Transition Metal Complexes", Springer-Verlag, Berlin – Heidelberg – New York (1975). –
W. P. JENCKS: "Catalysis in Chemistry and Enzymology", McGraw-Hill, New York (1971). –
M. L. BENDER: "Mechanisms of Homogeneous Catalysis from Protons to Proteins", Wiley, New York (1971). –
J. M. THOMAS und W. J. THOMAS: "Introduction to the Principles of Heterogeneous Catalysis", Academic Press, New York (1967). –

34) Vgl. C. H. BRUBAKER jr.: "Polymer Supported Transition Metal Organometallic Compounds as Hydrogenation Catalysts", S. 25, sowie "Highly Selective Hydroformylation Using Polymer Anchored Catalyst", S. 165, in G. V. SMITH (Hrsg.): "Catalysis in Organic Syntheses (1977)".

35) E. V. DEHMLOW und S. S. DEHMLOW: "Phase Transfer Catalysis", Verlag Chemie, Weinheim (1980). –
C. M. STARKS und C. LIOTTA: "Phase Transfer Catalysis", Academic Press, New York (1978). –
W. WEBER und G. W. GOKEL: "Phase Transfer Catalysis in Organic Synthesis", in K. HAFNER et al.: "Reactivity and Structure", Vol. 4. Springer-Verlag, Berlin – Heidelberg – New York (1977). –

36) S. P. COLOWICK und N. O. KAPLAN: "Methods in Enzymology", Vol. 1: 1955 bis Vol. 69: 1980, Academic Press, New York. –
J. C. JOHNSON: "Immobilized Enzymes. Preparation and Engineering Recent Advances", Noyes Data Corp., Park Ridge, N. J., (1979). –
I. CHIBATA (Hrsg.): "Immobilized Enzymes", Wiley, New York (1978). –
E. K. PYE et al. (Hrsg.): "Enzyme Engineering", Vol. 2: 1974 bis Vol. 4: 1978, Plenum Press, New York. –
P. D. BOYER: "The Enzymes", Vol. 1: 1970 bis Vol. 13: 1976, Academic Press, New York. –

12.13. LÖSUNGSMITTELEFFEKTE

Die meisten Reaktionen werden in Lösungsmitteln ausgeführt. Viele
sind erst dann realisierbar oder von bestimmter Selektivität. Der
Einfluß der Lösungsmittel ist sowohl physikalisch als auch chemisch
und hängt sehr davon ab, ob sie polar oder unpolar, protisch oder
aprotisch sind 42).

36a) A. WISEMAN (Hrsg.): "Handbook of Enzyme Biotechnology", Wiley, New York (1975). -
R. A. MESSING (Hrsg.): "Immobilized Enzymes for Industrial Reactors",
Academic Press, New York (1975). -
T. E. BARMAN: "Enzyme Handbook", Vol. 1 und 2: 1969, Supplement: 1974,
Springer-Verlag, Berlin - Heidelberg - New York. -
M. L. BENDER und L. J. BRUBACHER: "Catalysis and Enzyme Action", McGraw-Hill,
New York (1973). -
Siehe auch K. KIESLICH, Synthesis (1969) 120 - 147:   "Präparativ anwendbare
mikrobiologische Reaktionen".

37) J. BOOR jr.: "Ziegler-Natta-Catalysts and Polymerization", Academic Press,
New York (1979). -
G. HENRICI-OLIVÉ und S. OLIVÉ: "Coordination and Catalysis", Verlag Chemie,
Weinheim (1977). -
H.-G. ELIAS: "Makromoleküle", Hüthig und Wepf, Basel (1975). -
B. VOLLMERT: "Polymer Chemistry", Springer-Verlag, Berlin - Heidelberg -
New York (1973). -

38) H. PINES und W. M. STALICK: "Base-Catalyzed Reactions of Hydrocarbons and
Related Compounds", Academic Press, New York (1977). -
Theoretische Studie zur Säure-Basen-Katalyse der Amid-Hydrolyse siehe
J. M. LEHN und G. WIPFF, J. Am. Chem. Soc. 102 (1980) 1347. -

39) P. N. RYLANDER: "Catalytic Hydrogenation in Organic Syntheses", Academic Press,
New York (1979). -
F. G. A. STONE und R. WEST (Hrsg.): "Advances in Organometallic Chemistry",
Academic Press, New York
E. N. MARVELL und T. LI, Synthesis (1973) 457 - 468:   "Catalytic Semihydro-
genation of the Triple Bond". -
M. FREIFELDER: "Practical Catalytic Hydrogenation", Wiley, New York (1971). -
F. ZYMALKOWSKI: "Katalytische Hydrierung im organisch-chemischen Laboratorium",
Enke-Verlag, Stuttgart (1965). -
Mit Hilfe von Mikroorganismen: H. SIMON, B. RAMBECK, H, HASHIMOTO, H. GÜNTHER,
G. NOHYNEK und H. NEUMANN, Angew. Chem. 86 (1974) 675.

40) P. H. HENRY: "Palladium Catalyzed Oxidation of Hydrocarbons", Vol.2, Reidel,
Dordrecht (1980). -
G. W. KEULKS: "Selective Oxidation of Propylen", S. 109 in
G. V. SMITH (Hrsg.): "Catalysis in Organic Syntheses 1977", Academic Press,
New York (1977).

41 Siehe z. B.
P. B. VENUTO: "Aromatic Reactions over Metallic Sieve Catalysts: A Mechanistic
Review", S. 67 in G. V. SMITH (Hrsg.): "Catalysis in Organic Syntheses 1977".
J. E. GERMAIN: "Catalytic Conversion of Hydrocarbons", Academic Press,
New York (1969).

42) Chr. REICHARDT: "Solvent Effects in Organic Chemistry", Verlag Chemie,
Weinheim (1979). -
dito, Angew. Chem. 91 (1979) 119. -
T. E. HOGEN-ESCH: "Ion-Pairing Effects in Carbonion Reactions", Adv. Phys.
Org. Chem. Vol. 15, S. 153 bis 266, Academic Press, London (1977).
B. GIESE, Angew. Chem. 89 (1977) 162. -
J. J. DANNENBERG, ibid. 88 (1976) 602. -
J. A. RIDDICK und W. B. BUNGER: "Organic Solvents", Wiley, New York (1970). -

Siehe auch "Techniques of Chemistry", A. WEISSBERGER (Hrsg.), vgl. S. 210.

WERKE UND PERIODICA ZUR REAKTIONENCHEMIE

Das Schema in Abb. 43 gibt einen Überblick darüber, welche Jahrgänge
der Originalliteratur von den großen Referatewerken der Chemie abgedeckt werden.

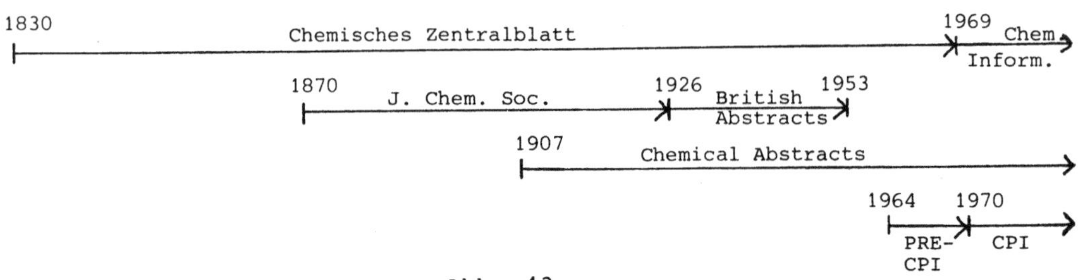

Abb. 43

Laufzeiten großer Referatewerke der Chemie 1)

---

1) Nach R. HOLL, IDC Internationale Dokumentationsgesellschaft für Chemie mbH,
Frankfurt am Main. -

ChemInform = Chemischer Informationsdienst, zu beziehen durch Verlag Chemie,
Weinheim. -

CPI = Central Patent Index der Firma Derwent, London, siehe S. 204.

Das Angebot des Chemical Abstracts Service (CAS) in gedruckten, maschinenles-
baren und Mikroform-Diensten ist umfassend: Überwacht werden 14 000 Zeitschriften
aus 150 Ländern, Patentschriften aus 26 Ländern, dazu Konferenzberichte, Disserta-
tionen, Forschungsberichte und Bücher aus allen Ländern der Erde. Wesentliche
Bestandteile des CAS-Systems sind neben den Abstracts (wöchentliches Erscheinen
der Hefte) die alle sechs Monate erscheinenden Bandregister, die fünfjährig
erscheinenden Sammelregister, das Registry-System (für jede chemische Verbindung
wird seit 1965 eine Identifikationsnummer = Registry Number vergeben), die verschiedenen weiteren Informationsdienste wie CA Selects, Chemical Titles (CT)
und Chemical Industry Notes (CIN). Ein ausführlicher Katalog zu CAS ist erhältlich sowie Bestellungen werden angenommen durch

Verlag Chemie GmbH, CA-Vertrieb, Pappelallee 3, D-6940 Weinheim,
Telefon (06201) 14036, Telex 0465516 vchwh d.

Werke mit zumindest starkem Bezug auf Synthesen

"Beilsteins Handbuch der Organischen Chemie", 4. Auflage, Beilstein-Institut, Frankfurt am Main, Springer-Verlag, Berlin - Heidelberg - New York:

Kritische Zusammenstellung der chemischen und physikalischen Daten zu den bekannten organischen Verbindungen mit Ausführungen zu deren Struktur, Herstellung bzw. Isolierung, Umsetzungen und Eigenschaften. Zur Klassifizierung wurde ein eigenes System mit 4720 Systemnummern für entsprechend viele Verbindungsklassen, vertreten durch "Registrierverbindungen" geschaffen. Jede Substanz ist nach dem "Prinzip der letzten Stelle" darin eingeordnet, d. h., wenn sie mehreren Substanz- klassen angehört, ist sie bei der in der vorgegebenen Reihenfolge letztzuständigen anzutreffen. Zunächst sind das alicyclische, dann carbocyclische, dann hetero- cyclische Verbindungsklassen ("Hauptabteilungen", darin Hauptklassen, darin Unter- klassen, darin die Registrierverbindungen und deren als verwandt definierte, eben- falls systematisch einordenbare Verbindungen).

Die Literatur ist serienweise im Hauptwerk (H) bis 1909, dann für jede weitere Dekade oder mehrere davon in vier Ergänzungswerken (EI, II, III, IV) zur Zeit bis 1959 erfaßt. Vor allem hinsichtlich der Strukturdaten ist auch Literatur bis zum Erscheinungsjahr berücksichtigt. E III und E IV sind noch nicht abgeschlossen. Die Systemnummern ziehen sich parallel durch die Serien (Werke) hindurch, verteilt auf gleich-numerierte 27 Bände, die in den Ergänzungswerken allerdings auf Teil- bände ausgeweitet sind. In den Ergänzungswerken wird am Kopf einer Seite mit ungerader Seitenzahl auf die Seitenzahl des Hauptwerkes verwiesen, bei der dieselbe Systemnummer beginnt ("Konkordanzverweis"). In E IV wird entsprechend auch auf E III verwiesen. Ähnliche "Rückverweise" sind bei den individuellen Verbindungen zu finden, wenn sie früher schon einmal besprochen wurden.

Jeder Band hat ein Inhaltsverzeichnis, ein Sachregister und ab E III ein Formel- register (Hill-System 2)). Sammel-, Sach- und Formelregister existieren innerhalb E III für jeweils einige (Teil-)Bände dieser Serie. Die Bände 28 und 29 von E II enthalten ein Gesamt-Sach- und Formelregister für die Zeit bis 1929. Neue Gesamt- register für H bis E IV liegen zu einigen Bandnummern vor 3).

"Rodd's Chemistry of Carbon Compounds", 2. Auflage, S. COFFEY (Hrsg.), Elsevier, Amsterdam:

Ein Werk zur gesamten Organischen Chemie, 1964 begonnen, mit noch laufender Herausgabe neuer Bände. Jeder Band hat Sachregister. 5 Hauptteile:

- I: "General Introduction. Aliphatic Compounds". 25 Kapitel über 7 Bände und 2 Ergänzungsbände. Gesamt-Sachregister.

- II: "Alicyclic Compounds". 19 Kapitel über 5 Bände und 2 Ergänzungsbände, Gesamt-Sachregister.

- III: "Aromatic Compounds". 30 Kapitel über 8 Bände, Gesamt-Sachregister.

- IV: "Heterocyclic Compounds". 60 Kapitel vorgesehen, bisher 8 Bände.

- V: "Miscellaneous. General Index". Geplant.

Besprochen werden Verbindungen und Verbindungsklassen, deren Herstellung, Um- setzungen, sonstige Eigenschaften, theoretische Gesichtspunkte und Berechnungen. Viele physikalische Daten. Durch umfangreiche Literaturverweise ausgesprochenes Referenzwerk. Großenteils sehr aktuell.

---

2) Vgl. S. 200.

3) Lit.: O. KRÄTZ, Chemie in unserer Zeit <u>4</u> (1970) 115; Erläuterungen siehe "Kennen Sie Beilstein?", Beilstein-Institut, Frankfurt am Main.

"Comprehensive Organic Chemistry"("The Syntheses and Reactions of Organic
Chemistry"), Pergamon Press, Oxford etc. (1979).

6-bändiges Werk mit 5 Bänden Text (je über 1000 Seiten). Umfassendes Werk über
Organische Chemie incl. Biochemie, Schwerpunkt Reaktionsweisen und Synthesen,
als Kombination vieler einzelner monographischer Artikel mit entsprechend vielen
Autoren. Ausführliche Literaturverweise. Alle Bände im gleichen Jahr erschienen.
Themenordnung im wesentlichen nach Substanzklassen, innerhalb der Themen unter-
schiedlich pragmatisch eingeteilt, jedoch nach dem Schema: Besprechung der
Substanzklasse, dann Reaktionen und Synthesen. Alle Register (alphabetisch)
befinden sich im 6. Band. Das sind:

Summenformel-Register. Enthält über 20 000 Kohlenstoff-Verbindungen, und zwar
diejenigen, die im Zusammenhang mit referierten Reaktionen wichtig sind. Die
Ordnung der Symbole innerhalb einer Formel nach dem Hill-System: C, H, die
weiteren alphabetisch. Im Register die Reihenfolge der Formeln in erster Linie
nach der Anzahl der C-Atome, in zweiter Linie nach der Anzahl der eventuellen
H-Atome, dann alphabetisch nach weiteren Symbolen.

Sachregister. Enthält in erster Linie Klassen- und Individualbenennungen
chemischer Verbindungen, einige allgemeine Reaktionsbenennungen, ferner Trenn-
und Nachweismethoden. Reichhaltige Untergliederung der Begriffe hinsichtlich
weiterer Zusammenhänge. Die Verbindungsnamen entsprechen den IUPAC-Richtlinien,
teilweise in britischer Version.

Autoren-Register mit mehr als 25 000 Namen, von denen aus auch auf die Literaturzitate verwiesen wird.

Reaktionen-Register. Aufgeführt sind sachbezogene Typenbenennungen und Namenreaktionen, dazu auch typenspezifische Reagenzien. Zu den Reaktionen sind
detailliert betroffene Substanzen aufgelistet. Ferner wird auf einschlägige
Literaturzitate verwiesen. Ausgeprägte Hinweise auf Reviews und Monographien.

Reagenzien-Register mit über 2500 organischen und anorganischen Verbindungen,
einschließlich Katalysatoren. Im Register Erläuterungen zum Zusammenhang ihrer
Erwähnung. Auch Verweise auf Literaturzitate. Berücksichtigung der Literatur
bis Mitte 1978.

"The Chemistry of Heterocyclic Compounds", Interscience Publ., New York.

Seit 1950 fortlaufend erscheinende Serie von Monographien. Die einzelnen Bände
sind selbständige Abhandlungen zu einzelnen heterocyclischen Stammsystemen und
ihren Derivaten. Diskussion von Strukturen, Eigenschaften, Herstellungs- und
Reaktionsweisen. Die Synthesen werden meistens sehr eingehend und vergleichend
besprochen, mit vielen Detailangaben, oft in Tabellen, jedoch keine ausgesprochenen
Verfahrensvorschriften. Umfangreiche Literaturverweise. Bisher über 50 Bände mit
35 Themengruppen (35 "Bände"), gegebenenfalls mehrere Teilbände, Ergänzungsbände
und - bei erheblicher Fortentwicklung des Sachgebietes - Neuauflagen zu einer
Themengruppe. Überwiegend Sachregister, das sind dann praktisch alphabetische
Substanzregister, und teilweise Autorenregister zu den einzelnen Bänden. Ordnung
innerhalb der Einzelbände vor allem nach Heteroatomen im Ring und nach Ringgröße,
damit teilweise Rolle der Inhaltsverzeichnisse als recht systematische Register.

Siehe auch "Heterocyclic Compounds", R. C. ELDERFIELD (Hrsg.), Wiley, New York,
9-bändiges ähnliches Werk aus dem Zeitraum 1950 bis 1967.

R. M. ACHESON: "An Introduction to the Chemistry of Heterocyclic Compounds",
Wiley, New York (1976). -
A. I. MEYERS: "Heterocycles in Organic Synthesis", Wiley, New York (1974). -

H. C. van der PLAS: "Ring Transformations of Heterocycles", Academic Press,
New York (1973). -
K. SCHOFIELD: "Heterocyclic Compounds", Butterworths, London (1973). -
S. W. PELLETIER: "Chemistry of the Alkaloids", Van Nostrand Reinhold,
New York (1970). -
O. C. DERMER: "Ethylenimine and Other Aziridine", Academic Press, New York (1969). -

---

Houben-Weyl

"Methoden der organischen Chemie", 4. Auflage, E. MÜLLER (Hrsg.), Thieme,
Stuttgart.

Handbuch in deutscher Sprache mit dem Ziel, die gesamte Laboratoriums-Methodik
der Organischen Chemie in Form von monographischen Themenbehandlungen vieler
Autoren umfassend abzudecken. Die ursprünglich konzipierten 16 Bände wurden
auf 60 inzwischen größtenteils erschienenen Teilbände aufgeweitet.

Erfaßt werden wissenschaftliche Publikationen, Patentliteratur und Firmenmit-
teilungen. Es ist keine formale Vollständigkeit in der Darstellung des Wissens-
gutes angestrebt, brauchbare Methoden stehen im Vordergrund. Alle Manuskripte
werden von mehreren Fachkollegen überprüft. Die Literaturerfassungen gehen
teilweise bis 1/2 Jahr vor Erscheinen eines Bandes.

In Bänden über physikalische Methoden sollen die Anwendbarkeit derselben auf
Probleme der Organischen Chemie deutlich werden. Neben allgemeinen und analytischen
Methoden betrifft der Hauptteil des Werkes die der präparativ-organischen Chemie.
Gegliedert ist in erster Linie nach Stoffklassen.

Die Besprechung der Themen stützt sich ausführlich auf einzelne Synthesen innerhalb der Stoffklassen, zuzüglich Rezepturen, und der umfangreichen tabellarischen
Wiedergabe von Varianten und Analogen einschließlich Literaturzitaten, vielfach
auch zusätzliche Angaben zu den Stoffen selbst und zur Analytik. Der präparativ
arbeitende Organiker wird damit ohne die Originalliteratur aufsuchen zu müssen
häufig genügend informiert sein. Bei einer Reihe von Themen besteht allerdings
inzwischen keine ausreichende Aktualität mehr, wie aus den Erscheinungsjahren
der Bände zu entnehmen ist. Zeitschriftenliste, Autoren- und Sachregister (vorwiegend als Verbindungsregister, neuerdings in erster Linie nach Stammverbindungen
alphabetisch geordnet, vielfach mit Strukturformelbildern versehen) in den einzelnen Bänden.

Bände	I/1 - 2	(1958/9)	Allgemeine Laboratoriumsmethoden
	II	(1953)	Analytische Methoden
	III/1 - 2	(1955)	Analytische physikalische Methoden
	IV/1 a, b	(1981) (1975)	Oxidation
	IV/1 c - d	(1980/1)	Reduktion
	IV/2	(1955)	Allgemeine chemischen Methoden
	IV/5 a - b	(1975)	Photochemie

Chemie der Stoffklassen:

Bände	IV/3 - V/2 b	(1970 - 1981)	Kohlenwasserstoffe
	V/3 - 4	(1960 - 1962)	Halogenverbindungen

Über Sauerstoffverbindungen handeln die Bände

	VI/1 a - d	(1976 - 1979)	Hydroxylverbindungen
	VI/2 - 4	(1963 - 1966)	Lactone, Enole, Acetale
	VII/1	(1954)	Aldehyde
	VII/2 a - 3 c	(1973 - 1979)	Ketone, Chinone
	VII/4	(1968)	besonders Ketene

	VIII	(1952)	Peroxide, Kohlensäurederivate, Carbonsäurederivate
Ferner:	IX	(1955)	Schwefel, Selen- und Tellur-Verbindungen
	X/I	(1971)	Nitro- (u. ä.) Verbindungen
	X/2 - 4	(1965 - 1968)	Weitere Stickstoffverbindungen außer Aminen
	XI/1 und 2	(1957/8)	Amine
	XII/1 und 2	(1963/4)	Phosphorverbindungen
	XIII/1 - 8	(1970 - 1978)	Metallorganische Verbindungen
	XIV/1 und 2	(1961/3)	Makromolekulare Stoffe
	XV/1 und 2	(1974)	Peptide

"Methodicum Chimicum", F. KORTE (Hrsg.), Thieme, Stuttgart.

Mehrbändiges Handbuch in deutscher Sprache mit kurzgefaßten Artikeln vieler Autoren, kritische Stellungnahmen, Verzicht auf detaillierte Arbeitsvorschriften, jedoch meist ausgiebige Erläuterungen der Verfahren, zusammenfassende Darstellungen in Tabellen, zahlreiche Literaturhinweise. Sachregister zu jedem Band.

Band 1/1 und
1/2 (1973): Allgemeine Trennverfahren, chemische und physikalische Analysenverfahren.

Band 4 (1980): Gewinnung von nichtaromatischen Kohlenwasserstoffen durch Aufbau, Abbau und Umwandlung, letzteres aus anderen Kohlenwasserstoffen oder durch Beseitigung von funktionellen Gruppen. Gewinnung von Aromaten und Heteroaromaten.

Band 5 (1975): Methoden und Verfahren zur Herstellung von Kohlenstoff-Sauerstoff-Verbindungen, besonders moderne und technisch interessante Verfahren. Klassifizierung in erster Linie nach entstehenden funktionellen Gruppen bzw. Substanzklassen.

Band 6 (1974): Analog Band 5 für Kohlenstoff-Stickstoff-Verbindungen (außer Heterocyclen).

Band 7 (1976): Methoden und Verfahren zur Herstellung von Verbindungen der Hauptgruppenelemente, auch einer Reihe anorganischer Verbindungen; sehr knappe Ausführungen.

Band 8 (1974): Behandlung der Übergangselemente, Herstellungsweisen anorganischer wie organischer Verbindungen derselben, in sehr knapper Form.

"The Chemistry of Functional Groups", S. PATAI (Hrsg.), Wiley, New York.

Seit 1964 in einzelnen monographischen Bänden erscheinende Serie, bisher 37 Bände (jeweils Autoren- und Sachregister). Behandelt werden Theorie, Herstellung, Reaktionsweise und Eigenschaften von funktionellen Gruppen einschließlich deren nähere Umgebung, auch in Auswirkung auf andere Strukturteile eines Moleküls. Vermieden werden sollen Wiederholungen von Informationen zum gleichen Thema in gängigen Reviews und Fortschrittsberichten unter Konzentration auf wichtige Entwicklungen zum Zeitpunkt der Abfassung.

Themen (mit Erscheinungsjahren):

Chemie der Alkene	(1964 und 1970)
Chemie der Carbonyl-Gruppe	(1966 und 1970)
Chemie der Etherbindung	(1967)
Chemie der Amino-Gruppe	(1968)

Chemie der Nitro- und Nitroso-Gruppen (1969 und 1970)
Chemie der Carboxyl- und Carbonsäureester-Gruppen (1969)
Chemie der C,N-Doppelbindung (1970)
Chemie der Amide (1970)
Chemie der Cyano-Gruppe (1970)
Chemie der Hydroxyl-Gruppe (2 Bände) (1971)
Chemie der Azido-Gruppe (1971)
Chemie der Acylhalogenide (1972)
Chemie der C-Halogen-Bindung (2 Bände) (1973)
Chemie der Chinon-Verbindungen (2 Bände) (1974)
Chemie der Thiol-Gruppe (2 Bände) (1974)
Chemie der Hydrazo-, Azo- und Azoxy-Gruppe (2 Bände) (1975)
Chemie der Amidine und Imidate (1975)
Chemie der Cyanate und ihrer Thioderivate (2 Bände) (1977)
Chemie der Diazonium- und Diazogruppen (2 Bände) (1978)
Chemie der C,C-Dreifachbindung (2 Bände) (1978)
Chemie doppelt gebundener funktioneller
        Gruppen (als 2 Ergänzungsbände) (1977)
Chemie der Säurederivate (als 2 Ergänzungsbände) (1979)
Chemie der Ketene, Allene und verwandter Ver-
        bindungen (2 Bände) (1980)

W. THEILHEIMER: "Synthetic Methods of Organic Chemistry", Karger, Basel.

Referate-Organ zu organisch-chemischen Reaktionen in Buchform. Erscheint seit
1946, ab 1948 (2. Band) jährlich, zunächst in deutscher Sprache, sowie englische
Übersetzungen, vom 5. Band an nur noch in Englisch. Bis 1979 33 Bände.

Referiert werden aktuelle Forschungsergebnisse durch Darstellung eines Reaktions-
schemas (in der Regel ein- oder zweistufig) mit spezifischen Strukturformeln und
Beschreibung einer Rezeptur, einschließlich Verweis auf die originale Literatur-
stelle. Die Titel sind allgemein gehalten. Kein Hinweis auf Anwendungsbreite der
Reaktion. Hilfsstoffe werden besonders herausgestellt. Ferner werden durch
spezielle Symbole die Begriffe Elektrolyse, Bestrahlung, Ringschluß, Ringverengung,
Ringerweiterung, Ringöffnung und Ringhydrierung, oder durch Strukturformel-Frag-
ment-Schemata die weiteren Reaktionsabläufe angedeutet.

Diese Referate sind durchnumeriert (für jeden Band separat). Ferner werden
(nichtnumerierte) thematische Ergänzungen zu in früheren Bänden publizierten
Referaten, auf die verwiesen wird, schlagwortartig und mit Literaturzitat
gebracht. Die Referate und die thematischen Ergänzungen werden wie folgt klassifiziert:

In erster Linie nach sich bei der referierten Reaktion knüpfender Bindung, in
zweiter Linie nach gebrochener Bindung. Veränderungen an mehreren Bindungen bei
einer Reaktion werden gegebenenfalls mehrfach berücksichtigt. Das Hauptzitat
steht dann in der Regel bei der in der Reihenfolge letzten der Erwähnungen der
Reaktion, auf die von den anderen her verwiesen wird. Ferner werden die Methoden
zur Herstellung einer bestimmten Bindung formal und durch Symbole dargestellt:

Es werden vier Fälle unterschieden: Aufnahme $\Downarrow$

                                     Umlagerung $\curlywedge$

                                     Austausch $\downarrow\uparrow$

                                     Abgabe $\Uparrow$

Zusammen werden die diskutierten Angaben in Reaktionszeichen wiedergegeben. Der
vordere Teil des Reaktionszeichens gibt die geknüpfte Bindung, der hintere die
gelöste an oder ein charakteristisches Element, das eliminiert wird. Dabei wird

folgende Reihenfolge der betroffenen Elemente eingehalten: H, O, N, Hal (Halogen),
S, Rem (übrige Elemente außer C), C. Durch die Reaktionszeichen werden keine
Reaktionsmechanismen berücksichtigt, sondern nur formale Änderungen stabiler Verbindungen, die keine ausgesprochenen Zwischenverbindungen sind (Grignard-Ver-
bindung u. ä. also nicht). Doppel- und Dreifachbindungen sind dabei Einfachbindungen
gleichgesetzt.

Beispiele:

Reaktionszeichen	Fragmentschema oder Symbol	Erläuterung
HO ⇓ O	$>$N–O $\longrightarrow$ $>$N–OH	Hydroxylamin aus N-Oxid Radical
ON ↓↑ H	ArNHOH $\longrightarrow$ ArNO	Nitrosoverbindung aus Hydroxylamin
CC ⇓ NC	CN $\longrightarrow$ C(NH$_2$):C	Enamin aus Nitril
CC ↰ RemC	C(Si$\lessgtr$)OR $\longrightarrow$ CR·OSi$\lessgtr$	Alkoxysilane aus 1,1-Alkoxysilan durch Umlagerung
CC ⇑ O	O (bedeutet Ringschluß)	Ringschluß unter Abspaltung von H–OH

Entsprechend den Reaktionszeichen sind Kapitelüberschriften formuliert. Die
Reaktionszeichen sind in verschiedenen Bänden zu systematischen Übersichten
zusammengestellt, in denen auf die Referate verwiesen wird. Ausführliche Sachregister, gelegentlich als Generalregister. Maschinelle Retrievalmöglichkeiten
zum System siehe "Journal of Synthetic Methods" 4).

"Current Chemical Reactions" (CCR).

Monatlich seit 1979 erscheinendes Referate-Organ zu neuen oder erneut modifizierten
Reaktionen bzw. Synthesen, herausgegeben vom ISI Institute for Scientific Information, Philadelphia 5).

Referiert wird die laufende einschlägige Zeitschriftenliteratur (über 100 Zeitschriften), Hinweise auf Reviews und Bücher. Die Referate enthalten die Original-
titel, die bibliographischen Daten, Reaktionsschemata mit Formelbildern, einschließlich Varianten, Erläuterungen und Rezepturbeispiele, Hinweise zur Analytik.
Die Referate sind fortlaufend numeriert. Sie sind nach Zeitschriften gruppiert,
durch Schlagworte wie 'Nucleophilic Substitution', 'Sulfurization', 'Stereoselective Olefin Synthesis' usw. dem Titel entsprechend oder nach dem als besonders
bemerkenswert angesehenen Teil des Reaktionsgeschehens charakterisiert.

Mitgeliefert werden: Autorenregister, Zeitschriftenregister, Verzeichnis der
Arbeitsstätten der Autoren, Sachregister.

"Journal of Synthetic Methods" im Chemical Reactions Documentation Service der
DERWENT Publications Ltd., London 6).

Aktueller Referatedienst. Erscheint seit 1975 monatlich mit je 250 Referaten zu
ausgewählten Reaktionen, die in ca. 150 Publikationen und der Patentliteratur
veröffentlicht wurden. Erweiterung von THEILHEIMERS "Synthetic Methods of Organic
Chemistry".

---

4) Siehe unten.
5) 325 Chestnut Street, Philadelphia, Pennsylvania 19106, USA.
6) 128 Theobalds Road, London WCIX 8RP, England.

Die Referate enthalten ein vorwiegend einstufiges Reaktionsschema mit spezifischen
Strukturformeln, einer kurzgefaßten Rezeptur dazu und Quellenangabe. Der Titel ist
verallgemeinert, besondere Reagenzien werden herausgestellt, Reaktionssymbolik
nach Theilheimer. Keine Andeutung über Umfang der Reaktion. Die Referate sind
thematischen Gruppen zugeteilt, die die Reaktion näher charakterisieren (Oxidation,
Reduktion, Ringerweiterung usw.), spezielle Fachgebiete betreffen (Biochemie,
Elektrochemie usw.) oder rein pragmatischer Natur sind.

Sachverhaltsindex: Retrievalmöglichkeit auf Lochkarten, Magnetbändern oder
On-line via SDC's ORBIT System 7).

"Synthesis" ("International Journal of Methods in Synthetic Organic Chemistry",
Thieme, Stuttgart.

Monatlich seit 1969 vorzugsweise in englischer Sprache erscheinende Zeitschrift
über organisch-chemische Reaktionen und Synthesen. Besteht aus drei Hauptteilen:

1. Teil: Reviews. Hierin (mindestens) ein, gegebenenfalls sehr umfangreicher
Reviewartikel zu einem Syntheseproblem. Üblicherweise mit vielen Formelbildern, Tabellen und Literaturzitaten ausgestattet. Englische und oft
deutsche Zusammenfassung.

2. Teil: Communications. Kurze Originalmitteilungen aus der organischen Synthesechemie nach einheitlichem Muster: Straffe Texte, ausführliche Reaktionsschemata mit Strukturformeln, meist verbunden mit Tabellen über Varianten,
Angaben zu Ausbeuten, Umwandlungspunkten, analytischen Daten insbesondere
Spektren. Rezepturen in der Regel als generelle Vorschriften.

3. Teil: Abstracts. Referate über ausgewählte neue Forschungsergebnisse zur
organischen Synthesechemie aus der Weltliteratur. Die Referate sind
vom ersten Jahrgang her durchnumeriert (Ende 1981 gegen Nr. 6300).
Reichhaltige Ausstattung mit Formelbildern zu den Synthesewegen mit
Angaben zum Umfang der Reaktion und zu den Reaktionsbedingungen. Texte
zur Bedeutung der Reaktion, gegebenenfalls mit näherer Besprechung der
Bedingungen und Ausführungen. Bibliographische Angaben.

Vgl. auch "Synthetic Communications" ("International Journal for Rapid Communications of Synthetic Organic Chemistry"), Marcel Dekker, New York, erscheint
seit (1971).

"Organic Reactions", Wiley, New York.

Buch-Serie mit Review-Artikeln zu organisch-chemischen Reaktionen. Band 1: Erscheinungsjahr 1942, Band 25: Erscheinungsjahr 1977. Jeder Band enthält (mit
einer Ausnahme) mehrere Reviews. Die Abhandlungen sind einzelnen Reaktionsthemen,
insbes. Namenreaktionen, in einigen Fällen der Synthese bestimmter Strukturtypen
gewidmet. Sie sind präparativ orientiert mit ausführlichen textlichen Besprechungen
des Reaktionsumfanges, der Reaktionsbedingungen, beeinflussender Faktoren, von
Struktureffekten und der Experimentaltechnik. Umfangreiche Tabellen geben Synthese-
beispiele mit zusätzlichen Detailangaben zur Reaktion wieder. Ausführliche Rezepturen zu Einzelfällen. Einige Themen wurden im Laufe der Zeit erneut aufgegriffen.
Jeder Band weist ein (bescheidenes) Sachregister auf. Themen- und Autorenregister
in Folgebänden für alle zurückliegenden Bände.

---

7) Siehe S. 30.

"Organic Synthesis", Wiley, New York.

Jährlich mit einer neuen Ausgabe seit 1920 erscheinende Buchserie über geprüfte Vorschriften (weit über 2000) zur Synthese spezieller organischer Verbindungen. Band 58: 1978. Jedem Artikel ist zunächst ein Reaktionsschema mit spezifischen Strukturformelbildern vorangestellt. Im 1. Teil bringt er dann die ausführliche Verfahrensvorschrift. Jede Rezeptur ist von verschiedenen Laboratorien sorgfältig überprüft worden und enthält optimale Reaktionsbedingungen, erreichbare Ausbeuten, physikalische Eigenschaften, insbesondere Schmelzpunkte bei Feststoffen und Siedepunkte bei Flüssigkeiten, Sicherheitshinweise; alle experimentellen Maßnahmen werden vollständig erwähnt. Im Teil 2 werden zusätzliche Hinweise als Notizen gebracht. Teil 3 bringt eine Diskussion der Synthese einschließlich alternativer Möglichkeiten und vergleichbarer Verfahren, neuerdings teilweise mit Tabellen. Abschließend Literaturzitate.

Alle Bände haben Sachregister. Die Bände 54 und 58 enthalten cumulative Autoren- und Sachregister der jeweils fünf letzten Ausgaben. In Band 58 hat das Sachregister zwei Teile. Der erste Teil bringt die Benennungen so, wie sie in den Texten vorkommen, der zweite Teil verwendet die systematische Nomenklatur von Chemical Abstracts. Im gleichen Band ist jedem Artikel ein Anhang beigegeben, in dem ebenfalls die Nomenklatur von Chemical Abstracts, die collective index number und die registry number der erwähnten Verbindungen zusammengestellt sind.

Im Jahre 1965 wurde zu den inzwischen erschienenen Bänden ein Reaction Index herausgegeben. Dieser ist in 31 Abschnitte unterteilt. Die Klassifikation ist pragmatisch und uneinheitlich. Innerhalb der Abschnitte sind die Synthesen ebenfalls ganz pragmatisch eingeordnet, zum Teil mehrfach. Jede Synthese wird mit einem spezifischen Reaktionsschema (einschließlich Reaktionsbedingungen und Ausbeute) ausgewiesen. Verweise auf die Vorschriften in den einzelnen Bänden. Für jeweils 10 Bände wird ein Sammelband ("Collective Volume") herausgegeben. Dieser enthält deren Vorschriften in revidierter Form, ferner dazu eine Reihe von Registern (teilweise nur in späteren Bänden):

Ein Reaktionstypenregister als Alphabetregister von Reaktionsbenennungen (nach verschiedenen Klassifikationsmerkmalen, auch Namenreaktionen). Unterhalb der einzelnen Reaktionsbenennungen werden weitere Erläuterungen gegeben, insbesondere durch Nennung der hergestellten Verbindungen. Ein Verbindungsregister als Alphabetregister von Klassenbenennungen, wobei unterhalb derselben die individuellen Verbindungen stehen. Ein Summenformelregister entsprechend Chemical Abstracts. Register für Methoden zur Herstellung, Reinigung, Bestimmung etc. von Lösungsmitteln und Reagenzien, alphabetisch nach Substanzen geordnet. Apparateregister, Autorenregister, Generalregister für Substanznamen und Methoden. Für die bis 1973 erschienenen fünf Sammelbände wurde noch ein kumuliertes Registerwerk als Sonderband geschaffen.

C. A. BUEHLER und D. E. PEARSON: "Survey of Organic Synthesis", Wiley, New York, Vol. I: 1970, Vol II: 1977.

Band I erfaßt Literatur bis 1969, Band II setzt die Literaturerfassung bis 1975 fort, bei sonst gleichem Hauptbetreff, nämlich Beseitigung oder Einführung von funktionellen Gruppen in organische Verbindungen. Dementsprechend ist in erster Linie nach entstandenen funktionellen Gruppen bzw. nach der entstandenen Kohlenwasserstoff-Gruppierung gegliedert: Alkan, Alken, Alkin, Alkohol, Phenol, Ether, Halogenid usw. Die Gliederung in zweiter Linie ist willkürlich, in dritter Linie jedoch vorzugsweise nach Ausgangsstrukturen.

Besprochen werden ausgewählte Reaktionstypen unter Angabe der Reaktionsbedingungen, teilweise Reaktionsmechanismen und Rezepturen. Die Besprechung ist im allgemeinen kritisch, zumindest werden Wertungen übernommen. Zahlreiche Hinweise auf Reviews und auf Originalliteratur. Starker Bezug auf die praktische Synthese-Durchführung.

Für einen verbesserten Zugriff wurde - neben einem normalen Sachregister - ein
spezieller Reaction Index geschaffen: Die Reaktionen werden darin in verallgemeinerter Form durch Ausgangs- und Ergebnisstrukturen dargestellt. Mechanismen
und Reaktionsbedingungen bleiben hierbei unbeachtet, z. B.

Der Index ist in folgende Hauptabschnitte unterteilt:

I.   Reaktionen, bei denen das Kohlenstoffskelett unverändert bleibt.

   A. Reduktion,

   B. keine Veränderung des Oxidationszustandes,

   C. Oxidation des Ausgangsstoffes.

II.   Reaktionen mit Öffnung von C,C-Bindungen.

III. Reaktionen mit Knüpfung von C,C-Bindungen.

   A. Reduktion,

   B. keine Veränderung des Oxidationszustandes,

   C. Oxidation des Ausgangsstoffes.

IV.   Umlagerung des Kohlenstoffskeletts.

Innerhalb der Hauptabschnitte wird vor allem nach sich verändernden Funktionalitäten 8) klassifiziert. Vom Index aus wird auf die Ausführungen beider Bände
verwiesen.

H. KRAUCH und W. KUNZ: "Reaktionen der Organischen Chemie", 5. Auflage, Hüthig,
Heidelberg (1976).

Straffe Abhandlung zu Reaktionstypen im Sinne der struktur- und verfahrens-
orientierten Namenreaktionen. Anordnung nach sachbezogener, jedoch praktisch
freier Benennung in alphabetischer Reihenfolge. Die einzelnen Besprechungen
mit ausführlichen Literaturangaben stützen sich auf umfangreiche Strukturbild-
Wiedergaben und adäquatem natursprachlichem Context. Bemühen um Herausstellen der
Wesenszüge der betreffenden Reaktionen. Teilweise näheres Eingehen auf Reaktionsmechanismen und Theorien. Unter einigen Hauptbenennungen werden allein Prinzipien
und Theorien abgehandelt. Das Buch hat Züge eines Lehrbuches. Ausführliches Sachregister mit den Hauptbenennungen und Schlagworten der Contexte. Umfangreiches
Autorenregister.

C. FERRI: "Reaktionen der Organischen Synthese", Thieme, Stuttgart (1978).

Das Buch befaßt sich mit organisch-chemischen Reaktionen in eher kursorischer
Form zur Schaffung eines Überblicks. Die 2700 technisch und präparativ interessanten Reaktionen sind mit Hilfe von Strukturformelbildern dargestellt, meistens
verallgemeinert zur Andeutung der Anwendungsbreite, allerdings häufig ohne
Erläuterung der Verallgemeinerung. Weitgehend kurze Hinweise auf Reaktionsbedingungen und Ausbeuten, gelegentlich Textbeigaben mit näherer Besprechung, stets
Literaturverweise auf Handbücher, Reviews und Originalliteratur. Einteilung in
drei Hauptteile:

   1. Nach "Reaktionstypen" in unterschiedlicher Definition, so insbesondere nach
      strukturtypischen, formalen, verfahrensbedingten Aspekten und als Namen-
      reaktionen.

---

8) Definition der Funktionalität gemäß Hendrickson, siehe S. 41, desgl.
   Oxidation und Reduktion.

2. Nach erhaltenen Produkten, die wiederum nach Funktionalitäten, Ringstrukturen und Elementen pragmatisch gegliedert sind.

3. Nach Ausgangsstoffen in ähnlicher Gliederung wie vorstehend.

In den ersten beiden Hauptteilen werden dieselben Reaktionen hier oder dort einmal
besprochen, sonst Verweise. Im dritten Hauptteil Tabellen mit Verweisen auf die
beiden ersten Hautteile. Ein 4. Teil befaßt sich mit der Anwendbarkeit und Wirkung
anorganischer Reagenzien. Sehr detailliertes Inhaltsverzeichnis und Sachregister.

I. T. HARRISON und S. HARRISON: "Compendium of Organic Synthetic Methods",
Vol. I und II, Wiley, New York (1971, 1974).

Dieses Werk enthält fast nur Strukturformelbilder innerhalb von Reaktionsgleichungen, dazu Kurzangaben zu Reaktionsbedingungen und Ausbeuten, ferner Literaturhinweise, meistens nur einen pro Reaktion (ohne Autorenangaben). Es sind reprä-
sentative Umsetzungen dargestellt, geordnet in erster Linie nach Produkten, in
zweiter Linie nach Ausgangsstoffen. Dabei geht es fast ausschließlich um singuläre
Umwandlungen einer Reihe von funktionellen Gruppen. Der erste Band erfaßt Literatur bis 1971, der zweite dieselbe ergänzend bis 1974 und bringt auch Bildungen
von difunktionellen Verbindungen. Zusammen sind etwa 5000 Beispiele wiedergegeben,
worin auch Fälle mit geringen Ausbeuten und ungewöhnlichen Bedingungen enthalten
sind. Ein spezieller Index erleichtert das Auffinden.

L. S. HEGEDUS und L. WADE, Vol. III zu obigem Werk als Ergänzung für die Jahre
1974 bis 1976, Wiley, New York (1977).

C. WEYGAND / G. HILGETAG und A. MARTINI (Hrsg.):   "Preparative Organic Chemistry",
Wiley, New York (1972).

"New Synthetic Methods", Reihe ab 1975, Vol 1: 1975, Vol. 6: 1979, Verlag Chemie,
Weinheim.

J. MATHIEU, R. PANICO und J. WEILL-RAYNAL: "Les Grandes Réactions de la Synthèse
Organique", Hermann, Paris (1975).

R. L. AUGUSTINE: "Carbon-Carbon Bond Formation", Vol. 1, Marcel Dekker, Basel
(1979). -
J. FALBE: "New Syntheses with Carbon Monoxide", Springer-Verlag, Berlin - Heidel-
berg - New York (1980). -
G. A. OLAH: "Friedel-Crafts Chemistry", Wiley, New York (1973). -
H. WOLLWEBER: "Diels-Alder-Reaction", Thieme, Stuttgart (1972). -
S. R. SANDLER und W. KARO: "Organic Functional Group Preparations", Vol. 1: 1968,
Vol. 2: 1971, Academic Press, New York. -
H. FEUER (Hrsg.): "The Chemistry of the Nitro and Nitroso Groups", Part 1 und 2,
Krieger Publ., New York (1981). -
H. C. BROWN: "Organic Syntheses Via Boranes", Wiley, New York (1975). -
E. E. GILBERT: "Sulfonation and Related Reactions", Wiley, New York (1965).

"Topics in Current Chemistry", F. L. Boschke (Hrsg.), Springer-Verlag, Berlin -
Heidelberg - New York (zit. als Top. Curr. Chem.).

Zwanglose Folge von Artikeln zu verschiedensten Gebieten der Chemie.

Von ähnlicher Art sind aus demselben Verlag die beiden Reihen:

"Structure and Bonding", Vol. 1: 1966 bis Vol. 41: 1980.

"Reactivity and Structure. Concepts in Organic Chemistry", K. HAFNER et al.
(Hrsg.), Vol. 1: 1975 bis Vol. 11: 1980.

D. SWERN (Hrsg.): "Organic Peroxides", Vol. 1: 1970 bis Vol. 3: 1972, Wiley,
New York. -
M. DUB (Hrsg.): "Organometallic Compounds, Methods of Synthesis, Physical Constants
and Chemical Reactions", Vol. 1: 1966 bis Vol. 3: 1972, Springer-Verlag,
Berlin - Heidelberg - New York. -

A. G. MacDIARMID (Hrsg.): "Organometallic Compounds of the Group IV Elements",
Vol. 1: 1968, Vol. 2: 1972, Marcel Dekker, New York.
J. APSIMON (Hrsg.): "Total Synthesis of Natural Products", Vol. 1: 1973 bis
Vol. 3: 1978, Wiley, New York.

M. M. BAIZER: "Organic Electrochemistry", Marcel Dekker, New York (1973). -
A. J. FRY: "Synthetic Organic Electrochemistry", Harper, New York (1972).

"MTP International Review of Science", Butterworths, London (1973).

Das Konzept besteht darin, Reviews geschlossen über ganze Disziplinen herauszu-
geben:

"Organic Chemistry Series One":

   Vol. 1: "Structure Determination in Organic Chemistry"
   Vol. 2: "Aliphatic Compounds"
   Vol. 3: "Aromatic Compounds"
   Vol. 4: "Heterocyclic Compounds"
   Vol. 5: "Alicyclic Compounds"
   Vol. 6: "Amino Acids, Peptides and Related Compounds"
   Vol. 7: "Carbohydrates"
   Vol. 8: "Steroids"
   Vol. 9: "Alkaloids"
   Vol. 10: "Free Radical Reactions"
   Index Volume.

"Physical Chemistry Series One"

13 Bände, vor allem zur Analytik, Kinetik und Thermodynamik (desgl. "Inorganic
Chemistry Series One").

Weitere spezielle Review-Organe:

"Chemical Reviews" (zitiert als Chem. Rev.), Band 1: 1925 bis Band 80: 1980
der American Chemical Society, sowie aus demselben Hause:
"Accounts of Chemical Research" (zitiert als Acc. Chem. Res.), Vol. 1: 1968 bis
Vol. 13: 1980 (kurze Reviews zu aktuellen Forschungen). -
"Quarterly Reviews" (zitiert als Quat. Rev.), Vol. 1: 1947 bis Vol. 25: 1971.
"Chemical Society Reviews" (zitiert als Chem. Soc. Rev.), Vol. 1: 1972 bis
Vol. 9: 1980. Beide Werke von Chemical Society, London.

"Russian Chemical Reviews" als Übersetzungen von "Uspekhi Khimii" ab Vol. 29:
1960 bis Vol. 49: 1980, The Chemical Society, London.

Jahresberichte:

"Annual Reports on the Progress of Chemistry" Section B "Organic Chemistry",
(Section A Part I: "General and Physical Chemistry", Part II: "Inorganic Chemistry")
ab 1904 publiziert von The Chemical Society, London.

Aus derselben Quelle, in den 70er Jahren zu unterschiedlichen Zeitpunkten begonnen,
ein- oder zweimal jährlich:

"A Specialist Periodical Report" als Bandreihen von Fortschrittsberichten zu verschiedenen Sachgebieten wie "Organometallic Chemistry", "Alicyclic Chemistry",
"Photochemistry" usw., mit jeweils fortlaufender Bandnumerierung.
Die Reihe "General and Synthetic Methods" (Vol. 1: 1978   enthält Verzeichnisse
neu erschienener Reviews, nach Sachgebieten geordnet.

"Annual Reports in Organic Synthesis", Academic Press, New York. -

Werke über Reagenzien 9):

L. F. FIESER und M. FIESER:"Reagents for Organic Synthesis", Wiley, New York,
1. Band 1967 bis 8. Band: 1980.

Besprechung von wichtigen Reagenzien (Reaktanden, Katalysatoren, Lösungsmittel)
zur organischen Synthese. Alphabetisch nach Reagenznamen geordnet. Charakterisierung der Reagenzien, Angaben zu ihrer Herstellung, Besprechung wichtiger
synthetischer Verwendungsbeispiele, Literaturverweise, Hinweise und Beschreibung
zu Apparaturen. Die Folgebände verweisen auf neue Reagenzien und bringen neue
Informationen zu bereits beschriebenen. Liste von Herstellern der Reagenzien, Index
von Apparaturen, Index von Reaktionstypen mit Bezug auf Reagenzien, Autoren- und
Sachverzeichnis.

S. S. PIZEY: "Synthetic Reagents", Vol. I und II: 1974, Vol. III: 1977. Als
neue Serie bezeichnet, mit besonders ausführlicher Diskussion von sehr wenigen
Reagenzien pro Band. Wiley, New York.

M. WINDHOLZ (Hrsg.): "The Merck Index. An Encyclopedia of Chemicals and Drugs",
9th Ed., Merck & Co Inc., Rahway, N. J. (1976).

D'ANS-LAX: "Taschenbuch für Chemiker und Physiker", Band 1: 1967 bis Band 3: 1970.
Springer-Verlag, Berlin - Heidelberg - New York.

R. C. WEAST (Hrsg.) "Handbook of Chemistry and Physics", CRC-Press, Cleveland,
Ohio (1974).

Werke über vornehmlich physikalische Methoden:

"Techniques of Chemistry", A. WEISSBERGER (Hrsg.), Wiley, New York. Handbuch 10)
mit bis Ende 1980 fünfzehn Einzeltiteln bei z. T. mehreren Bänden:

Vol. I:	"Physical Methods of Chemistry" (1971/1972, Supplement 1977)
Vol. II:	"Organic Solvents" (1970)
Vol. III:	"Photochromism" (1971)
Vol. IV:	"Elucidation of Organic Structures by Physical and Chemical Methods" (1972/1973)
Vol. V:	"Techniques of Electroorganic Synthesis" (1974/1975)
Vol. VI:	"Investigations of Rates and Mechanisms of Reactions" (1974)
Vol. VII:	"Membranes in Separation" (1975)
Vol. VIII:	"Solution and Solubilities" (1975/1976)
Vol. IX:	"Chemical Experimentation under extreme Conditions" (1980)
Vol. X:	"Applications of Biochemical Systems in Organic Chemistry" (1976)
Vol. XI:	"Contemporary Liquid Chromatography" (1976)
Vol. XII:	"Separation and Purification" (1978)
Vol. XIII:	"Laboratory Engineering and Manipulations" (1979)
Vol. XIV:	"Thin-Layer Chromatography" (1978)
Vol. XV:	"Theory and Applications of Electron Spin Resonance" (1980)

---

9) Siehe auch S. 200.

10) Nachfolgewerk zu "Technique of Organic Chemistry" und "Technique of Inorganic
     Chemistry"